Elkedagmar Heinrich
Hans-Dieter Janetzko

# Mathematica: Vom Problem zum Programm

## Aus dem Programm Computeralgebra

N. Blachman
**Mathematica griffbereit**

E. Heinrich und H.-D. Janetzko
**Das Mathematica Arbeitsbuch**

M. Overbeck-Larisch und W. Dolejsky
**Stochastik mit Mathematica**

W. Strampp, V. Ganzha und E. Vorozhtsov
**Höhere Mathematik mit Mathematica**
4 Bände
Band 1: Grundlagen, Lineare Algebra
Band 2: Analysis
Band 3: Differentialgleichungen und Numerik
Band 4: Funktionentheorie, Fourier- und Laplacetransformationen

W. Strampp und V. Ganzha
**Differentialgleichungen mit Mathematica**

Elkedagmar Heinrich
Hans-Dieter Janetzko

# Mathematica: Vom Problem zum Programm

Modellbildung für
Ingenieure und Naturwissenschaftler

Prof. Dr. Elkedagmar Heinrich
Dr. Hans-Dieter Janetzko
Fachhochschule Konstanz
Postfach 100543
78462 Konstanz

heinrich@fh-konstanz.de



Der Verlag Vieweg ist ein Unternehmen der Bertelsmann Fachinformation GmbH.

http://www.vieweg.de

Gedruckt auf säurefreiem Papier

ISBN-13: 978-3-528-06771-7 e-ISBN-13: 978-3-322-85016-4
DOI: 10.1007/978-3-322-85016-4

# Vorwort

„Können Sie mir vielleicht irgendwie helfen? Das Semester ist fast zu Ende; und gestern habe ich festgestellt, daß mein Programm jetzt zwar läuft, aber falsche Ergebnisse liefert. Den Fehler habe ich ohne Erfolg die ganze Nacht lang gesucht, und nächste Woche muß ich die Studienarbeit abgeben!“ Das betreffende Programm war meist in Basic, Pascal oder C geschrieben, einige Studenten hatten es auch mit Excel versucht; im wesentlichen war immer das gleiche passiert: zu Beginn des Semesters hatten sie eine Idee gehabt, wie der mathematische Teil ihrer Studienarbeit gelöst werden könne, und die übrige Zeit war dann im Kampf mit der Syntax vergangen. Die Idee konnte erst dann überprüft werden, wenn tatsächlich ein lauffähiges Programm entstanden war. Viel Zeit ging auch damit verloren, eigene Programme z.B. zum Lösen linearer Gleichungssysteme zu entwickeln, die dann doch nicht alle Sonderfälle berücksichtigten. Wenn die Studenten dann endlich zu uns kamen, war es meist schon zu spät, noch einm l systematisch von vorn anzufangen. Wir haben uns dann immer bemüht, eine brauchbare Notlösung zu finden, waren mit diesem Zustand aber nicht sehr zufrieden.

Zunächst führten wir *Mathematica* in der Mathematikgrundausbildung ein. Da den Studenten nun bekannt war, daß sie hier ein Werkzeug zur Verfügung hatten, um komplizierte Berechnungen leicht durchzuführen, tauchte regelmäßig die Frage auf, wie nun aus diesen *Mathematica*-Anweisungen eine Problemlösung entwickelt werden könnte.

Im Rahmen einer Studienreform wurde dann eine zusätzliche vierstündige Veranstaltung „Programmieren“ eingeführt, wo systematisch gelernt werden soll, wie man überhaupt vorgeht, um ein mathematisches Modell zu entwickeln und zu überprüfen, und wie aus dem dabei entstehenden Prototyp ein Programm oder gar ein Programmpaket entsteht. Dabei haben die Studenten ein halbes Semester lang die Möglichkeit, in Gruppenarbeit an kleinen Aufgabenstellungen wie Getrieben oder einfachen Pumpen diese Vorgehensweise zu üben.

Das vorliegende Buch stellt eine Vertiefung der in dieser Vorlesung behandelten Themen dar. Es entstand aus dem Wunsch vieler Veranstaltungsteilnehmer nach einer vorlesungsbegleitenden Lektüre, hat aber im Laufe seiner Entstehung eine gewisse Eigendynamik entwickelt.

Im ersten Kapitel behandeln wir einführende Themen wie Strukturierte Programmierung, Struktogramme nach Nassi-Shneiderman und ihre Umsetzung in *Mathematica* sowie die Realisierung verschiedener häufig benutzter Programmierstile an kleinen Beispielen.

Das zweite Kapitel zeigt, wie man in *Mathematica* aus einer Folge von Anweisungen ein Programmpaket entwickeln kann. Dieser Prozeß wird schrittweise durchgeführt, und die dabei eventuell auftretenden Probleme und Fragen werden diskutiert. Es schließt sich ein Kapitel an, in dem wir versuchen, anhand von Beispielen unterschiedlichen Schwierigkeitsgrades zu demonstrieren, wie man an das Lösen von Problemen herangehen und sich von *Mathematica* hierbei helfen lassen kann. Ganz bewußt haben wir versucht, möglichst viele Irrwege, auf die man dabei geraten kann, aufzuzeigen, da man nach unserer Meinung aus Fehlern sehr viel mehr lernen kann als aus Lösungen, die von Anfang an richtig sind.

Alle Rechnungen können in der angegebenen Form sowohl in der neuen *Mathematica*-Version 3.0 als auch in älteren Versionen durchgeführt werden. Da es jedoch noch eine Weile dauern wird, bis alle Benutzer die neue Version verwenden werden, haben wir die bisher übliche Ausgabeform verwendet. Auf die Lösungen hat dies natürlich keine Auswirkung.

Da in den letzten Jahren zunehmend der Trend im Software-Engineering dahin geht, mit objektorientierten Methoden (OOP, OOA, OOD) eine bessere Software-Qualität zu erreichen, haben wir im vierten Kapitel dieses Thema aufgegriffen, da es im wesentlichen darum geht, Problemlösungen zu finden, die dem menschlichen Denken mehr entsprechen als die bisher meist verwendete prozedurale Beschreibung von Problemlösungen. In *Mathematica* gibt es eine Reihe von Möglichkeiten, einzelne Aspekte von OOP umzusetzen; diese stellen wir zunächst vor. Wir zeigen dann an einem einfachen Beispiel, wie in *Mathematica* objektorientiert programmiert werden kann. Die schrittweise Entwicklung einer Klasse von Objekten mit geeigneten Methoden zeigt die grundsätzlich andere Denkweise dieser Art des Programmierens auf. Es handelt sich um eine Einführung in das Thema und nicht um eine umfassende Darstellung. So haben wir die Aspekte Polymorphismus, Vererben und Überladen ausführlich behandelt, auf abstraktere Themen dagegen verzichtet, da die nach unserer Ansicht den Rahmen dieses Buches gesprengt hätte.

Verzichtet haben wir auf eine Darstellung von sehr *Mathematica*-spezifischen Themen wie der Übergabe von Optionen oder der Vereinbarung von Standardwerten, weil diese Fragen nur am Rande mit dem Thema Problemlösen zu tun haben und es eine sehr schöne und ausführliche Darlegung von R. Mäder [9] gibt.

Bei Probeausdrucken des Textes haben wir festgestellt, daß es an vielen Stellen von äußerster Wichtigkeit ist, einem *Mathematica*-Text jeweils direkt anzusehen, ob es sich um eine Ein- oder Ausgabe handelt. Aus diesem Grund haben wir jeweils die `In`- bzw. `Out`-Meldung hinzugefügt, wobei wir – in leichter Abweichung vom Original, auch einige Ausgaben wie Fehlermeldungen als `Out` gekennzeichnet haben.
Für Anregungen und Hinweise auf Fehler sind wir dankbar. Schicken Sie uns ein E-mail an `heinrich@fh-konstanz.de`

Danken möchten wir dem Vieweg-Verlag und besonders Herrn W. Schwarz für die gute Zusammarbeit. Wir danken auch Halldór Bilster Janetzko für seine Mithilfe und die große Geduld, mit der er den langwierigen Entstehungsprozess begleitet hat.

Konstanz, den 31. Juli 1997

# Inhaltsverzeichnis

# 1 Ingenieurmäßige Programmentwicklung

## 1.1 Top-Down-Design

Im Laufe der kurzen Geschichte der Informatik haben sich in rascher Folge Drauflosprogrammieren mußte man sich schnell verabschieden, da die revolutionäre Änderungen der Denkweise ergeben. Vom anfänglichen resultierende Softwarequalität zu wünschen übrig ließ. Auf der Suche nach besseren Konzepten fand man die bewährten Methoden der Ingenieurwissenschaften: Planmäßiges Vorgehen, insbesondere die Strukturierung von Projekten wie die Vereinbarung von Meilensteinen etc. verbessert die Qualität der Ergebnisse. Insbesondere strebt man das Ziel an, einmal gefundene Bauteile so zu gestalten, daß sie wiederverwendbar sind („Das Rad nichtb immer wieder neu erfinden"). Die Diskussion, wie solche Ideen am besten in die Software-Entwicklung einzubeziehen sind, dauert immer noch an (s. Kapitel 4), jedoch herrscht über einige Aspekte seit längerem Einigkeit unter allen Experten. Hierzu gehört die Vorstellung, daß ein planmäßiges Vorgehen nach dem Prinzip „vom Allgemeinen zum Besonderen" erfolgen soll. Ausgehend von einer Problemlösung auf einem hohen Abstraktionsniveau wird diese Lösung in eine Reihe von (kleineren) Teilaufgaben zergliedert. Jede dieser Teillösungen wird abermals in noch kleinere Komponenten zerlegt, bis nach endlich vielen solchen Verfeinerungsschritten ein Abstraktionsniveau erreicht ist, das erlaubt, jede der Teilaufgaben problemlos zu programmieren. Dieses Vorgehen nennt man „Top-Down-Vorgehensweise", und der Vorteil des Verfahrens liegt darin, daß das ursprüngliche (schwierige) Problem in eine Reihe von Teilproblemen zerlegt wird, die jedes für sich genommen leichter zu überblicken und zu handhaben sind als das Gesamtproblem. Dies entspricht der Vorgehensweise des Ingenieurs, der bei der Konstruktion eines Kraftfahrzeugs auch nicht mit den Details der Radaufhängung beginnen wird, sondern zunächst einmal, von den Aufgaben gelenkt, die dieses Fahrzeug erfüllen soll, entscheiden wird, ob es sich um ein zwei- oder mehrachsiges Fahrzeug mit Einzel- oder Doppelbereifung handelt und allmählich immer detaillierter plant, bis irgendwann, unter anderen Einzelheiten derselben Abstraktionsstufe, die Frage der Radaufhängung zu bearbeiten ist.

Wir suchen also zunächst eine grundsätzliche Lösung unseres Problems und konzentrieren uns erst danach auf die Realisierung, bei der dann auch die vorgegebenen Strukturen der jeweiligen Programmiersprache zu beachten sind.

Es ist bei großen Projekten üblich, die einzelnen Teilaufgaben verschiedenen Mitarbeitern zu übertragen, wobei genau darauf geachtet werden muß, daß die Schnittstellen der Teile zueinander richtig definiert werden, so daß es zu keinen Unverträglichkeiten kommt. Da dies kein Buch über Software-Engineering ist, wollen wir diese Überlegungen nicht vertiefen, sondern es bei dem Hinweis belassen, daß grundsätzlich gilt: **Erst analysieren, dann handeln!**

## 1.2 Entwurfshilfsmittel

Es gibt eine Reihe mehr oder weniger bewährter Hilfsmittel für die Erstellung eines Programmentwurfs. Diese sind meist graphischer Natur, da so auf einen Blick die Struktur des Programms erkannt werden soll. Bei manchen Ingenieurbüros hat sich noch von früher die Methode der Programmablaufpläne erhalten, die jedoch gegenüber neueren Verfahren den Nachteil haben, daß sie ohne Schwierigkeiten auch zur Konstruktion völlig chaotischer Programme mißbraucht werden können. Wir wollen statt dessen die Methode der Struktogramme nach Nassi und Shneiderman (DIN 66261) kurz beschreiben, da diese sehr gut geeignet ist, klassische Programmiertechniken („prozedurales Programmieren„) zu beschreiben. Im wesentlichen geht es hier darum, daß alle Handlungen beschrieben werden, die mit den Eingabedaten vorgenommen werden müssen, um das gewünschte Ergebnis zu erreich n. Als einfaches Beispiel zur Illustration, welche Konstrukte hierfür erforderlich sind, wollen wir die Aufgabe behandeln, in einem Skatspiel sämtliche Punkte eines jeden Spielers aufzuaddieren. Dabei soll das Spiel beendet werden, sobald einer von ihnen mehr als 1000 Punkte erreicht hat.[1] Um 1000 Punkte zu erreichen, sind in der Regel eine Reihe von Einzelspielen erforderlich, wobei nach jedem Einzelspiel der Punktestand aller Spieler fortgeschrieben werden muß. Es handelt sich offenbar darum, daß eine kleine Aufgabe, nämlich die Aktualisierung des Punktestandes, sooft wiederholt werden muß, bis auf einem Punktekonto wenigstens 1001 Punkte verzeichnet sind. Solche Wiederholungen werden häufig auch als Schleifen bezeichnet. Die Bedingung, die die Anzahl der Wiederholungen steuert, muß sehr sorgfältig formuliert werden, um Fehler zu vermeiden; insbesondere sind die Formulierungen „ ... muß so oft wiederholt werden, bis Bedingung xyz erfüllt ist“ und „ ... muß solange wiederholt werden, wie Bedingung xyz erfüllt ist“ genau zu unterscheiden. Im ersten Fall wird die Wiederholung beendet, sobald der Fall eintritt, daß die Bedingung xyz zutrifft, im zweiten Fall dagegen wird die Wiederholung beendet, sobald die Bedingung xyz nicht mehr zutrifft. Das graphische Symbol für eine Wiederholung ist ein Rechteck mit übergestülptem liegendem L.

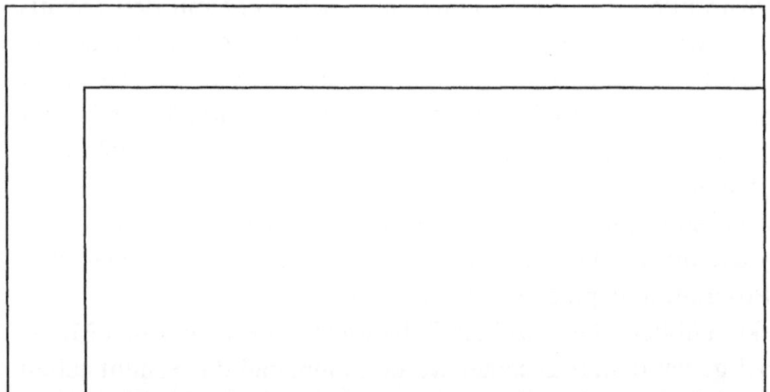

**Bild 1.1**
Symbol für eine Wiederholungsstruktur

[1] Auch wenn Sie nicht Skat spielen, können Sie dieses Beispiel ohne weiteres verstehen, da es hier nicht darauf ankommen soll, wie die aktuelle Punktzahl eines Einzelspiels berechnet wird. Neben der Tatsache, daß nach 1001 oder mehr Punkten in der Gesamtwertung abgebrochen wird, ist nur noch wichtig zu wissen, daß die Punkte eines Einzelspiels entweder dem Einzelspieler gutgeschrieben werden – wenn er gewinnt – oder aber seinen beiden Gegenspielern – falls er verliert.

In den Querbalken des L schreiben Sie die Wiederhol- oder Laufbedingung hinein, das Rechteck enthält alle zu wiederholenden Dinge, in unserem Beispiel sieht das also so aus:

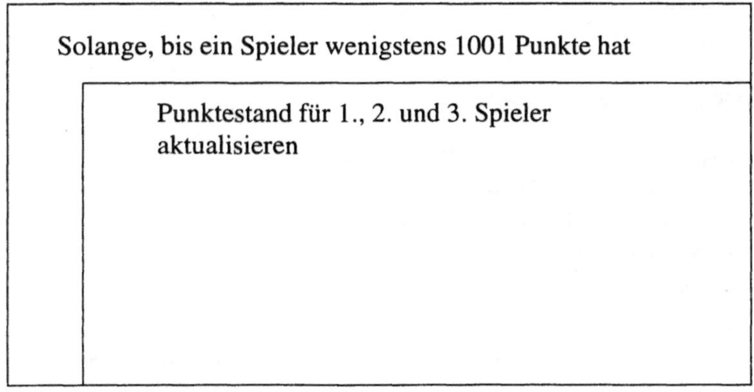


**Bild 1.2**
Die Wiederholungsstruktur für eine Skatrunde

Wie geschieht nun das Aktualisieren des Punktestandes? Es muß zunächst klar sein, ob das Spiel ersteigert wurde und, falls dies der Fall war, von welchem Spieler, danach, wieviele Punkte es wert ist und schließlich, ob der Einzelspieler gewonnen hat. In diesem Fall sind ihm die genannten Punkte gutzuschreiben, anderenfalls erhält jeder seiner Gegenspieler die Punkte. Falls keiner das Spiel ersteigert hat, also geramscht wurde, sind jedem Spieler die dabei erzielten Punkte abzuziehen. Hier sind also, in Abhängigkeit von gewissen Ereignissen, verschiedene Entscheidungen zu treffen. Solche Strukturen heißen Verzweigungen, wobei zur Bequemlichkeit des Benutzers häufig noch die Unterscheidung zwischen Alternativen und Mehrfachverzweigungen vorgenommen wird. Eine Alternative liegt dann vor, wenn genau zwei verschiedene Handlungsweisen möglich sind, die Entscheidung also vom Zutreffen oder Nichtzutreffen einer Tatsache abhängt (etwa „Heute ist der 6. Oktober" oder „5 > 3"). Das Symbol hierfür ist ein Rechteck, das horizontal in zwei Teile geteilt wird. Diese werden gemäß der folgenden Skizze weiter unterteilt.

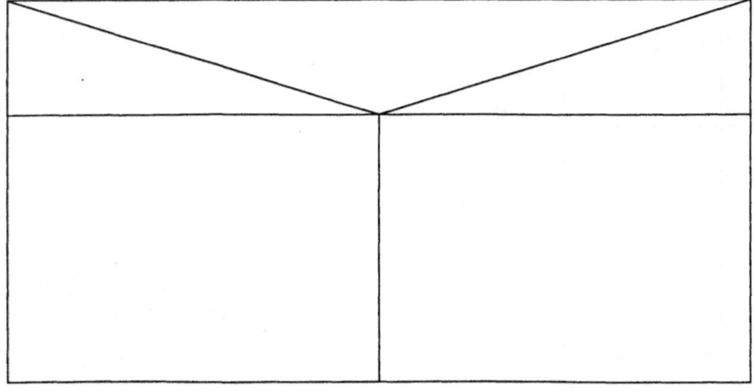

**Bild 1.3**
Symbol einer Alternative

Der obere Teil enthält im auf dem Kopf stehenden Dreieck die Bedingung, von der das weitere Vorgehen abhängt, und in den beiden liegenden, rechtwinkligen Dreiecken die Information, auf welcher Seite des Rechtecks die Aktionen stehen, die auszuführen sind, falls die Bedingung zutrifft („Ja-Zweig“) bzw. falls die Bedingung nicht zutrifft („Nein-Zweig“). Die beiden unteren Rechtecke enthalten dann jeweils alle Aktionen des Ja- bzw. Nein-Zweiges der Alternative.

| SpielErsteigert = “Ja” J | N |
|---|---|
| erforderliche Informationen erfragen: Nummer des Einzelspielers; Wert des Spiels; hat der Einzelspieler gewonnen? | erforderliche Maßnahmen erfragen (beim Ramschen erzielte Punktzahl eines jeden Spielers) |
| Kontostände aktualisieren (Summe!) | Kontostände aktualisieren (Differenz!) |

**Bild 1.4**
Alternative beim Skatspiel

Eine Mehrfachverzweigung ist dann gegeben, wenn mehr als zwei verschiedene Handlungen möglich sind, weil die Entscheidung von mehreren möglicherweise eintretenden Fällen abhängt. Solche Situationen treten etwa ein, wenn Ereignisse vom Wochentag oder Kalenderdatum abhängig sin, aber auch schon bei der simplen Entscheidung „$x > 3$“, jedenfalls wenn sie in einem Computeralgebra-Programm zu treffen ist. Enthält $x$ eine ko*nkr*ete reelle Zahl, so trifft die Ungleichung entweder zu oder nicht; enthält $x$ ein anderes Objekt, z.B. eine komplexe Zahl oder eine Liste von Werten, so ist der Vergleich nicht zulässig; ist über $x$ nichts bekannt, so ist ein Vergleich nicht möglich. Das graphische Symbol einer Mehrfachverzweigung wurde aus dem Symbol der Alternative abgeleitet: an die Stelle des Ja-Zweiges treten jetzt alle denkbaren „normalen“ Fälle, der Nein-Zweig wird jetzt als Sonst- oder Else-Zweig bezeichnet und dient der Aufnahme von Sonderfällen, die üblicherweise nicht auftreten (sollten).

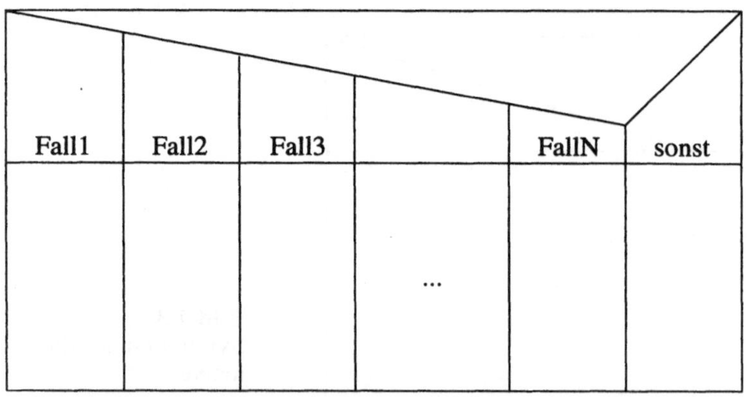


**Bild 1.5**
Symbol einer Mehrfachverzweigung

Für eine konkrete Mehrfachverzweigung wollen wir das Beipiel „$x > 3$“ heranziehen, wobei wir annehmen wollen, daß in Abhängigkeit von dieser Bedingung der Variablen $y$ entweder $\sqrt{x-3}$ oder $\sqrt{3-x}$ zugewiesen werden, in allen unklaren Fällen aber eine Fehlermeldung ausgegeben werden soll. Da bei der Programmierung solcher Verzweigungen immer von links nach rechts vorgegangen wird, können wir uns in der zweiten Säule die Überprüfung „x kleiner/gleich 3“ sparen, da die Bedingung für das Durchlaufen dieses Zweiges erst untersucht wird, wenn bereits feststeht, daß $x$ keinesfalls größer als 3 ist.

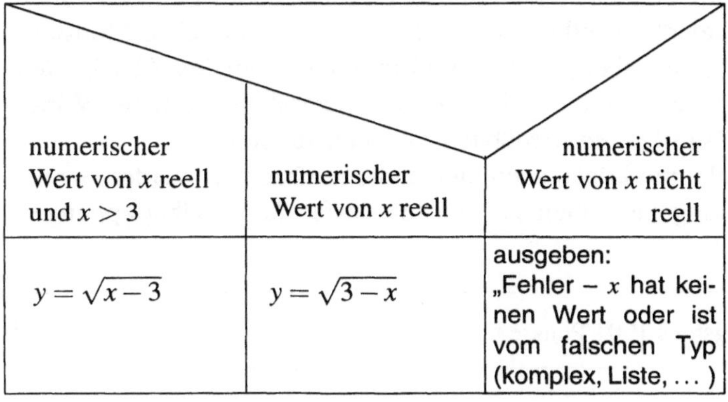


**Bild 1.6**
Konkrete Mehrfachverzweigung für Computeralgebra-Programme

Warum haben wir in die Bedingungen hineingeschrieben, daß der numerische Wert von $x$ reell sein soll, und nicht einfach gefragt, ob $x$ reell ist? Für Computeralgebra-Programme ist ein Wert wie $\pi$ immer ein Symbol, mit dem erst nach einer numerischen Auswertung die Zahl 3.14159... assoziiert wird. Deswegen kann ein von Ihnen geschriebenes CA-Programm nur dann fehlerfrei ausgeführt werden, wenn erst nach erfolgter numerischer Auswertung auf den Datentyp „Real“ geprüft wird. Im Sonst-Fall haben wir für den Meldungstext eine Variante gewählt, die für einen ungeübten Benutzer Ihres Programms gedacht ist — natürlich ist auch `Symbol` ein Datentyp. Trotzdem handelt es sich jedoch um unterschiedliche Fehler, ob einer Variablen überhaupt kein Wert zugewiesen wurde oder ein falscher, so daß ein solcher Hinweis ganz hilfreich sein kann.

Um nun aus solchen einfachen Bausteinen kompliziertere Programme konstruieren zu können, legen wir noch fest, daß jede einzelne Anweisung wie $y = \sqrt{3-x}$ oder „ausgeben: y“ in ein Rechteck geschrieben wird, und daß es zwei Regeln gibt, wie die einzelnen Bausteine miteinander verknüpft werden dürfen.

**1. Regel:** Elementare Bausteine dürfen untereinander gesetzt werden. Eine solche Reihung wird dann von oben nach unten abgearbeitet

| einlesen: Einzelspieler (∗ 1, 2 oder 3 ∗) |
|---|
| einlesen: WertDesSpiels |
| einlesen: EinzelspielGewonnen (∗ True oder False ∗) |
| Gegenspieler = {1, 2, 3} – {Einzelspieler} |

**Bild 1.7**
Reihung von Elementarbausteinen

Der in „(*" und „*)" eingeschlossene Text dient als Kommentar. An dieser Stelle möchten wir Sie darauf hinweisen, daß Sie die Namen Ihrer Variablen so wählen sollten, daß Sie sich auch noch nach Jahren vorstellen können, was die logische Bedeutung jeder Variablen ist. Der hierdurch entstehende Mehrbedarf an Speicherplatz ist heutzutage irrelevant, und die Schreibarbeit können Sie natürlich auch durch Kopieren gering halten. Gegenüber den auftretenden kleinen Unannehmlichkeiten ist der Gewinn, den Ihnen Bezeichnungen wie „Gegenspieler" anstelle von „A23sT5b4" oder ähnlichen Monstern bieten, nicht zu überschätzen. Wir haben uns hier und in allen folgenden Abschnitten an die *Mathematica*-Konvention gehalten, alle Wörter auszuschreiben und neue Wörter innerhalb eines Namens jeweils mit einem Großbuchstaben einzuleiten.

**2. Regel:** Elementare Strukturen könen auch ineinandergeschachtelt werden, wobei auf die korrekte Einschachtelung zu achten ist, d.h. es dürfen keine Überlappungen auftreten.

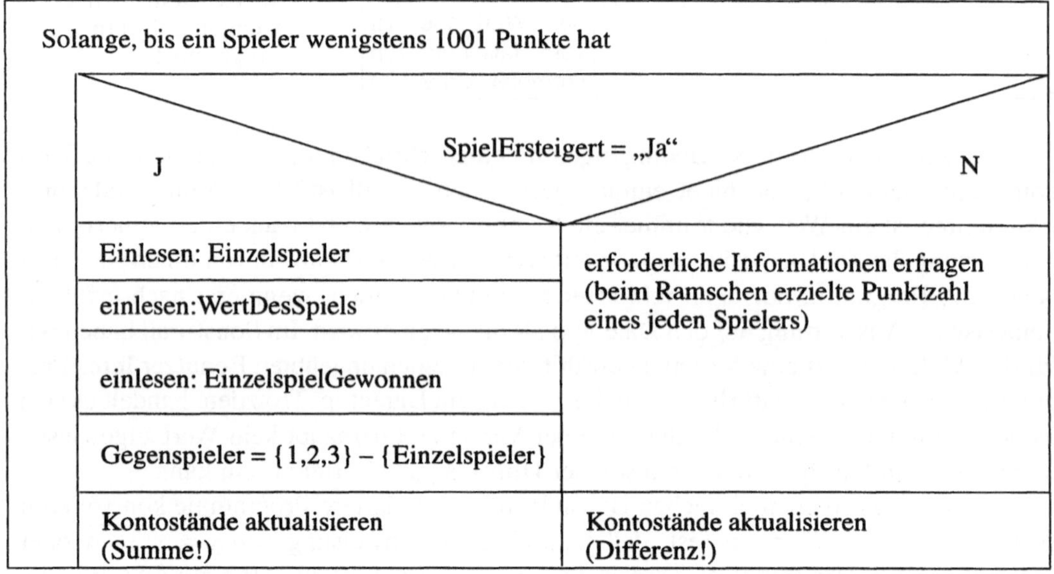


**Bild 1.8** Ineinanderschachtelung von Elementarbausteinen

Damit sind wir nun imstande, ein Struktogramm zu schreiben, das die Punkteabrechnung übernehmen kann. Da der Einzelspieler nicht immer derselbe Spieler sein wird, ist es am einfachsten, die Kontostände in einer Liste (Tabelle, Vektor) zu halten, die wir `Kontoliste` nennen. Dann bietet es sich für den Fall, daß geramscht wird, an, auch die erzielten Punkte als Liste einzugeben.

Bei der Erstellung von Struktogrammen achten wir jedoch nicht auf die programmtechnischen Feinheiten der Sprache, in der unser Programm später implementiert werden wird, so daß wir in das Struktogramm nicht hineinschreiben, wie die Listenwerte voneinander abgezogen werden[2]. Deswegen verwenden wir auch die Bezeichnung „Konto des

[2] In den sogenannten klassischen Programmiersprachen wird für eine solche Operation eine Schleife benötigt, in der der Reihe nach die jeweils ersten, zweiten, etc. Listenelemente subtrahiert werden,

Einzelspielers“ anstelle einer Bezeichnung wie „Kontoliste[[Einzelspieler]]“, die nur in *Mathematica* Gültigkeit hat.

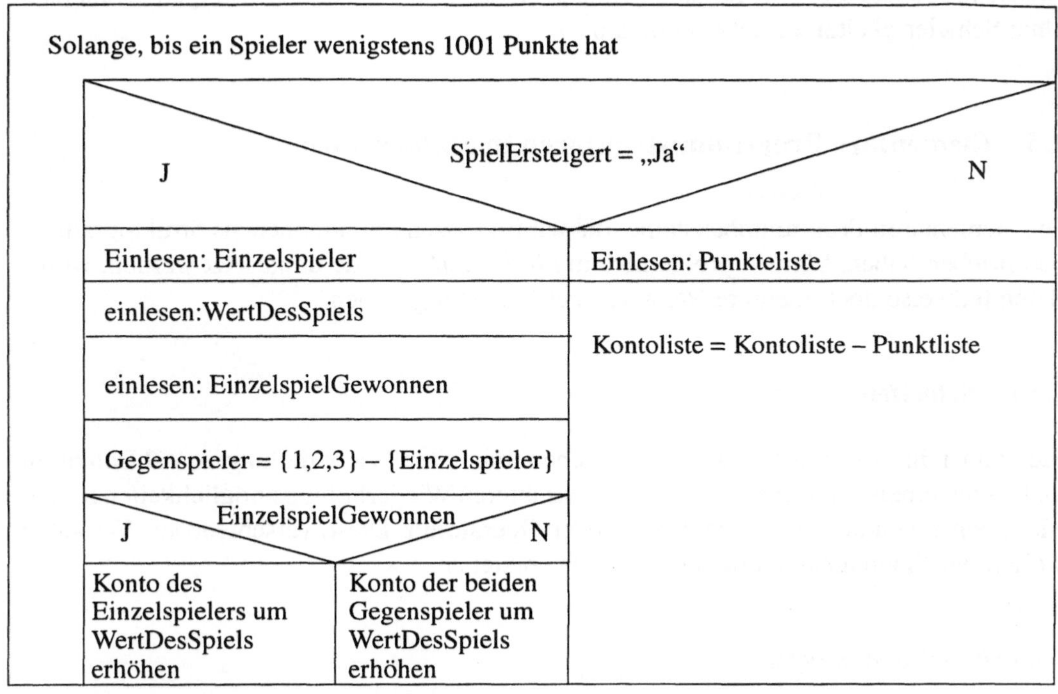


**Bild 1.9** Struktogramm zur Punkteabrechnung bei Skat

Bei umfangreichen Programmen ist es häufig sinnvoll, Programmteile, die mehrfach benötigt werden, zu einem eigenständigen (Unter-)Programm zusammenzufassen. Im Struktogramm geschieht dies dadurch, daß dieses Unterprogramm ein eigenes Struktogramm erhält, und im Hauptprogramm an der entsprechenden Stelle das Unterprogramm aufgerufen wird nach dem Schema von Bild 1.10.

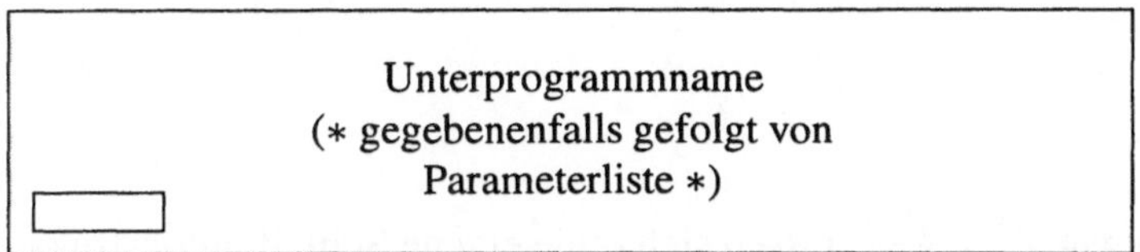


**Bild 1.10** Unterprogrammaufruf

Damit es nicht zum Chaos kommt, wenn mehrere Unterprogramme benutzt werden, wird üblicherweise um jedes Struktogramm ein kleiner Rahmen gezeichnet und in die obere Leiste der Name dieses Programms hineingeschrieben. Dieser Name sollte derselbe sein, den das Programm später in *Mathematica* erhalten wird.

während die Subtraktion in *Mathematica* zu den Operationen gehört, die auf Listen angewendet werden können.

Wenn Sie bisher nur kleine, unkomplizierte Programme geschrieben haben, wird Ihnen diese Methode vielleicht zu aufwendig erscheinen; es ist jedoch sinnvoll, sie zunächst an solchen kleinen Aufgaben einzuüben, damit Sie sie bei schwierigen Problemen ohne Schwierigkeiten einsetzen können.

## 1.3 Elementare Programmstrukturen in *Mathematica*

Die elementaren Programmbausteine, die wir im letzten Paragraphen als Struktogramme beschrieben haben, können problemlos in *Mathematica*-Code umgesetzt werden, wobei Ihnen teilweise noch mehrere Varianten zur Verfügung stehen.

### 1.3.1 Schleifen

Sie können in *Mathematica* wählen zwischen impliziten Wiederholungen, Zählschleifen und allgemeinen Schleifen sowie etwas abstrakteren Wiederholungsmöglichkeiten für die Mehrfachanwendung von Funktionen oder Operatoren. Diese verschiedenen Varianten wollen wir Ihnen anhand einiger Beispiele vorstellen.

*Implizite Wiederholungen*

Es gibt eine Reihe von *Mathematica*-Anweisungen, die eine benutzereigene Schleifenkonstruktion ersetzen können. Das beginnt bei so einfachen Dingen wie der Addition von Vektoren. In den klassischen Programmiersprachen ist hierfür eine Schleife erforderlich, in der bei der $i$-ten Wiederholung die $i$-ten Komponenten der Vektoren addiert werden. In *Mathematica* dagegen tragen viele Befehle das Attribut „Listable“, sind also direkt auf Listen (also insbesondere auf Vektoren) anwendbar. Die Aufgabe, die Vektoren $\vec{a} = (1,3,-9)$ und $\vec{b} = (-4,11,5)$ zu addieren, reduziert sich also auf eine Anweisung

```
In[1]:=
{1, 3, -9} + {-4, 11 ,5}
Out[1]=
{-3, 14, -4}
```

Auch mathematische Formeln wie $\sum_{i=1}^{25} \frac{3i^2-1}{i+2}$ lassen sich ohne eigene Schleifenkonstruktion umsetzen:

```
In[2]:=
Sum[(3i^2-1)/(i+2), {i, 1, 25}]
Out[2]=
6215573592203
-------------
 7301221200
```

Das gleiche gilt für Produktformeln wie $\prod_{i=1}^{25} \frac{3i-1}{i+2}$

```
In[3]:=
Product[(3i-1)/(i+2), {i, 1, 25}]
Out[3]=
967694500953956
---------------
    1594323
```

Auch zum Erzeugen von Tabellen gibt es einfache Möglichkeiten; der folgende Befehl erzeugt eine Matrix mit 3 Zeilen und 4 Spalten, wobei das Element in der Position (i,j) den Wert $i \cdot j$ erhält.

```
In[4]:=
Table[i j,{i,1,3},{j,1,4}]
Out[4]=
{{1, 2, 3, 4}, {2, 4, 6, 8}, {3, 6, 9, 12}}
```

Beachten müssen Sie lediglich, daß hier die Reihenfolge der Schleifenvariablen wichtig ist. Eine Vertauschung der Reihenfolge bewirkt dasselbe wie die Transposition der erzeugten Matrix:

```
In[5]:=
Table[i j,{j,1,4},{i,1,3}]
Out[5]=
{{1, 2, 3}, {2, 4, 6}, {3, 6, 9}, {4, 8, 12}}
```

Natürlich können Sie auch eine Tabelle erzeugen, die zu jeder auftretenden Zahl ihr Quadrat und die 3. Potenz enthalten:

```
In[6]:=
Table[{i,i^2,i^3},{i,1,7}]
Out[6]=
{{1, 1, 1}, {2, 4, 8}, {3, 9, 27},

 {4, 16, 64}, {5, 25, 125}, {6, 36, 216},

 {7, 49, 343}}
```

Auch ein Befehl wie `Animate` erzeugt nach dem gleichen Schema eine Tabelle von Graphiken. Beachten Sie aber bitte, daß Sie bei Verwendung von `Animate` äußerst vorsichtig sein müssen, was den Namen des Zählers betrifft. Dieser darf nämlich noch nicht mit einem Wert belegt sein, sondern muß vom Typ `Symbol` sein.

*Zählschleifen*

Bei vielen Schleifen ist vorab genau bekannt, wie oft sie wiederholt werden müssen, so daß die Schleifensteuerung über einen mitlaufenden Zähler erfolgen kann. Bei der Berechnung von $\sum_{i=1}^{25} \frac{3i^2-1}{i+2}$ ist z.B. klar, daß die Summe aus genau 25 Summanden besteht, während bei unserem Skatprogramm zu Beginn völlig unklar ist, wie viele Einzelspiele stattfinden müssen, bis einer der Spieler mehr als 1000 Punkte hat.

Für Zählschleifen ist in vielen Sprachen eine Struktur gebräuchlich, die mit dem Wort `For`[3] beginnt; so ist es auch in *Mathematica*. Die Berechnung der Summe sieht dann so aus

```
In[8]:=
For[summe=0;t=1,t<26,t=t+1,
    summe=summe+ (3t^2-1)/(t+2)];
summe
Out[8]=
6215573592203
-------------
 7301221200
```

Falls Sie etwas Erfahrung mit C/C++ haben, wird Ihnen auffallen, daß hier die Rolle von Komma und Semikolon vertauscht sind. Dies liegt daran, daß für *Mathematica* `For` ein Programm mit 4 Argumenten ist: das erste enthält den (oder die) Anfangswert(e), das zweite die Laufbedingung, das dritte die Schrittweite und das letzte den Schleifenkörper; Argumente von Programmen/Funktionen sind aber stets durch Komma voneinander zu trennen. Die entsprechende Schleife

```
for (summe=0, t=1; t<26;summe=summe+(3*t*t-1)/(t+2),
                        t=t+1)
```

in C/C++ ist dagegen eine Anweisung, bei der an der ersten und letzten Position eine Aufzählung von Anweisungen stehen darf.

Diese Schleife läßt genau wie in C/C++ noch einige Variationen zu, die sich auf die Schreibweise beziehen.

```
In[9]:=
For[summe=0;t=1,t<26,t++,
      summe+=(3t^2-1)/(t+2)]; summe;
```

`t++` bedeutet dasselbe wie `t=t+1` und `summe+=(3t^2-1)/(t+2)` dasselbe wie `summe=summe+(3t^2-1)/(t+2)`; im Gegensatz zu compilierten C/C++-Programmen ergibt sich hier allerdings fast keine Laufzeitverbesserung.

Beachten Sie bitte, daß die Schleife wiederholt wird, solange die Laufbedingung den Wert `True` hat, und diese Auswertung zu Beginn stattfindet. Eine `For`-Schleife wird daher nur dann wenigstens einmal durchlaufen, wenn die Laufbedingung beim Eintritt in die Schleife `True` ergibt.

Dringend abraten möchten wir Ihnen von Konstruktionen, bei denen die Laufbedingung vom Schleifenkörper abhängt – diese sind zwar erlaubt, liefern aber nicht unbedingt gut lesbare Programme, wie das folgende Beispiel zeigt, oder sehen Sie sofort, wie oft diese Schleife durchlaufen wird?

```
In[10]:=
For[summe=21;t=1,t<N[summe],t=t+1,
```

[3] Wir verwenden hier jeweils die Schreibregelung von *Mathematica*, beginnen also mit einem Großbuchstaben.

```
    summe=summe+(-1)^t Sqrt[t]];summe
Out[10]=
23 + 6 Sqrt[2] + Sqrt[3] - Sqrt[5] +

 Sqrt[6] - Sqrt[7] + Sqrt[10] - Sqrt[11] -

 Sqrt[13] + Sqrt[14] - Sqrt[15] - Sqrt[17] -

 Sqrt[19]
```

Es widerspricht dem Gedanken der strukturierten Programmierung, eine Schleife, die gar keine Zählschleife ist, als solche zu verkleiden!

Neben `For`-Schleifen können Sie auch `Do`-Schleifen verwenden, wenn Sie genau wissen, wie oft die Wiederholung erfolgen soll. Hier müssen Sie allerdings darauf achten, daß Anfangswertzuweisungen vor der `Do`-Anweisung stehen. Unsere Berechnung sieht jetzt so aus:

```
In[11]:=
summe=0;
Do[summe=summe+(3t^2-1)/(t+2),{t,1,25,1}];
summe
Out[11]=
6215573592203
-------------
 7301221200
```

Das heißt, daß Sie zuerst die zu wiederholenden Anweisungen (ggbfs. durch Semikola getrennt) auflisten, und danach eine Liste schreiben, die als erstes den Namen der Zählvariablen enthält, als zweites den Anfangs-, dann den Endwert und als letztes die Schrittweite. Falls die Schrittweite 1 ist, dürfen Sie sie auch weglassen. Für den Fall, daß Ihr Schleifenkörper gar nicht auf den Wert des Zählers zurückgreifen muß, darf die Liste auch nur die Anzahl der Wiederholungen enthalten. Wenn Sie etwa die Folge $x_0 = 5, x_{n+1} = 0.5(x_n + \frac{2}{x_n})$ betrachten und das Folgenglied $x_1 0$ berechnen wollen, so bietet es sich an, unter Weglassung des Index dies umzusetzen in

```
In[12]:=
x=5;
Do[x=1/2 (x + 2/x), {10}];N[x]
Out[12]=
1.41421
```

### `While`-*Schleifen*

In allen Fällen, in denen die Anzahl der Wiederholungen unklar oder die Bedingung z.B. nicht numerisch ist, bietet sich die Verwendung von `While` zur Schleifenkonstruktion an. Als Beispiel wählen wir die Berechnung von $\sum_{t=1}^{n} \frac{1}{t}$.

```
In[13]:=
summe=0;t=1;
```

```
While[N[summe]<10,
    summe=summe+1/t;t=t+1];
Print["summe = ",N[summe]," nach ",t-1," Wiederholungen"]
Out[13]=
summe = 10. nach 12367 Wiederholungen
```

Warum haben wir gerade dieses Beispiel gewählt? Es ist leicht zu zeigen, daß diese Summe beliebig groß wird, wenn nur genügend viele Summanden berücksichtigt werden; jedoch kommen, seit es Rechner und Programmiersprachen gibt, immer wieder Ingenieure auf uns zu, die uns an ihrem Rechner „beweisen", daß diese Aussage falsch ist. Dies liegt natürlich daran, daß Rechner numerisch nur eine gewisse Anzahl signifikanter Stellen berücksichtigen können. Ist bei 6 signifikanten Stellen das Ergebnis der bisherigen Rechnung also etwa 5.31779, was für $t = 115$ der Fall ist, so hat der nächste Summand den numerischen Wert 0.00869565, so daß die letzten 3 Stellen unberücksichtigt bleiben. Dies sieht zunächst nicht allzu dramatisch aus, wenn jedoch nach 12367 Wiederholungen bei exakter Rechnung die Summe den Wert 10 hat, ist der numerische Wert des nächsten Summanden 0.0000809258, bei 6 signifikanten Stellen ist die neue Summe dann also immer noch 10 und dies ändert sich auch im folgenden nicht mehr, weil die weiteren Summanden ja noch kleiner werden. Beachten Sie bitte, daß die Verwendung von `N` in der Schleifensteuerung erforderlich ist, wenn die Laufbedingung Ausdrücke enthält, die nicht vom Typ `Real` sind, also z.B. Wurzeln enthalten. Im folgenden Beispiel soll die Summe der Wurzeln der natürlichen Zahlen berechnet werden, wobei abzubrechen ist, sobald die Summe den Wert 10 erreicht oder überschritten hat.

```
In[14]:=
summe=0;t=1;
While[summe<10,
    summe=summe+ Sqrt[t];t=t+1];
Print["summe = ",summe," nach ",t-1," Wiederholungen"]
Out[14]=
summe = 1 + Sqrt[2] nach 2 Wiederholungen
```

Das Ergebnis ist erkennbar falsch, da auch $1+\sqrt{2}+\sqrt{3}$ noch kleiner als 10 ist. Der Fehler rührt daher, daß $\sqrt{2}$ für *Mathematica* ein Symbol ist, der Vergleich von Summe mit 10

```
In[15]:=
TrueQ[1+Sqrt[2]<10]
Out[15]=
False
```

also nicht zum Ergebnis `True` führt. Richtig muß es also heißen

```
In[16]:=
summe=0;t=1;
While[N[summe]<10,
    summe=summe+ Sqrt[t];t=t+1];
Print["summe = ",summe," nach ",t-1," Wiederholungen"]
Out[16]=
summe = 3 + Sqrt[2] + Sqrt[3] + Sqrt[5] + Sqrt[6]
   nach 6 Wiederholungen
```

*Für Fortgeschrittene*

Neben diesen eher klassischen Konstruktionen bietet Ihnen *Mathematica* die Möglichkeit, auf einfache Weise auch Funktionen mehrfach anwenden zu können. Nehmen wir zunächst einmal an, daß Sie eine Funktion wie Logarithmus auf einen Ausdruck mehrmals anwenden wollen.

```
In[1]:=
Nest[Log,f,4]
Out[1]=
Log[Log[Log[Log[f]]]]
```

Für `f` können Sie einen beliebigen Ausdruck einsetzen, und es ist Ihr Problem, daß das Ergebnis auch eine wohldefinierte Zahl ist.

```
In[2]:=
b=Nest[Log,3,4] //N
Out[2]=
0.860335 + 3.14159 I
In[3]:=
Nest[Log,E,4]
Out[3]=
Infinity
```

Wenn Sie z.B. überprüfen wollen, daß die Folge $x_{n+1} = \sqrt{2+x_n}$ sehr schnell gegen 2 konvergiert[4], so können Sie die Funktion

```
In[4]:=
g[x_]:=Sqrt[2+x]
```

definieren und diese mehrfach auf einen Anfangswert anwenden lassen. Wir überzeugen uns zunächst davon, daß die Mehrfachanwendung tatsächlich genau das Gewünschte leistet:

```
In[5]:=
Nest[g,x,3]
Out[5]=
Sqrt[2 + Sqrt[2 + Sqrt[2 + x]]]
```

und probieren dann aus, was beim Anfangswert 100 und zehnfacher Iteration geschieht:

```
In[6]:=
Nest[g,100,10]//N
Out[6]=
2.00002
```

Wenn Sie jetzt auch wissen wollen, was das Ergebnis der vorangehenden Iterationen ist, könnten Sie diese Liste natürlich mit `Table` erzeugen lassen, einfacher ist es jedoch, den Befehl `NestList` zu verwenden.

[4] Dies ist natürlich kein Beweis für die Konvergenz, sondern zeigt nur das Tempo der Annäherung

```
In[7]:=
NestList[g,100,10]//N
Out[7]=
{100., 10.0995, 3.47843, 2.34061, 2.08341,
  2.02075, 2.00518, 2.00129, 2.00032, 2.00008,
  2.00002}
```

Gerade bei Rechnungen, die so oft ausgeführt werden sollen, bis sich das Ergebnis nicht mehr ändert, also ein Fixpunkt erreicht ist, ist es unbequem, durch Ausprobieren die erforderliche Anzahl von Iterationen herauszufinden, und es wäre lästig, wieder auf eine `While`-Schleife zurückgreifen zu müssen. Daher gibt es als zusätzlichen Befehle `FixedPoint`, der so oft iteriert, bis zwei aufeinanderfolgende Rechnungen dasselbe Ergebnis haben und `FixedPointList`, der die Liste der Iterationen erzeugt und abbricht, sobald zwei aufeinanderfolgende Rechnungen dasselbe Ergebnis haben.

```
In[8]:=
g[x_]:=N[Sqrt[2+x],10]

FixedPoint[g,100]
Out[8]=
2.

In[9]:=
FixedPointList[g,100]
Out[9]=
{100, 10.09950494, 3.478434265, 2.340605534, 2.083411993,
  2.020745405, 2.005179644, 2.001294492, 2.000323597, 2.000080898,
  2.000020224, 2.000005056, 2.000001264, 2.000000316, 2.000000079,
  2.00000002, 2.000000005, 2.000000001, 2., 2., 2., 2., 2., 2., 2.,
  2., 2., 2., 2.}
```

Daß hier der Eindruck erweckt wird, zu viele Iterationen berechnet zu haben, hängt nur mit dem Ausgabeformat zusammen; sobald Sie sich die Liste auf 16 Stellen genau ausgeben lassen, sehen Sie den Unterschied.

```
In[10]:=
N[FixedPointList[g,100],16]
Out[10]=
{100., 10.09950493836208, 3.478434265350156,
  2.340605533905736, 2.083411993319069,
  2.020745405368788, 2.005179644163781,
  2.001294492113487, 2.000323596849642,
  2.000080897576306, 2.000020224291821,
  2.000005056066564, 2.000001264016241,
  2.000000316004035, 2.000000079001007,
  2.000000019750252, 2.000000004937563,
  2.000000001234391, 2.000000000308598,
  2.000000000077149, 2.000000000019287,
  2.000000000004822, 2.000000000001205,
  2.000000000000301, 2.000000000000075,
  2.000000000000019, 2.000000000000004,
  2.000000000000001, 2.}
```

In vielen Fällen werden Sie keine genaue Übereinstimmung zweier aufeinanderfolgender Berechnungen erwarten können. Aus diesem Grund gibt es die Möglichkeit, ein eigenes Abbruchkriterium in Form einer Regel anzugeben. Wollen Sie etwa erreichen, daß das Ergebnis erst gerundet und dann mit einem Wert verglichen werden soll, so ist wie folgt vorzugehen:

```
In[11]:=
FixedPoint[g,100,SameTest->(Chop[#1]-2.==0&)]
Out[11]=
2.
```

Es ist also eine reine Funktion[5] zu schreiben, wobei `#1` sich auf das Ergebnis der Rechnung bezieht (das ja ansonsten keinen Namen hat).

Soll die Rechnung beendet werden, wenn die Differenz aufeinanderfolgender Rechnungen betragsmäßig sehr klein ist, müssen Sie die Funktion etwas abändern:

```
In[12]:=
FixedPoint[g,100,SameTest->(Abs[#1-#2]<10^(-10)&)]
Out[12]=
2.
```

Allen diesen Befehlen ist gemeinsam, daß sie die angegebene Funktion auf ein Argument anwenden und das Ergebnis im nächsten Schritt als neues Argument der Funktion benutzen. In vielen Fällen reicht diese Abstraktionsstufe nicht aus. Wenn Sie nämlich eine Iteration haben, bei der das neu berechnete Argument nur ein Teil der für die nächste Rechnung erforderlichen Werte ist, reichen die bisher aufgeführten Befehle nicht weiter. Es gibt hier zwei Anweisungen, die Ihnen weiterhelfen können. `FoldList[f, x, {a, b, c, ... }]` benötigt 3 Argumente, das erste ist die Funktion, die jeweils angewendet werden soll, um das nächste Ergebnis zu erzeugen – sie muß eine Funktion von zwei Veränderlichen sein –, das zweite Argument liefert einen Anfangswert und das 3. Argument enthält eine Liste von Werten, die im ersten, zweiten, usw. Iterationsschritt benötigt werden. Berechnet werden dann der Reihe nach die Werte

$$f(x,a)$$

$$f(f(x,a),b)$$

$$f(f(f(x,a),b),c)$$

usw. und in einer Liste ausgegeben, deren erster Eintrag $x$ ist. Das sieht vielleicht etwas kompliziert aus, deswegen wollen wir zwei Beispiele betrachten. Die Funktion sei $f(x,y) = x^2 \cdot y + 5$

```
In[13]:=
fff[x_,y_]:=y*x^2+5
```

Zunächst nehmen wir den Anfangswert 1 und eine konstante Liste.

---

[5] Als geübter *Mathematica*-Anwender wissen Sie gewiß, was eine reine Funktion ist; anderenfalls finden Sie im Kapitel 4 nähere Erläuterungen.

```
In[14]:=
FoldList[fff,1,{t,t,t,t}]
Out[14]=
                          2                   2 2
{1, 5 + t, 5 + t (5 + t) , 5 + t (5 + t (5 + t) ) ,
                               2 2 2
  5 + t (5 + t (5 + t (5 + t) ) ) }
```

Wir lassen die Polynome ausmultiplizieren

```
In[15]:=
Expand[%]
Out[15]=
                         2    3
{1, 5 + t, 5 + 25 t + 10 t + t ,
              2        3        4        5      6    7
  5 + 25 t + 250 t + 725 t + 510 t + 150 t + 20 t + t ,
              2         3          4           5            6
  5 + 25 t + 250 t + 3125 t + 19750 t + 103850 t + 389500 t +
          7          8          9           10          11
   788325 t + 815510 t + 487650 t + 182500 t + 44350 t +
        12        13       14    15
   7020 t + 700 t + 40 t + t }
```

Nun verändern wir die Liste

```
In[16]:=
FoldList[fff,1,{t,t+t^2,t+t^2+t^3,t+t^2+t^3+t^4}]
Out[16]=
                      2      2
{1, 5 + t, 5 + (5 + t)  (t + t ),
          2    3               2       2 2
  5 + (t + t + t ) (5 + (5 + t) (t + t )) ,
          2    3    4         2    3              2       2 2
  5 + (t + t + t + t ) (5 + (t + t + t ) (5 + (5 + t) (t + t )) )
    2
     }
```

Falls Sie sehen wollen, welche Polynome wir jetzt erzeugt haben: hier sind Sie noch einmal ausmultipliziert.

```
In[17]:=
Expand[%]
Out[18]=
                         2       3    4
{1, 5 + t, 5 + 25 t + 35 t + 11 t + t ,
              2         3         4         5         6
  5 + 25 t + 275 t + 1250 t + 3085 t + 4620 t + 4465 t +
        7         8        9       10    11
   2796 t + 1033 t + 214 t + 23 t + t ,
              2         3          4           5            6
  5 + 25 t + 275 t + 3650 t + 29900 t + 198850 t + 1086550 t +
```

```
                7                8                9                10
 4618075 t  + 15096535 t  + 38600665 t  + 78972205 t   +
             11               12               13               14
 131899835 t   + 182604405 t   + 211623875 t   + 206256015 t   +
             15               16               17               18
 168957561 t   + 115654527 t   + 65440359 t   + 30128399 t   +
            19               20               21               22          23
 11063229 t   + 3168893 t   + 691443 t   + 111819 t   + 12914 t   +
        24       25    26
 1004 t   + 47 t   + t   }
```

Als weiteres Beispiel wollen wir den Fall betrachten, daß Sie der Reihe nach

```
$$f_1(x)=x\cdot (\sin(x^2))'$$
$$f_2(x)=x^2 f_1'(x)$$
$$f_3(x)=3f_2'(x)$$
```

zu berechnen haben, wobei wir die Liste ohne weiteres fortsetzen können, so lange jede neu zu berechnende Funktion von der Form ist „Faktor multipliziert mit Ableitung der zuletzt berechneten Funktion“. Eine einfache Art, dies zu erreichen, besteht dann darin, diese Form als zu iterierende Funktion zu definieren

```
In[19]:=
K2[f_,y_]:= y D[f,x]
```

und nun `FoldList` mit dem Anfangswert $\sin(x^2)$ und der Faktorenliste $\{x,x^2,3\}$ aufzurufen.

```
In[20]:=
FoldList[K2,Sin[x^2],{x,x^2,3}]
Out[20]=
      2        2      2    2            2         3       2
{Sin[x ], 2 x  Cos[x ], x  (4 x Cos[x ] - 4 x  Sin[x ]),
      2          2       4        2        2        2
  3 (x  (4 Cos[x ] - 8 x  Cos[x ] - 20 x  Sin[x ]) +
                        2        3        2
     2 x (4 x Cos[x ] - 4 x  Sin[x ])))}
```

Falls Sie nur am letzten Ergebnis von `FoldList` interessiert sein sollten, verwenden Sie die Anweisung `Fold`, für deren Argumente dasselbe gilt wie für `FoldList`.

```
In[21]:=
Fold[K2,Sin[x^2],{x,x^2,3}]
Out[21]=
    2          2       4        2        2        2
3 (x  (4 Cos[x ] - 8 x  Cos[x ] - 20 x  Sin[x ]) +
                      2        3        2
    2 x (4 x Cos[x ] - 4 x  Sin[x ]))
```

### 1.3.2 Verzweigungen

Auch hier gibt es eine Reihe verschiedener Möglichkeiten, die Ihnen zur Verfügung stehen. Dies beginnt mit einer Art „impliziter“ Verzweigung, die Sie z.B. benötigen, um stückweise definierte Funktionen eingeben zu können

$$F(x) = \begin{cases} 3x^2 - 4 & \text{für } x \leq 2 \\ -x^3 + 4x + 6 & \text{für } x > 2 \end{cases}$$

wird in *Mathematica* zu

```
In[1]:=
F[x_]:=3x^2-4    /; x<=2
F[x_]:=-x^3+4x+6 /; x>2
```

und konkrete Funktionswerte werden dann richtig berechnet.

```
In[2]:=
{F[0],F[2],F[3]}
Out[2]=
{-4, 8, -9}
```

Diese Methode benötigen Sie auch, wenn Sie bei eigenen Programmpaketen Fehlermeldungsmodule vorsehen wollen (s.2).

*Alternativen*

Zur Programmierung von Alternativen ist in den meisten Programmiersprachen eine Anweisung vorhanden, die mit dem Wort `If` beginnt; dies ist auch in *Mathematica* der Fall. Angenommen, es soll für den Fall, daß die Variable $x$ ohne Rest durch 7 teilbar ist, der entsprechende Text ausgegeben werden, anderenfalls ist auszugeben, daß die Zahl nicht ganzzahlig durch 7 teilbar ist sowie der Rest, der auftritt. Als erstes Argument ist die zu prüfende Bedingung zu schreiben, das zweite Argument enthält alle Anweisungen des Ja-Zweigs der Alternative, die, falls es sich um mehr als eine Anweisung handelt, durch Semikola voneinander abzutrennen sind. Das dritte Argument enthält entsprechend alle Anweisungen des Nein-Zweiges. Also sieht unsere Anweisung folgendermaßen aus, wobei wir ihr einen Namen gegeben haben, um bei unseren Tests Platz zu sparen.

```
In[3]:=
a[x_]:=If[Mod[x,7]==0,Print[x," ist ohne Rest durch 7 teilbar"],
               Print[x," ist mit Rest ",Mod[x,7],
                     " durch 7 teilbar"]
          ]
```

Wir testen unsere Anweisung mit den Zahlen 63, 17 und -5:

```
In[4]:=
a[63]
Out[4]=
```

```
63 ist ohne Rest durch 7 teilbar

In[5]:=
a[17]
Out[5]=
17 ist mit Rest 3 durch 7 teilbar

In[6]:=
a[-5]
Out[6]=
-5 ist mit Rest 2 durch 7 teilbar
```

Was geschieht, wenn wir Zahlen eingeben, die nicht ganzzahlig sind?

```
In[7]:=
a[3.4]
Out[7]=
3.4 ist mit Rest 3.4 durch 7 teilbar

In[8]:=
a[Pi/4]
Out[8]=
       Pi                  Pi
If[Mod[--, 7] == 0, Print[--,  ist ohne Rest durch 7 teilbar],
       4                   4
        Pi                          Pi
  Print[--,  ist mit Rest , Mod[--, 7],  durch 7 teilbar]]
        4                           4
```

Wahrscheinlich sind Sie jetzt irritiert über die unterschiedliche Verhaltensweise bei Zahlen, die nach unserem Verständnis beide vom Typ `Real` sind. Aber auch hier gilt wieder die Regel, daß Vergleiche nur mit numerischen Daten angestellt werden können, nicht dagegen mit Symbolen, auch wenn sich hinter ihnen ein numerischer Wert versteckt. Wir verbessern daher unsere Anweisung

```
In[9]:=
b[x_]:=If[Mod[N[x],7]==0,Print[x," ist ohne Rest durch 7 teilbar"],
               Print[x," ist mit Rest ",Mod[N[x],7],
                     " durch 7 teilbar"]
          ]
```

und probieren

```
In[10]:=
b[Pi/4]
Out[10]=
Pi
-- ist mit Rest 0.785398 durch 7 teilbar
4

In[11]:=
b[10.4]
Out[11]=
10.4 ist mit Rest 3.4 durch 7 teilbar
```

Es bleibt das Problem, daß in manchen Fällen kein Ergebnis ermittelt werden kann.

```
In[12]:=
b[xx]
Out[12]=
If[Mod[N[xx], 7] == 0, Print[xx,  ist ohne Rest durch 7 teilbar],
  Print[xx,  ist mit Rest , Mod[N[xx], 7],  durch 7 teilbar]]
```

Aus diesem Grund besteht die Möglichkeit, ein viertes Argument anzugeben, in dem festgelegt wird, was zu geschehen hat, wenn die Bedingung nicht ausgewertet werden kann.

```
In[13]:=
c[x_]:=If[Mod[N[x],7]==0,Print[x," ist ohne Rest durch 7 teilbar"],
                Print[x," ist mit Rest ",Mod[N[x],7],
                      " durch 7 teilbar"],Print["FAIL"]
          ]
```

Wenn jetzt ein Symbol eingegeben wird, so daß die Bedingung nicht ausgewertet werden kann, erscheint der Text „FAIL“ am Bildschirm.

```
In[14]:=
 c[xx]
Out[14]=
FAIL
```

Jetzt wollen wir noch dafür sorgen, daß die Rechnung nur für ganze Zahlen ausgeführt wird. Dazu schachteln wir zwei Alternativen ineinander. Da auch ein Symbol nicht den Kof `Integer` hat, könne wir jetzt das vierte Argument weglassen.

```
In[15]:=
e[x_]:=If[IntegerQ[x],
          If[Mod[x,7]==0,
             Print[x," ist ohne Rest durch 7 teilbar"],
             Print[x," ist mit Rest ",Mod[x,7],
                " durch 7 teilbar"]],
          Print[N[x]," ist nicht ganzzahlig"]
          ]

e[16]
Out[15]=
16 ist mit Rest 2 durch 7 teilbar

In[16]:=
e[63]
Out[16]=
63 ist ohne Rest durch 7 teilbar

In[17]:=
e[10.4]
Out[17]=
10.4 ist nicht ganzzahlig
```

```
In[18]:=
e[Pi/4]
Out[18]=
0.785398 ist nicht ganzzahlig

In[19]:=
e[xx]
Out[19]=
xx ist nicht ganzzahlig
```

Falls Sie kompliziertere Bedingungen benötigen, so Können Sie In *Mathematica* wie in C/C++ Bedingungen verknüpfen durch die logischen Operatoren `&&` für „und", `||` für „oder" und `!` für „nicht". Wenn Sie unter Windows 3.1 arbeiten, müssen Sie allerdings beachten, daß das Ausrufungszeichen in *Mathematica* wie auch in vielen anderen Windows-Anwendungen noch eine weitere Bedeutung hat: Die Kombination des Steuerzeichens für „neue Zeile" zusammen mit ! verzweigt in die DOS-Ebene, so daß Sie niemals ein ! in der ersten Spalte einer Zeile schreiben sollten.

*Mehrfachverzweigungen*

Die aus C/C++ bekannte Anweisung `Switch` gibt es auch in *Mathematica*, allerdings mit einem geringeren Funktionsumfang. Es kann lediglich ein Ausdruck angegeben werden, dessen verschiedene denkbare Ergebnisse die Fälle der Verzweigung bestimmen. Dies heißt insbesondere, daß es nur eine begrenzte Anzahl verschiedener Ergebnisse geben darf, insbesondere auch keine Ergebnisbereiche angegeben werden dürfen. Diese Variante bietet sich also nur in wenigen Fällen an. Der folgende Programmausschnitt könnte etwa aus einem Programm „Ewiger Kalender" stammen und ist ansonsten selbsterklärend.

```
In[20]:=
a[Tag_]:=Switch[Tag,0,Print["Sonntag"],
                    1,Print["Montag"],
                    2,Print["Dienstag"],
                    3,Print["Mittwoch"],
                    4,Print["Donnerstag"],
                    5,Print["Freitag"],
                    6,Print["Sonnabend"]]
```

Wir probieren unsere Verzweigung aus und stellen fest, daß sie natürlich nur, wenn in `Tag` eine der Zahlen von 0 bis 6 steht, ordnungsgemäß arbeitet.

```
In[21]:=
a[5]
Out[21]=
Freitag

In[22]:=
a[12]
Out[22]=
Switch[12, 0, Print[Sonntag], 1, Print[Montag], 2, Print[Dienstag],
```

```
3, Print[Mittwoch], 4, Print[Donnerstag], 5, Print[Freitag], 6,
Print[Sonnabend]]
```

Es gibt jedoch die Möglichkeit, einen Sonst-Zweig dadurch zu definieren, daß Sie als letzten Wert einfach ein namenloses Muster angeben.

```
In[23]:=
b[Tag_]:=Switch[Tag,0,Print["Sonntag"],
           1,Print["Montag"],
           2,Print["Dienstag"],
           3,Print["Mittwoch"],
           4,Print["Donnerstag"],
           5,Print["Freitag"],
           6,Print["Sonnabend"],
           _,Print["fehlerhafte Eingabe!"]]
```

Egal, welcher Wert außerhalb der Standardwerte nun für `Tag` eingegeben wird, ist die Antwort stets unsere Fehlermeldung.

```
In[24]:=
b[12]
Out[24]=
fehlerhafte Eingabe!
```

```
In[25]:=
b[xx]
Out[25]=
fehlerhafte Eingabe!
```

```
In[26]:=
b[1.3]
Out[26]=
fehlerhafte Eingabe!
```

Für den Fall, daß bestimmte Ergebnisbereiche zu einem Fall zusammengefaßt werden sollen oder die verschiedenen Fälle sogar die Auswertung unterschiedlicher Ausdrücke erfordern, gibt es den Befehl `Which`. Das folgende Beispiel beschreibt den von C.F.Gauß angegebenen Algorithmus zur Bestimmung des Ostersonntags für die Jahre 1900 bis 2099. Mit $R_A = J \bmod 19$, $R_B = J \bmod 19$, $R_C = J \bmod 7$ berechnet man $S_1 = 19R_A + 24$, $R_X = S_1 \bmod 30$, $S_2 = 2R_B + 4R_C + 6R_X + 5$ sowie $R_E = S_2 \bmod 7$. Ostersonntag im Jahr J (vierstellig!) ist dann $A_Z = R_X + R_E$ Tage nach dem 22. März, wobei für $A_Z = 34$ bzw. $A_Z = 35$ noch Sonderregeln gelten. Wir wollen die genaue Bestimmung des Datums in Abhängigkeit von $A_Z$ umsetzen.

```
In[27]:=
ostern[AZ_]:=
        Which[AZ<=9,Print["Ostern ist am ",22+AZ,".3."],
              AZ<=33,Print["Ostern ist am ",AZ-9,".4."],
              AZ==34,If[RA>10&&RX==28,
                       Print["Ostern ist am 18.4."],
                       Print["Ostern ist am 25.4."]],
              AZ==35,Print["Ostern ist am 19.4."]]
```

```
ostern[7]
Out[27]=
Ostern ist am 29.3.

In[28]:=
ostern[17]
Out[28]=
Ostern ist am 8.4.

In[29]:=
ostern[35]
Out[29]=
Ostern ist am 19.4.

In[30]:=
RA=11;RX=28;ostern[34]
Out[30]=
Ostern ist am 18.4.

In[31]:=
RA=11;RX=25;ostern[34]
Out[31]=
Ostern ist am 25.4.
```

Falls Sie auch bei `Which` einen Sonst-Zweig programmieren wollen, geschieht dies dadurch, daß Sie als letzte Bedingung einfach den Wahrheitswert `True` schreiben. Die folgende(n) Aktion(en) werden also auf jeden Fall ausgeführt, wenn keine der vorangegangenen Bedingungen zutrifft.

```
In[32]:=
ostern[AZ_]:=
        Which[AZ<=9,Print["Ostern ist am ",22+AZ,".3."],
              AZ<=33,Print["Ostern ist am ",AZ-9,".4."],
              AZ==34,If[RA>10&&RX==28,
                       Print["Ostern ist am 18.4."],
                       Print["Ostern ist am 25.4."]],
              AZ==35,Print["Ostern ist am 19.4."],
              True, Print["fehlerhafter Wert"]]
ostern[100]
Out[32]=
fehlerhafter Wert
```

Da `Which` unausgewertet bleibt, wenn bei einer der Bedingungen für *Mathematica* nicht feststellbar ist, ob das Ergebnis `True` oder `False` ist, wird für den Fall, daß Sie ein Symbol eingeben, anstelle der Fehlermeldung die gesamte Anweisung zurückgegeben:

```
In[33]:=
ostern[xx]
Which[xx <= 9, Print[Ostern ist am , 22 + xx, .3.], xx <= 33,
  Print[Ostern ist am , xx - 9, .4.], xx == 34,
  If[RA > 10 && RX == 28, Print[Ostern ist am 18.4.],
   Print[Ostern ist am 25.4.]], xx == 35, Print[Ostern ist am 19.4.],
  True, Print[fehlerhafter Wert]]
```

Beachten Sie bitte, daß es im Zweifelsfall Ihr Problem ist, hieraus eine logisch richtige Konstruktion zu machen. In unserem Beispiel können wir davon ausgehen, daß aufgrund der vorangehenden Rechnungen `AZ` eine ganze Zahl zwischen 0 und 35 enthält, so daß der Sonst-Fall ohnehin nicht eintreten kann, falls zu Beginn überprüft wird, daß `J` tatsächlich eine vierstellige positive ganze Zahl enthält. Könnten wir jedoch nicht sicher sein, daß dies gilt, so müßten wir, um im Sonst-Zweig tatsächlich alle Fälle zu erfassen, in denen `AZ` keine ganze Zahl zwischen 0 und 35 enthält, die Bedingungen wesentlich genauer formulieren.

```
In[34]:=
ostern1[AZ_]:=
        Which[AZ<=9 && AZ >=0 &&
              NumberQ[N[AZ]]&&IntegerQ[AZ],
                  Print["Ostern ist am ",22+AZ,".3."],
              AZ<=33 && AZ >=0 &&
              NumberQ[N[AZ]]&&IntegerQ[AZ],
                  Print["Ostern ist am ",AZ-9,".4."],
              AZ==34,If[RA>10&&RX==28,
                       Print["Ostern ist am 18.4."],
                       Print["Ostern ist am 25.4."]],
              AZ==35,Print["Ostern ist am 19.4."],
              True, Print["fehlerhafter Wert"]]
```

Nun werden falsche numerische Werte richtig behandelt.

```
In[35]:=
ostern1[-3]
Out[35]=
fehlerhafter Wert

In[36]:=
ostern1[3.4]
Out[36]=
fehlerhafter Wert
```

Wenn Sie zusätzlich auch den Fall symbolischer Eingabe abfangen wollen, müssen Sie auf `If` ausweichen.

## 1.4 Die verschiedenen Programmierstile

### 1.4.1

Dies ist kein Buch über Informatik, und daher wollen wir hier auch keine Abhandlung über die Realisierungsmöglichkeiten der verschiedenen gängigen Programmierstile schreiben. Trotzdem wird Ihnen auffallen, daß zur Lösung verschiedener Probleme oft auf natürliche Weise ganz unterschiedliche Arten der Formulierung auftreten. In *Mathematica* ist es möglich, ohne große Umsetzungsschwierigkeiten diese Formulierungen beizubehalten. Einige Beispiele sollen dies zeigen, wobei wir uns bewußt für unterschiedliche Aufgaben entschieden haben, um die jeweilige Aufgabe eben nicht solange umformulieren zu müssen, bis sie dem jeweiligen Programmierstil angepaßt ist. Das Thema der objektorientierten Programmierung behandeln wir, weil es recht umfangreich ist, in einem eigenen Kapitel 4.

### 1.4.2 Prozedurale Programmierung

Die elementaren Programmstrukturen, die in der prozeduralen Programmierung benötigt werden, haben Sie bereits im letzten Paragraphen kennengelernt: Die Lösung wird mithilfe von Schleifen und Verzweigungen konstruiert. Ein typisches Beispiel ist das Bisektionsverfahren zur Berechnung von Nullstellen von Funktionen. **Bisektionsverfahren**: Ist die reellwertige Funktion $f(x)$ im Intervall $[a,b]$ stetig und hat in $a$ und $b$ verschiedenes Vorzeichen, so gibt es in $[a,b]$ wenigstens eine Nullstelle von $f(x)$, die durch sukzessives Halbieren des Intervalls näherungsweise bestimmt werden kann.

```
In[1]:=
Bisektion[f_,a_,b_,epsilon_]:=Module[
             {t,x,y,a1,b1},
        a1=a; b1=b;
        If[N[f[a1] f[b1]] < 0,
           t=1;
           x=N[(a1+b1)/2];
           y=N[f[x]];
           While[Abs[y] > epsilon,
                 If[N[y f[a1]] < 0,
                    b1=x,
                    a1= x];
                 x=N[(a1+b1)/2];
                 y=N[f[x]];
                 t++];
           Print["Ungefähre Nullstelle ", x,
               ", Funktionswert ", y];
           Print["Anzahl der Iterationen ",t],
           Print["Keine Nullstelle nachweisbar - andere\n
Grenzen suchen!"]]]
```

Die lokalen Variablen $a_1, b_1$ sind erforderlich, da es in *Mathematica* selbstverständlich verboten ist, übergebene Parameter innnerhalb des Programms zu verändern[6]. Definieren wir nun eine Funktion

```
In[2]:=
f1[x_] = -1 + x*Sin[x]
```

so kann der Aufruf in der Form erfolgen

[6] In Sprachen, in denen durch Veränderung der Parameter Ergebnisse zurückgegeben werden können, hält sich diese unübersichtliche Form der Wertübergabe leider hartnäckig.

```
In[3]:=
Bisektion[f1,0,Pi/2,10^(-6)]
Out[3]=
Ungefähre Nullstelle 1.11416, Funktionswert

              -7
 -3.19051 10
Anzahl der Iterationen 20
```

### 1.4.3 Rekursive Programmierung

Als besonders gelungen gilt[7] ein Algorithmus oft, wenn eine rekursive Formulierung gefunden und realisiert werden kann. Es handelt sich um Probleme, deren Lösung $f(n)$ vom Wert der natürlichen Zahl $n$ abhängt. Üblicherweise ist ein konkreter Anfangswert – meistens für $n=0$ oder $n=1$ – bekannt sowie der Zusammenhang zwischen $f(n-1)$ und $f(n)$. Um dann etwa für $n=15$ den Wert $f(15)$ zu berechnen, müssen der Reihe nach

$$f(14), f(13), f(12), \ldots, f(1), f(0)$$

berechnet werden. Daher hat diese Art von Algorithmen auch ihren Namen. Als typischen Vertreter eines rekursiven Algorithmus definieren wir das Taylorpolynom einer Funktion

$$Taylor(f(x), n) = \sum_{i=0}^{n} \frac{f^{(i)}(0)}{i!} \cdot x^i$$

Hier müssen wir darauf achten, daß zuerst die jeweilige Ableitung gebildet werden muß und erst dann $x=0$ eingesetzt werden kann. Damit diese Ersetzungsregel im nächsten Rekursionsschritt nicht sofort benutzt wird, verwenden wir verschiedene Variablennamen.

```
In[4]:=
Reihe[f_, 0]=f[0];
Reihe[f_, n_]:=Reihe[f,n-1]+D[f[xn],{xn,n}]/n! X^n  /.xn->0

f1[x_] := Sin[x]

Reihe[f1,3]
Out[4]=
     3
    X
X - --
    6
```

Wenn Sie den genauen Ablauf der Rechnung verfolgen wollen, können Sie dies mithilfe von `Trace` tun, allerdings sehen Sie neben den für einen rekursiven Algorithmus typischen Einsetzungen noch eine Reihe von weiteren Zwischenrechnungen, die Ihnen auch zeigen, wie *Mathematica* Aufgaben von der Art $3-2$ erledigt.

[7] für Informatiker

```
In[5]:=
Trace[Reihe[f1, 3]]
Out[5]=
{Reihe[f1, 3], Reihe[f1, 3 - 1] +

                         3
   D[f1[xn], {xn, 3}] X
   --------------------- /. xn -> 0,
            3!

 {{{3 - 1, -1 + 3, 2}, Reihe[f1, 2],

                                        2
                          D[f1[xn], {xn, 2}] X
   Reihe[f1, 2 - 1] + --------------------- /.
                                   2!

    xn -> 0, {{{2 - 1, -1 + 2, 1}, Reihe[f1, 1],

                                         1
                            D[f1[xn], {xn, 1}] X
     Reihe[f1, 1 - 1] + --------------------- /.
                                     1!

      xn -> 0, {{{1 - 1, -1 + 1, 0}, Reihe[f1, 0],

       f1[0], Sin[0], 0},

      {{{f1[xn], Sin[xn]}, D[Sin[xn], {xn, 1}],

                                             1
        1 Cos[xn], Cos[xn]}, {{1!, 1}, -, 1},
                                             1
        1
      {X , X}, Cos[xn] 1 X, 1 X Cos[xn], X Cos[xn]},

      0 + X Cos[xn], X Cos[xn]},

     X Cos[xn] /. xn -> 0, X Cos[0], {Cos[0], 1},

     X 1, 1 X, X}, {{{f1[xn], Sin[xn]},

      D[Sin[xn], {xn, 2}], -(1 Sin[xn]), -Sin[xn]},

                                   2              2
              1  1    -Sin[xn] X       Sin[xn] X
     {{2!, 2}, -, -}, -----------, -(----------),
              2  2         2              2

        2              2                 2
      X  Sin[xn]    -(X  Sin[xn])       X  Sin[xn]
     -(----------), -------------}, X - ----------},
           2              2                 2
```

```
        2                          2
       X  Sin[xn]                 X  Sin[0]
   X - ---------- /. xn -> 0, X - ---------,
           2                          2

                        2          2
                    -(X  0)   -(0 X )
   {{Sin[0], 0}, -------, -------, 0}, X + 0, 0 + X,
                      2        2

   X}, {{{f1[xn], Sin[xn]}, D[Sin[xn], {xn, 3}],

    -(1 Cos[xn]), {1 Cos[xn], Cos[xn]}, -Cos[xn]},

                                  3                3
                 1  1   -Cos[xn] X      Cos[xn] X
   {{3!, 6}, -, -}, -----------, -(----------),
                 6  6       6                6

      3                3                  3
     X  Cos[xn]    -(X  Cos[xn])       X  Cos[xn]
   -(----------), -------------}, X - ----------},
         6                6                 6

      3                                3
     X  Cos[xn]                       X  Cos[0]
  X - ---------- /. xn -> 0, X - ---------,
         6                                6

                          3          3      3          3
                      -(X  1)   -(1 X )   -X          X
  {{Cos[0], 1}, -------, -------, ---}, X - --}
                         6          6      6          6
```

## 1.4.4 Funktionale Programmierung

*Mathematica* stellt Ihnen eine interaktive Programmierumgebung zur Verfügung, die das schrittweise Entwickeln von Programmen ermöglicht und insbesondere eine Reihe von bereits vorgefertigten komplexen Befehlen kennt. Anstelle der rekursiven Definition des Taylorpolynoms bietet sich die Verwendung des universell nutzbaren Befehls `Sum` an, wodurch die ursprüngliche mathematische Definition viel besser wiedergegeben wird.

```
In[6]:=
Taylor[f_,n_]:=Sum[D[f[xi],{xi,i}]/i! X^i /.xi->0,{i,0,n}]
Taylor[f1,3]
Out[6]=
     3
    X
X - --
    6
```

Dieser Rückgriff auf bekannte Funktionen hat sogar den Vorteil, daß er deutlich schneller als die rekursive Variante ist, wie ein Vergleich für $n = 30$ zeigt.

```
In[7]:=
Timing[Short[Reihe[f1,30]]]

Out[7]=
{1.15 Second, X + <<14>>}

In[8]:=
Timing[Short[Taylor[f1,30]]]

Out[8]=
{0.88 Second, X + <<14>>}
```

Häufig gibt es verschiedene Befehle, auf die Sie zurückgreifen können. Wenn darunter solche sind, die sehr dicht bei der Lösung Ihres Problems liegen, können Sie die Rechengeschwindigkeit u. U. noch einmal deutlich erhöhen. In unserem Beispiel gibt es den Befehl `Series`, der die Potenzreihenentwicklung der Funktion $f(x)$ um den Punkt $x_0$ berechnet, falls in diesem Punkt keine Singularität vorliegt, sowie `Normal` zum Umwandeln dieser Potenzreihe in ein Polynom. Für uns ist $x_0 = 0$, wir definieren also

```
In[9]:=
Taylorpolynom[f_,n_]:=Normal[Series[f[X],{X,0,n}]]
Taylorpolynom[f1,3]
Out[9]=
     3
    X
X - --
    6

In[10]:=
Timing[Short[Taylorpolynom[f1,30]]]

Out[11]=
{0.11 Second, x + <<14>>}
```

Im Idealfall setzt sich Ihr Programm aus Ausdrücken zusammen, die verschachtelte Funktionsaufrufe enthalten; jedoch sollten Sie hier auf einige Probleme achten:

- Es kann sein, daß fertige Funktionen in Einzelfällen zu anderen Ergebnissen als dem gewünschten führen. Wenn Sie etwa für die Funktion $f(x) = \frac{1}{x}$ das Taylorpolynom in $x = 0$ ausrechnen wollen, so ist dies nicht statthaft, weil die Funktion in $x = 0$ gar nicht definiert ist (oder genauer gesagt, einen Pol 1. Ordnung hat), und dies zeigt sich auch in den ersten beiden Definitionen.

  ```
  In[12]:=
  f2[x_]:=1/x
  Reihe[f2,3]
  Out[12]=
  ```

```
                                          1
Power::infy: Infinite expression - encountered.
                                          0
ComplexInfinity

In[13]:=
Taylor[f2,3]
Out[13]=
                                          1
Power::infy: Infinite expression - encountered.
                                          0
                                           -2
Power::infy: Infinite expression 0   encountered.
                                           -3
Power::infy: Infinite expression 0   encountered.
General::stop:
   Further output of Power::infy
     will be suppressed during this calculation.
Infinity::indet:
   Indeterminate expression ComplexInfinity + <<3>>
     encountered.
Indeterminate
```

Bei der Verwendung von `Series` ist es jedoch so, daß in diesem Fall die Laurententwicklung berechnet und ausgegeben wird.

```
In[14]:=
Taylorpolynom[f2,3]
Out[14]=
1
-
X
```

Für gebrochen-rationale Funktionen ergeben sich ähnliche unerwünschte Nebeneffekte. Sie können also entweder dem Benutzer vertrauen, daß er nur Funktionen eingeben wird, die tatsächlich im Nullpunkt singularitätenfrei sind, eine Eingabeüberprüfung vorsehen oder auf die letzte Variante verzichten. Auf jeden Fall sollten Sie den genauen Gültigkeitsbereich von Funktionen erst untersuchen, bevor Sie sie in Ihren Programmen verwenden.

- (Für weniger Geübte)! Wenn Sie mehrere Funktionen ineinander verschachteln müssen, verlieren Sie leicht die Übersicht – mehr als 6 ineinandergeschachtelte Klammerpaare bereiten einem Nicht-Profi meist Kopfschmerzen. Zerlegen Sie in solchen Fällen Ihre Definition in kleinere Teile! Der Text wird dadurch zwar etwas länger, aber besser strukturiert und damit lesbarer.

```
In[15]:=
Taylorhilf[f_,n_]:=Series[f[X],{X,0,n}];
Taylorpolynom2[f_,n_]:=Normal[Taylorhilf[f,n]];
Taylorpolynom2[f1,3]
```

```
Out[15]=
      3
     X
X - --
     6
```

- (Nur für Fortgeschrittene!) Um nicht für jede Zwischenfunktion und jede dabei auftretende Variable einen eigenen Namen erfinden zu müssen, der nicht mit anderen Namen kollidiert, gibt es in *Mathematica* das Konzept der reinen Funktion, bei der die Variablen die Namen #1, #2, ... führen bzw. #, falls es nur eine Variable gibt. Dies kann auch zu einer einfacheren Funktionsdefinition führen. Wenn Sie etwa beabsichtigen, der Reihe nach die Werte $f(a)+g(a), f(b)+g(b), f(c)+g(c), f(d)+g(d)$ erzeugen zu lassen, können Sie das natürlich mithilfe von `Table` tun:

```
In[16]:=
Table[f[x]+g[x]/.x->{a,b,c,d}[[i]],{i,1,4}]
Out[16]=
{f[a] + g[a], f[b] + g[b], f[c] + g[c], f[d] + g[d]}
```

Einfacher und für den geübten Blick manchmal übersichtlicher ist aber die Definition einer reinen Funktion, die auf die Werte $a,b,c,d$ angewandt wird. Das „&" erklärt, daß es sich um eine reine Funktion handelt.

```
In[17]:=
Map[(f[#]+g[#])&,{a,b,c,d}]
Out[17]=
{f[a] + g[a],  f[b] + g[b],  f[c] + g[c],  f[d] + g[d]}
```

Dieses Vorgehen ist stets möglich, wobei es Ihre Entscheidung ist, ob sich dies im Einzelfall tatsächlich lohnt. Für das Taylorpolynom sähe diese Version so aus:

```
In[18]:=
Normal[Series[#1[#2],{#2,0,#3}]]& [Cos,X,3]
Out[18]=
      2
     X
1 - --
     2
```

Im Kapitel 4 werden wir uns noch ausführlich mit der Verwendung reiner Funktionen beschäftigen.

### 1.4.5 Regelbasierte Programmierung

Einfache Ersetzungsregeln wie `x->0.5` sind uns schon häufig begegnet, um einen Ausdruck an einer bestimmten Stelle auszuwerten. Aber auch mathematische Formelsammlungen enthalten eine Reihe von Regeln, die solange anzuwenden sind, bis ein Ergebnis vorliegt. Wie solche Regeln in *Mathematica* umzusetzen sind, wollen wir am Beispiel der Formel

$$\int \sin^n(ax)\cos^m(ax)\,dx = -\frac{\sin^{n-1}(ax)\cos^{m+1}(ax)}{a(n+m)} + \frac{n-1}{n+m}\int \sin^{n-2}(ax)\cos^m(ax)\,dx$$

erläutern. Um nicht sofort den `Integrate`-Befehl von *Mathematica* zu benutzen, führen wir eine Funktion `IntegriereSinCos` ein, deren Parameter die bei Sinus bzw. Kosinus stehenden Exponenten sein sollen. Zunächst schreiben wir die allgemeine Rekursionsregel hin.[8]

```
In[1]:=
IntegriereSinCos[n_,m_]:=-Sin[a x]^(n-1)Cos[a x]^(m+1)/(a(n+m))+
                    (n-1)/(n+m) IntegriereSinCos[n-2,m]
```

Da hierbei der Exponent von Sinus jeweils um 2 vermindert wird, ist irgendwann $\int \sin(ax)\cos^m(ax)\,dx$ bzw. $\int \cos^m(ax)\,dx$ zu berechnen. Also müssen wir auch für diese Fälle eine Regel angeben.

```
In[2]:=
IntegriereSinCos[1,m_]:=-1/(a(m+1)) Cos[a x]^(m+1)
IntegriereSinCos[0,m_]:=Cos[a x]^(m-1) Sin[a x]/(a m)+
                    (m-1)/m IntegriereSinCos[0,m-2]
```

Im 2. Fall wird der Exponent von Kosinus jeweils um 2 vermindert, so daß irgendwann $\int \cos(ax)\,dx$ bzw. $\int dx$ zu berechnen ist. also erklären wir auch noch diese beiden Regeln

```
In[3]:=
IntegriereSinCos[0,1]:=1/a Sin[a x]
IntegriereSinCos[0,0]:=x
```

und können unsere Definition nun testen

```
In[4]:=
IntegriereSinCos[2,2]
Out[4]=
                            x   Cos[a x] Sin[a x]
            3               - + -----------------
-(Cos[a x]   Sin[a x])      2          2 a
--------------------- + ---------------------
          4 a                     4
```

Falls das Ergebnis nicht mit Ihrer Formelsammlung übereinstimmt, können Sie es vereinfachen lassen.

```
In[5]:=
Simplify[%,Trig->True]
Out[5]=
x   Sin[4 a x]
- - ----------
8     32 a
```

[8] Natürlich können Sie dies auch als Beispiel für eine Rekursion betrachten, die Angabe von Regeln ist jedoch auch möglich, ohne daß eine Rekursion vorliegt, wenn Sie z.B. an die Regeln zum Ableiten denken.

Es gibt eine weitere Konstruktion zur Definition von Regeln, die sich etwa anbietet, wenn Sie Funktionen mit gewissen Eigenschaften betrachten wollen. Als einfachstes Beispiel definieren wir eine Funktion, für die gilt $f(xy) = f(x) + f(y)$, die also einer Logarithmus-Funktion ähnlich ist.

```
In[6]:=
f[x_] + f[y_] ^:= f[x y]
f[5]+f[a]
Out[6]=
f[5 a]
```

Auf diese Konstruktion sogenannter Auf-Werte werden wir im Kapitel 4 zurückkommen. Auch die von Sprachen wie Prolog verwendete deklarative Programmierung kann in *Mathematica* leicht verwendet werden. Da hier ein wesentlicher Bestandteil die Mustererkennung ist, verweisen wir auf den Paragraphen 2.8 des folgenden Kapitels.

# 2 Von der gedachten Lösung zum Programm(paket)

In diesem Kapitel wollen wir Ihnen anhand eines einfachen Beispiels zeigen, wie Sie von der bereits in Gedanken existierenden Lösung Ihres Problems zum vollständigen Programmpaket kommen. Sie werden feststellen, daß diese Entwicklung zumindest teilweise recht schematisch ist, und die eigentliche Schwierigkeit in der Erarbeitung der Lösung liegt. Diese Frage werden wir im Kapitel 3 noch ausführlich besprechen.

## 2.1 Erstellen und Testen eines Modellfalls

### 2.1.1 Befehle zur Erzeugung graphischer Objekte

Wir gehen im folgenden davon aus, daß Sie bereits einige Erfahrung im Umgang mit *Mathematica* haben und verweisen im übrigen auf das Mathematica-Arbeitsbuch [11]. Da fast alle von uns besprochenen Beispiele jedoch mehr oder weniger mit der Visualisierung graphischer Objekte wie Punkte, Linien, Kreise etc. zu tun haben und in vielen Fällen auch eine gute Farbgebung hilfreich sein kann, wollen wir zunächst kurz die hierfür erforderlichen Befehle zusammenstellen.

*Mathematica* kennt eine Reihe sogenannter Graphik-Elemente:

| | |
|---|---|
| `Point[{x,y}]` | Punkt mit Koordinaten $(x,y)$ |
| `Line[{{x1,y1},{x2,y2}, ... }]` | Linie durch die Punkte $(x_1,y_1),(x_2,y_2),\ldots$ |
| `Rectangle[{xmin,ymin},{xmax,ymax}]` | ausgefülltes achsenparalleles Rechteck mit linker unterer Ecke $(x_{\min},y_{\min})$ und rechter oberer Ecke $(x_{\max},y_{\max})$ |
| `Polygon[{{x1,y1},{x2,y2}, ... }]` | ausgefülltes Polygon mit angegebenen Eckpunkten |
| `Circle[{xm,ym},r]` | Kreis um $(x_{\mathrm{m}},y_{\mathrm{m}})$ mit Radius $r$ |
| `Disk[{xm,ym},r]` | ausgefüllte Kreisscheibe um $(x_m,y_m)$ mit Radius $r$ |
| `Circle[{xm,ym},{ra,rb}]` | Ellipse mit Halbachsen $r_a$, $r_b$ |
| `Circle[{xm,ym},r,{phi1, phi2}]` | Kreisbogen |
| `Circle[{xm,ym},{ra,rb},{phi1, phi2}]` | Ellipsenbogen |

Für dreidimensionale Objekte können Sie zum einen `Point` und `Line` sinngemäß, d. h. unter Verwendung von drei Komponenten für jeden Punkt, benutzen; zum anderen gibt es die Elemente

`Polygon[{x1, y1, z1}, {x2, y2, z2}, ... ]`
ausgefülltes Polygon mit den angegebenen Punkten als Ecken

`Cuboid[{xmin, ymin, zmin},{xmax,ymax, zmax}]`
ausgefüllter achsenparalleler Quader mit den angegebenen Punkten als gegenüberliegenden Ecken

Für kompliziertere Gebilde stehen Ihnen im Paket `Geometry`Polytopes`` eine Reihe weiterer Objekte zur Verfügung. Alle solchen Objekte sind für *Mathematica* sogenannte Graphik-Primitiven, genauso wie Informationen zur Farbgebung (`RGBColor`, `Hue`, `GrayLevel`) oder zur optischen Gestaltung wie `Thickness` oder `PointSize`. Um hieraus ein graphisches Objekt zu erzeugen, ist der Befehl `Graphics` bzw. `Graphics3D` zu verwenden, wobei das 1. Argument sämtliche zusammengehörigen Primitiven sind, durch geschweifte Klammern in einer Liste zusammengefaßt. Als weitere Argumente können Sie Graphik-Optionen verwenden, die das Erscheinungsbild der Graphik beeinflussen (Rahmen, Achsenbeschriftung, etc.). Ein solches graphisches Objekt ist für *Mathematica* ein Symbol, das beliebig manipuliert werden kann. Um am Bildschirm (am Drucker oder auch in einem anderen Programm) wiedergegeben werden zu können, muß das Objekt in eine elementare Form konvertiert werden, die von einer *Mathematica*-Benutzeroberfläche wie z. B. einer Notebook-Schnittstelle verarbeitet werden kann. Die von *Mathematica* hierfür normalerweise benutzte Form ist *Postscript*. Wenn Sie die Graphik in eine Datei oder in ein externes Programm transportieren wollen, sollten Sie den Befehl `Display` verwenden. Er konvertiert das Graphik-Objekt in *Postscript*-Code und sendet diesen in eine Datei, ein externes Programm oder auch einen beliebigen anderen Ausgabestrom. Meistens werden Sie Ihre Graphik jedoch direkt am Bildschirm anschauen wollen. Hierfür bietet sich der Befehl `Show` an.

```
In[1]:=
a=Circle[{0,0},1];
b=Point[{2,2}];
c=Point[{3,1}];
Show[Graphics[{a,b,c}]]
```

Üblicherweise verwendet *Mathematica* bei der Ausgabe von Bildern die Proportionen des Goldenen Schnitts, so daß Kreise zu Ellipsen verzerrt werden; um die gleiche Skalierung in *x*- und *y*-Richtung zu erzwingen, ist die Option `AspectRatio` auf den Wert `Automatic` zu setzen.

```
In[2]:=
Show[Graphics[{a,b,c}],AspectRatio -> Automatic]
```

Farbangaben beziehen sich auf alle nachfolgenden Objekte bis zur nächsten Farbangabe.

```
In[3]:=
Show[Graphics[{PointSize[0.05],Thickness[0.03],
               RGBColor[1,0,0],a,
               RGBColor[0,1,0],b,
               RGBColor[0,0,1],c}]]
```

Dabei bedeutet

RGBColor[1,0,0] rot
RGBColor[0,1,0] grün
RGBColor[0,0,1] blau
RGBColor[1,1,0] gelb,

und Abstufungen erhalten Sie, indem Sie als Komponenten Zahlen zwischen 0 und 1 wählen. Bei Bildern, in denen sich Teile überlappen, sollten Sie beachten, daß Objekte, die weiter vorn in der Liste stehen, zuerst erzeugt werden, auf diese Weise also die Überlappung kontrolliert werden kann.

```
In[4]:=
a=Disk[{0,0},1]; d=Disk[{1/2,0},1];
Show[Graphics[{GrayLevel[0.3],a,GrayLevel[0.6],d}],
     PlotLabel->"a",AspectRatio->Automatic]
 Show[Graphics[{GrayLevel[0.6],d,GrayLevel[0.3],a}],
     PlotLabel->"b",AspectRatio->Automatic]
```

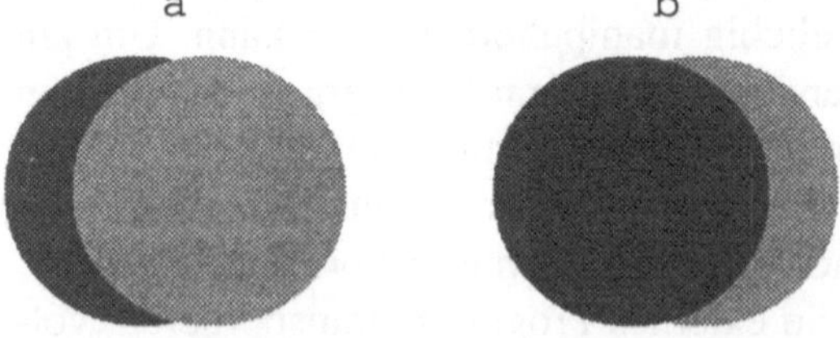


**Bild 2.1** Die linke Kreisscheibe wird (a) zuerst, (b) zuletzt gezeichnet

Falls nicht alle Objekte in der Graphik zu sehen sind, z.B. weil einige von ihnen sehr weit vom Rest entfernt liegen, können Sie die vollständige Ausgabe durch Angabe der Option `PlotRange -> All` erzwingen.

Bei dreidimensionalen Graphiken können Sie bei der Ausgabe direkt angeben, ob nur die endgültig sichtbaren Teile in den *Postscript*-Code übernommen werden sollen. Dieses Verfahren ist zwar langsamer, führt aber in der Regel zu weniger *Postscript*-Code.

Eine Animation simuliert die (zeitliche) Veränderung der Lage verschiedener Objekte zueinander, indem zunächst die von Ihnen gewünschte Anzahl von Einzelbildern erzeugt wird und diese dann, wie bei einem Zeichentrickfilm, in mehr oder weniger schneller Abfolge immer wieder gezeigt werden. Hierbei kann es leicht geschehen, daß die Lage des Koordinatensystems sich von Bild zu Bild ändert, was dann beim raschen Bilderdurchlauf zum scheinbaren Hüpfen der Objekte führt. Es ist deshalb empfehlenswert, zusätzlich zu den von Ihnen definierten Objekten vier Punkte, nämlich die gedachten Ecken eines Bilderrahmens, der in jedem Zeitpunkt der Animation alle Ihre Objekte vollständig enthält, anzugeben. Alternativ können Sie auch, wie im folgenden Beispiel, ein unsichtbares Koordinatensystem mit immer gleichem Bereich einzeichnen lassen. Die Folge von Bildern können Sie selbst erzeugen, wobei Sie sowohl eine Reihe von Einzelbildern, die unter verschiedenen Namen abgelegt sind, als auch eine mithilfe von `Table` produzierte Sequenz verwenden können; es ist aber auch möglich, die Bilder automatisch erzeugen zu lassen, und Sie werden von Fall zu Fall prüfen müssen, welche Methode die günstigste ist.

Als Beispiel wollen wir einen Ball entlang der Sinuskurve von 0 bis $2\pi$ rollen lassen, wobei er auch noch seine Farbe verändern soll. Für jede der Varianten verwenden wir als Rahmen ein unsichtbares Achsenkreuz sowie die Definition des Balls vom Radius 0.1 auf irgendeinem Punkt der Sinuskurve.

```
In[5]:=
d=Plot[0,{x,-0.1,1.1},Ticks->None,
                      PlotRange->{-1.1,1.1},
                      AspectRatio->Automatic,
                      PlotStyle->GrayLevel[1],
                      Axes->None];
ball=Disk[{x,Sin[2 Pi x]},0.1];
```

Jede der folgenden Befehlsfolgen bewirkt dieselbe Folge von Bildern, die Sie durch Anklicken des rechten Zellenbegrenzungsbalkens und anschließendes Anklicken der Animationstaste (das ist die Taste rechts vom *Mathematica*-Symbol, die als Bild ein Stück Filmstreifen trägt) animieren können.

1. Wir produzieren jedes Bild einzeln und geben ihm einen eigenen Namen:

```
In[6]:=
b0  = Graphics[{RGBColor[1,0.9x,0.9x]/.x->0.0,
                Disk[{x,Sin[2 Pi x]},0.1]/.x->0.0}];
b1  = Graphics[{RGBColor[1,0.9x,0.9x]/.x->0.1,
                Disk[{x,Sin[2 Pi x]},0.1]/.x->0.1}];
b2  = Graphics[{RGBColor[1,0.9x,0.9x]/.x->0.2,
                Disk[{x,Sin[2 Pi x]},0.1]/.x->0.2}];
b3  = Graphics[{RGBColor[1,0.9x,0.9x]/.x->0.3,
                Disk[{x,Sin[2 Pi x]},0.1]/.x->0.3}];
b4  = Graphics[{RGBColor[1,0.9x,0.9x]/.x->0.4,
                Disk[{x,Sin[2 Pi x]},0.1]/.x->0.4}];
b5  = Graphics[{RGBColor[1,0.9x,0.9x]/.x->0.5,
                Disk[{x,Sin[2 Pi x]},0.1]/.x->0.5}];
b6  = Graphics[{RGBColor[1,0.9x,0.9x]/.x->0.6,
                Disk[{x,Sin[2 Pi x]},0.1]/.x->0.6}];
b7  = Graphics[{RGBColor[1,0.9x,0.9x]/.x->0.7,
                Disk[{x,Sin[2 Pi x]},0.1]/.x->0.7}];
b8  = Graphics[{RGBColor[1,0.9x,0.9x]/.x->0.8,
                Disk[{x,Sin[2 Pi x]},0.1]/.x->0.8}];
b9  = Graphics[{RGBColor[1,0.9x,0.9x]/.x->0.9,
                Disk[{x,Sin[2 Pi x]},0.1]/.x->0.9}];
b10 = Graphics[{RGBColor[1,0.9x,0.9x]/.x->1.0,
                Disk[{x,Sin[2 Pi x]},0.1]/.x->1.0}];
<<Graphics`Animation`;
ShowAnimation[{{d,b0},{d,b1},{d,b2},{d,b3},
               {d,b4},{d,b5},{d,b6},{d,b7},
               {d,b8},{d,b9},{d,b10}}]
```

2. In dieser Variante lassen wir die einzelnen Bilder durch `Table` erzeugen - dies spart viel Schreibarbeit. Um genau zu verfolgen, was geschieht, sollten Sie jeweils das Semikolon am Ende der Eingabe weglassen. Es wird zunächst eine Tabelle der einzelnen Ballpositionen erstellt.

```
In[7]:=
lagen=Table[ball,{x,0,1,0.1}];
```

Nun lassen wir eine Tabelle der einzelnen graphischen Objekte erstellen, die jeweils aus einer Ballposition mit richtig eingefärbtem Ball bestehen.

```
In[8]:=
graph1=Table[Graphics[{RGBColor[1,i/12,i/12],
                        lagen[[i]]}],{i,1,11}];
```

Zuletzt werden sämtliche Bilder der Reihe nach am Bildschirm ausgegeben; jedes Bild enthält das Koordinatensystem und eine Ballposition.

```
In[9]:=
Table[Show[{d,graph1[[i]]},AspectRatio->Automatic],
                              {i,1,11}];
```

3. In diesem Fall ist die folgende Fassung, bei der die Einzelbilder automatisch erzeugt werden, am einfachsten:

```
In[10]:=
<<Graphics'Animation'
Animate[{d,Graphics[{RGBColor[1,0.9x,0.9x],ball}]},
                                          {x,0,1,0.1}]
```

**Bild 2.2** Ein Ball rollt auf der Sinuskurve

## 2.2 Realisierung als interaktives Programm

### 2.2.1 Das mathematische Modell

Die Tatsache, daß *Mathematica* eine interpretative Sprache ist, erlaubt es, sehr bequem und übersichtlich schrittweise Programme für Berechnungen und Simulationen zu erstellen, wie Sie in diesem und den folgenden Abschnitten sehen werden.
Wir wollen im folgenden einen Schubkurbeltrieb am Bildschirm simulieren: Eine an einer Kreiskurbel K vom Radius R befestigte Pleuelstange der Länge L gleitet auf einer Geraden, die durch den Mittelpunkt der Kurbel verläuft. Wir nehmen an, daß die Kurbel

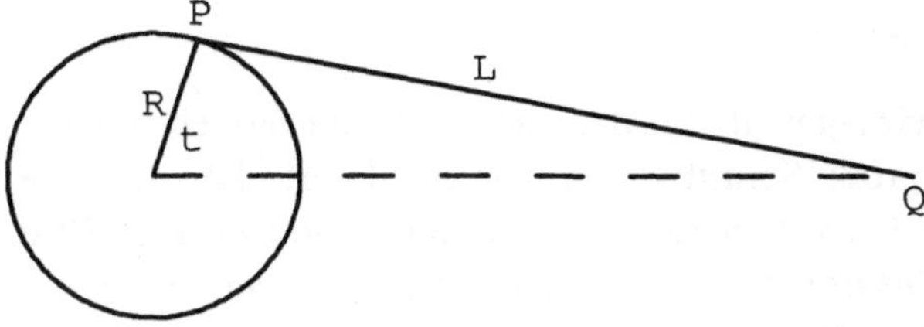


**Bild 2.3** Ein Schubkurbelgetriebe

mit konstanter Winkelgeschwindigkeit gedreht wird; dann liegt es nahe, als Parameter für die Lage der Schubkurbel den Winkel t zu wählen, den wir in Bild 2.3 bereits eingezeichnet haben. Nun sind Nullpunkt und Lage der Koordinatenachsen so festzulegen, daß die Beschreibung nicht unnötig kompliziert wird. Wir wählen den Kurbelmittelpunkt als Nullpunkt und die Linie, auf der der Punkt Q sich hin- und herbewegt, als $x$-Achse. Eine Animation der Schubkurbel wird uns also gelingen, wenn wir für verschiedene Werte von t dieses Bild (ohne die gestrichelte Hilfslinie) produzieren können. Dazu müssen wir die Komponenten der beiden Punkte P und Q in Abhängigkeit von t aufstellen. Wir nehmen an, daß P für t=0 so auf der $x$-Achse liegt, daß der andere Endpunkt Q der Pleuelstange am weitesten von der Kurbel entfernt ist („Totpunkt"). Im folgenden werden wir t auch als Zeit bezeichnen, weil der Winkel bei dieser Festlegung zu ihr proportional ist. Es ist

$$P = (R\sin t, R\cos t)$$

und (Pythagoras!)

$$Q = (R\cos t + \sqrt{L^2 - R\sin^2 t}, 0)$$

Damit *Mathematica* die verschiedenen Bilder am Ende auch wirklich zeichnen kann, müssen wir für den Kurbelradius und die Pleuelstangenlänge irgendwelche konkreten Werte wählen. Dabei müssen wir darauf achten, daß die Werte nicht zu einem physikalisch unsinnigen Objekt führen, was z.B. für $L < 2R$ der Fall wäre. Da wir später für $R$ und $L$ auch andere Werte wählen wollen, setzen wir die entsprechenden Werte nicht an jeder einzelnen Stelle ein, sondern definieren sie zu Beginn.

```
In[1]:=
R=1; L=5;
K=Circle[{0,0},R];
P={R Cos[t], R Sin[t]};
Q={R Cos[t] + Sqrt[L^2-(R Sin[t])^2],0};
Line0P=Line[{{0,0},P}];
LinePQ=Line[{P,Q}];
```

Jedes Bild der Schubkurbel besteht dann aus den 3 Größen `K`, `Line0P` und `LinePQ`, sowie wenigstens einem rechten Rahmenpunkt (in der Höhe und nach links ist das Bild immer gleich groß) .

```
In[2]:=
Kurbel={K,Line0P,LinePQ,Point[{R+L,0}]};
```

Nun legen wir noch fest, um wieviel wir $t$ jeweils für das nächste Bild erhöhen wollen. In dieser Testphase sollten Sie relativ große Schrittweiten wählen, damit nicht zu viele Bilder erzeugt werden. Wenn $t$ einmal den vollen Kreis überstreichen, jedoch kein Bild mehrfach erzeugt werden soll, ist der Zusammenhang zwischen der Schrittweite und der erzeugten Bilderzahl, falls Sie bei $t = 0$ anfangen,

$$\text{Bilderzahl} = \frac{2\pi}{\text{Schrittweite}}$$

falls der Bruch eine ganze Zahl ergibt; anderenfalls die größte ganze Zahl, die kleiner als der Bruch ist.

```
In[3]:=
Schrittweite=Pi/5;
```

Falls Sie das Animationspaket noch nicht geladen haben, sollten Sie es jetzt tun.

```
In[4]:=
<<Graphics`Animation`
```

Falls Sie vergessen hatten, daß dieses Paket bereits seit Beginn Ihrer Sitzung geladen ist, werden Sie nun eine Fülle von Fehlermeldungen auf Ihrem Bildschirm entdecken.

```
In[4]:=
<<Graphics`Animation`
Out[4]=
Set::write:
   Tag ShowAnimation in Options[ShowAnimation]
     is Protected.
Set::write:
   Tag Animate in Options[Animate] is Protected.
Set::write:
   Tag SpinShow in Options[SpinShow] is Protected.
General::stop:
   Further output of Set::write
     will be suppressed during this calculation.
SetDelayed::write:
```

```
    Tag DisplayAnimation in
     DisplayAnimation[pics_List] is Protected.
SetDelayed::write:
    Tag DisplayAnimation in
     DisplayAnimation[disp_List, pics_] is Protected.
SetDelayed::write:
    Tag DisplayAnimation in
     DisplayAnimation[display_, pics_] is Protected.
General::stop:
    Further output of SetDelayed::write
      will be suppressed during this calculation.
```

Aus diesem Grund ist es besser, erforderliche Pakete mit dem Befehl `Needs` zu laden, weil dann zunächst von *Mathematica* geprüft wird, ob das Paket nicht schon geladen ist.

```
In[5]:=
Needs["Graphics`Animation`"];
Animate[Graphics[{PointSize[0.0001],Kurbel}],
             {t,0,2Pi-Schrittweite,Schrittweite},
             AspectRatio->Automatic]
```

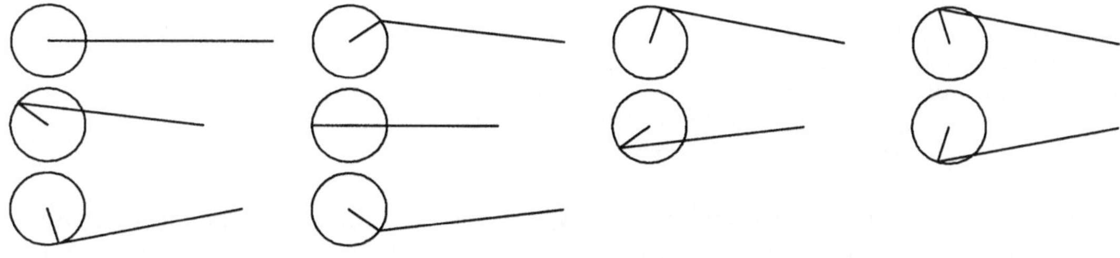

**Bild 2.4** Animation des Schubkurbelgetriebes

Falls Ihnen an dieser Stelle die Animation noch nicht gefallen sollte, müssen Sie gegebenenfalls ein wenig probieren, bis Sie zufrieden sind.

### 2.2.2 Zusammenfassung der Befehle und Planung des Programms

Wenn Sie endgültig mit den von Ihnen erzeugten Bildern (oder Berechnungen) zufrieden sind, suchen Sie sich alle für die Simulation erforderlichen Befehle zusammen - am einfachsten, indem Sie sie der Reihe nach in ein neues Notizbuch kopieren. Alle Befehle, die sich im nachhinein als unnötig oder falsch herausgestellt haben, lassen Sie weg.

Klicken Sie also im Menü `File` und dann `New` an, damit erhalten Sie ein neues Notizbuch. Durch Klicken auf `Window` und Auswählen der richtigen Nummer kommen Sie jeweils von einem Arbeitsbereich in den anderen. Um nun einen Befehl zu kopieren, klicken Sie den äußersten linken Zellmarkierungsbalken an, wählen in der Piktogrammzeile die Kopiertaste an, wechseln in das andere Notizbuch, klicken auf das Kopier-Piktogramm, wechseln in das ursprüngliche Notizbuch und fahren so für jeden Befehl fort. Wenn der kopierte Befehl in einer anderen als der für Eingabetexte üblichen

Schriftart geschrieben ist, haben Sie wahrscheinlich unter `Options .. Clipboard` die Priorität von *Mathematica*-Texten verneint. Setzen Sie diese Angabe zurück - anderenfalls müssen Sie auch jeden weiteren kopierten Befehl von Hand auf den Typ `Input` setzen. Achten Sie darauf, alle konkreten, für unsere Testphase erforderlichen Wertzuweisungen an den Anfang zu setzen, damit diese Anweisungen später nicht versehentlich im Programm stehenbleiben. Fassen Sie nun alle Zellen bis auf die konkreten Wertzuweisungen zusammen, indem Sie zunächst mit der Maus über die Zellmarkierungsbalken fahren - daraufhin werden die Balken schwarz unterlegt. Klicken Sie dann im Menü auf `Cell` und wählen `Merge Cells`. Damit haben Sie alle erforderlichen Befehle zum Programmkern zusammengefaßt.

```
In[6]:=
R=1; l=5; Schrittweite=Pi/5;

In[7]:=
K=Circle[{0,0},R];
P={R Cos[t], R Sin[t]};
Q={R Cos[t] + Sqrt[l^2-(R Sin[t])^2],0};
Line0P=Line[{{0,0},P}];
LinePQ=Line[{P,Q}];
Kurbel={K,Line0P,LinePQ,Point[{R+l,0}]};
Needs["Graphics`Animation`"]
Animate[Graphics[{PointSize[0.0001],Kurbel}],
             {t,0,2Pi-Schrittweite,Schrittweite},
             AspectRatio->Automatic]
```

Dies ist nun die letzte Gelegenheit - jedenfalls, wenn Sie einen ordentlichen, nachvollziehbaren Weg der Programmentwicklung beschreiten wollen - , über eventuelle weitere, vom Benutzer einzugebende Parameter des künftigen Programms nachzudenken oder die Rolle von einzugebenden und zu berechnenden Werten zu vertauschen. Wenn Sie also beschließen, daß der (mathematisch ungeübte) Benutzer Ihres Programms lieber die von ihm gewünschte Anzahl der Bilder eingeben möchte als das Bogenmaß des Differenzwinkels, um das sich der Winkel *t* jeweils verändern soll, müssen Sie jetzt `Anzahl` einen konkreten Wert zuweisen und die Schrittweite daraus berechnen lassen.

```
In[8]:=
R=1; L=5; Anzahl=Pi/5;

In[9]:=
K = Circle[{0, 0}, R];
P = {R Cos[t],  R Sin[t]};
Q = {R Cos[t] + Sqrt[L^2 - (R Sin[t])^2], 0};
Line0P = Line[{{0, 0}, P}];
LinePQ = Line[{P, Q}];
Kurbel = {K, Line0P, LinePQ, Point[{R + L, 0}]};
Schrittweite = 2 Pi / Anzahl;
Needs["Graphics`Animation`"]
Animate[Graphics[{PointSize[0.0001],Kurbel}],
             {t,0,2Pi-Schrittweite,Schrittweite},
             AspectRatio->Automatic]
```

Wenn Ihnen jetzt einfällt, daß aus irgendwelchen Gründen auch die Lage der Kurbel beliebig gehalten werden soll, die Gleitgerade aber noch achsenparallel sein darf, müßten Sie anstelle des Nullpunkts einen allgemeinen Kreismittelpunkt M wählen und alle Koordinaten entsprechend ändern. Das sähe dann so aus:

```
In[10]:=
R=1; L=5; Schrittweite=Pi/5;M={1,2};

In[11]:=
K=Circle[M,R];
P={M[[1]]+R Cos[t], M[[2]]+R Sin[t]};
Q={M[[1]]+R Cos[t] + Sqrt[L^2-(R Sin[t])^2],M[[2]]};
Line0P=Line[{M,P}];
LinePQ=Line[{P,Q}];
Kurbel={K,Line0P,LinePQ,Point[{M[[1]]+R+L,M[[2]]}]};
Needs["Graphics`Animation`"]
Animate[Graphics[{PointSize[0.0001],Kurbel}],
            {t,0,2Pi-Schrittweite,Schrittweite},
            AspectRatio->Automatic]
```

**An dieser Stelle sollten Sie mit großer Sorgfalt überlegen, denn je früher Sie solche Änderungen berücksichtigen, um so größer ist die Wahrscheinlichkeit, daß Sie die Übersicht nicht verlieren!**

Als nächstes müssen Sie sich einen möglichst sprechenden Namen für Ihr Programm überlegen. Bedenken Sie, daß es nicht ganz einfach ist, nur aufgrund des Namens zu entscheiden, was ein Programm namens `BD43a57_1_c` wohl für Probleme löst, während sich der Benutzer unter einem Namen wie `Integrate`, `Solve` oder auch `Schubkurbel` etwas vorstellen kann. In den meisten Firmen ist es üblich, daß gewisse Konventionen eingehalten werden müssen. Wir werden uns hier an die *Mathematica*-Konventionen halten, d.h. jedes Wort wird ausgeschrieben und beginnt mit einem Großbuchstaben. Wir werden unser Programm also `Schubkurbel` nennen.

### 2.2.3 Realisierung als interaktives Programm

Zur Vereinbarung eines Programms sind mehrere Dinge erforderlich:

- der Name, unter dem das System Ihr Programm finden kann;
- die Angabe aller Parameter oder Platzhalter, die erst beim Aufruf des Programms einen Wert erhalten;
- die Angabe aller Befehle, die Ihr Programm ausführen muß, bis es zu einem Ergebnis kommt, dies hat zur Folge, daß es in irgendeiner Weise einen Befehl für die Zusammenfassung der Anweisungen zu einem Block geben muß, falls es sich um mehr als eine Anweisung handelt.

Daß Sie Namen, die Sie definieren wollen, immer auf die linke Seite eines Gleichheitszeichens schreiben müssen, ist Ihnen auch von Ihrer bisherigen Arbeit mit *Mathematica* bekannt. Hinter diesen Namen sind, in eckige Klammern eingeschlossen, die Namen sämtlicher Parameter in beliebiger Reihenfolge zu schreiben. Am Ende eines jeden Namens ist ein Unterstrich „_" zu schreiben. Im Handbuch [10] wird dieser etwas unglücklich mit „Blank" oder Leerzeichen bezeichnet. Was dieser Unterstrich eigentlich bedeutet und welche Variationsmöglichkeiten es gibt, werden wir im Paragraphen 2.8 ausführlich behandeln. Die Vereinbarung eines Programms ist eine Definition, die das System sich vorläufig nur merken muß, ohne zum jetzigen Zeitpunkt bereits etwas zu berechnen, daher ist hier kein normales Gleichheitszeichen zu setzen, sondern „:=" . Die Zusammenfassung der Anweisungen zu einem Block auf der rechten Seite einer Definitionsgleichung geschieht am einfachsten durch den Befehl `Module`. Er hat 2 Argumente. Das erste Argument ist eine Liste aller lokalen Variablen. Dies sind die von uns erfundenen Namen, die in unseren Anweisungen auftauchen und keine Parameter sind. Das zweite sind sämtliche zu unserem Programm gehörigen Anweisungen, die voneinander jeweils durch Semikolon abzutrennen sind.

```
In[1]:=
Schubkurbel[R_, L_, Anzahl_]:=
Module[{K, P, t, Q, Line0P, LinePQ, Kurbel,
                Lagen, Graphik, j, Schrittweite},
Schrittweite=2 Pi/Anzahl;
K=Circle[{0,0},R];
P={R Cos[t], R Sin[t]};
Q={R Cos[t] + Sqrt[L^2-(R Sin[t])^2],0};
Line0P=Line[{{0,0},P}];
LinePQ=Line[{P,Q}];
Kurbel={K,Line0P,LinePQ,Point[{R+L,0}]};
Animate[Graphics[{PointSize[0.0001],Kurbel}],
              {t,0,2Pi-Schrittweite,Schrittweite},
              AspectRatio->Automatic]
          ]
```

Nachdem Sie diesen Befehl eingegeben haben, können Sie ihn während der laufenden Sitzung jederzeit benutzen, und zwar in derselben Art und Weise wie jeden anderen *Mathematica*-Befehl - vorausgesetzt, das Animationspaket ist geladen[1].

```
In[2]:=
Schubkurbel[1,3,Pi/4]
Out[2]=
{-Graphics-, -Graphics-, -Graphics-,

 -Graphics-, -Graphics-, -Graphics-,

 -Graphics-, -Graphics-}
```

[1] Im folgenden werden wir nicht immer wieder dieselbe Bilderfolge ausgeben lassen, sondern lediglich die Endinformation, wieviele Graphiken gezeigt wurden.

Bevor wir fortfahren, wollen wir erst diskutieren, warum es lokale Variablen gibt und die oben genannten Punkte zur Programmdefinition nicht ausreichen. An einem einfachen Beispiel wollen wir Ihnen zeigen, daß es ohne die Verwendung lokaler Variablen leicht zu chaotischen, unvorhersehbaren Ereignissen während Ihrer *Mathematica*-Sitzung kommen kann. Wir wollen annehmen, daß Sie ein Programm `Bruchsumme` schreiben, in dem für vorgegebene Werte von $n$ und $m > n$ die Summe

$$\frac{1}{n} + \frac{1}{n+1} + \cdots + \frac{1}{m}$$

berechnet werden soll. Aus irgendwelchen Gründen haben Sie sich dafür entschieden, nicht den eingebauten Befehl `Sum` zu verwenden, sondern stattdessen mit `For` zu arbeiten.

```
In[3]:=
Bruchsumme[n_,m_]:=For[{summe=0;x=n},x<=m,x++,

{summe+=1/x;Print[summe]}]
```

Der Aufruf funktioniert fehlerfrei

```
In[4]:=
Bruchsumme[2,4]
Out[4]=
1
-
2

5
-
6

13
--
12
```

Wenn Sie nun aber nach einiger Zeit, jedoch während derselben *Mathematica*-Sitzung, etwa den Ausdruck $(x+1) \cdot (x+2)$ ausmultiplizieren lassen wollen, werden Sie sich sicherlich über das Ergebnis wundern.

```
In[5]:=
Expand[(x+1)(x+2)]
Out[5]=
42
```

Was ist geschehen? In der Berechnung unserer `Bruchsumme` tauchte als Hilfsvariable x auf und nahm beim Ablauf des Programms jeden der Werte von $n$ bis $m+1$ einmal an. Dies hat sich *Mathematica* gemerkt:

```
In[6]:=
?x
Out[6]=
Global`x

x = 5
```

Mit anderen Worten: x ist ein der ganzen *Mathematica*-Sitzung bekannter Name, dem der Wert 5 zugewiesen wurde. Nun ist es natürlich möglich, jede Wertzuweisung einzeln mit `Remove` zurückzunehmen, so daß diese Namen dann wieder voll verfügbar sind,

```
In[7]:=
Remove[x];
Expand[(x+1)(x+2)]
Out[7]=
                2
2 + 3 x + x
```

jedoch ist dieses Verfahren sehr aufwendig (schließlich müssen Sie vorsichtshalber das Zurücksetzen aller verwendeten Namen nach jedem Aufruf Ihres Programms vornehmen). Hier nun bietet sich als Abhilfe das Verwenden lokaler Variabler an.

```
In[8]:=
Bruchsumme1[n_,m_]:=Module[{summe,x},
    For[{summe=0;x=n},x<=m,x++,
                {summe+=1/x;Print[summe]}]
          ]
```

Zunächst verhält sich das Programm beim Aufruf genauso wie vorher.

```
In[9]:=
Bruchsumme1[2,4]
Out[9]=
1
-
2

5
-
6

13
--
12
```

Wenn Sie jetzt jedoch den Ausdruck $(x+1)\cdot(x+2)$ ausmultiplizieren lassen, erhalten Sie die erwartete Antwort.

```
In[10]:=
Expand[(x+1)(x+2)]
Out[10]=
                2
2 + 3 x + x
```

und der Name x hat für die *Mathematica*-Sitzung nach wie vor keinen Wert:

```
In[11]:=
?x
Out[11]=
Global`x
```

Wir werden in den folgenden Abschnitten noch auf Einzelheiten dieses Konzepts eingehen.

Einige iterative Befehle wie `Table, Do, Sum` und `Product` sind so definiert, daß die in ihnen auftretenden Zählvariablen automatisch als lokale Variablen gelten, so daß das von uns bei der `For`-Schleife provozierte Problem bei ihrer Verwendung nicht auftritt[2].

Wenn Sie beabsichtigen, Ihr Programm bei einer späteren *Mathematica*-Sitzung wieder zu benutzen, können Sie es unter irgendeinem Namen als Notizbuch speichern und nach Wunsch dieses Notizbuch wieder öffnen, das Programm wieder definieren (d.h. als `Input` mit der Einfügetaste oder dem *Mathematica*-Symbol zum Kern schicken) und abermals verwenden. Am Ende der Sitzung werden Sie jedoch gefragt, ob Sie die Änderungen speichern wollen, und wenn Sie hier versehentlich oder auch bewußt „Ja" sagen, zerstören Sie sich u.U. Ihr Programm. Es ist daher günstiger, es nicht in einem Notizbuch, sondern als (Quell-)Programm zu speichern. Wie man dabei vorzugehen hat, erläutern wir im nächsten Paragraphen.

## 2.3 Realisierung als Paket

### 2.3.1 Paket-Dateien

Wenn Sie Programme für sich und auch andere Benutzer schreiben, ist es meistens sinnvoll, daß der Benutzer sich Ihr Programm nicht ohne weiteres ansehen und schon gar nicht ändern kann. Oft wird es ihn auch gar nicht interessieren, wie Ihr Programm zur Lösung kommt. Es gibt daher die Möglichkeit, Programme in sogenannten Paket-Dateien zu speichern und aus diesen zu laden, ohne daß der Text am Bildschirm angezeigt wird. Im Gegensatz zu Notizbuch-Dateien, die neben dem eigentlichen Text jeweils auch Informationen über Schrifttypen und -größen, Zelltypen, zu verwendende Farben etc. enthalten, findet sich in Paket-Dateien der reine Text gemäß ASCII-Code. Um unsere Schubkurbelsimulation in einer solchen Datei zu speichern, müssen die Zeilen, aus denen das Programm besteht, in einem ansonsten leeren Notizbuch stehen. Wählen Sie im Menü `File` den Punkt `Save As/Export`, geben Sie bei `File Name` als Erweiterungsnamen .m an und wählen Sie als `File T pe` den Typ `Packages`. Beachten Sie bitte: jedes Paket muß in demselben Katalog wie die Datei math.exe stehen, darf sich also insbesondere nicht auf der Diskette befinden[3]! Anderenfalls ergeht es Ihnen wie hier - die Datei befindet sich auf einer Diskette im Laufwerk a:[4]

---

[2] Daß hierbei anstelle des Befehls `Module` die Anweisung `Block` benutzt wird und welche feinen Unterschiede zwischen diesen bestehen, wird Sie erst interessieren, wenn Sie bereits einige Programmiererfahrung gesammelt haben.

[3] Im weiteren Verlauf dieses Kapitels werden wir noch auf die Möglichkeiten eingehen, Pakete auch aus anderen Verzeichnissen aufzurufen.

[4] Als Alternative bleibt Ihnen die Möglichkeit, den Pfadnamen einzugeben, also `<<a:\test1.m` zu schreiben.

```
In[1]:=
<<test1.m
Out[1]=
Get::noopen: Can't open test1.m.
$Failed
```

Wenn Sie die Datei im richtigen Verzeichnis speichern, wird das Paket fehlerfrei eingelesen.

```
In[2]:=
<<test1.m
```

Danach sind alle vorkommenden Variablennamen dem System zwar bekannt, können jedoch, da sie lokal sind, die laufenden Sitzung nicht beeinflussen und auch nicht beeinflußt werden,

```
In[3]:=
?Global`*
Out[]=
Anzahl      K$          LinePQ$     R
Anzahl$     Kurbel      Line0P      Schrittweite
Graphik     Kurbel$     Line0P$     Schubkurbel
Graphik$    l           P           t
j           Lagen       P$          t$
j$          Lagen$      Q           $Thin
K           LinePQ      Q$
```

wobei Namen, deren letztes Zeichen ein „$" ist, als temporär angesehen werden. Dies könnte Ihnen egal sein; störend ist jedoch, daß auf Anfrage dem Benutzer der gesamte Text Ihres Programms ausgegeben wird:

```
In[4]:=
?Schubkurbel
Out[4]=
Global`Schubkurbel

Schubkurbel[R_, L_, Anzahl_] :=
  Module[{K, P, t, Q, Line0P, LinePQ,
    Kurbel, Lagen, Graphik, j, Schrittweite},
   Schrittweite = (2*Pi)/Anzahl;
    K = Circle[{0, 0}, R];
    P = {R*Cos[t], R*Sin[t]};
    Q = {R*Cos[t] +
       Sqrt[L^2 - (R*Sin[t])^2], 0};
    Line0P = Line[{{0, 0}, P}];
    LinePQ = Line[{P, Q}];
    Kurbel =
     {K, Line0P, LinePQ, Point[{R + L, 0}]};
    Animate[Graphics[{PointSize[0.0001],
       Kurbel}], {t, 0, 2*Pi - Schrittweite,
      Schrittweite}, AspectRatio -> Automatic]
    ]
```

Eigentlich wollten wir ja erreichen, daß die von uns verwendeten Variablennamen und der Programmtext für den Benutzer unzugänglich sein sollten. Hierfür gibt es das „Kontext"-Konzept, daß zur Organisation der Symbolnamen verwendet werden kann (s. Paragraph 2.4). Es erlaubt, Namen, die nur intern benutzt werden, als „privat" zu kennzeichnen. Wir schließen daher unser Programm in zwei Anweisungen ein:

```
In[5]:=
Begin["`Private`"]
Schubkurbel[R_, L_, Anzahl_]:=
Module[{K, P, t, Q, Line0P, LinePQ, Kurbel,
                Lagen, Graphik, j, Schrittweite},
Schrittweite=2 Pi/Anzahl;
K=Circle[{0,0},R];
P={R Cos[t], R Sin[t]};
Q={R Cos[t] + Sqrt[L^2-(R Sin[t])^2],0};
Line0P=Line[{{0,0},P}];
LinePQ=Line[{P,Q}];
Kurbel={K,Line0P,LinePQ,Point[{R+L,0}]};
Animate[Graphics[{PointSize[0.0001],Kurbel}],
             {t,0,2Pi-Schrittweite,Schrittweite},
             AspectRatio->Automatic]
           ]
End[]
```

und speichern es unter dem Namen `test2.m` ab. Wir starten das System neu, damit unsere bisherige Arbeit nicht zu Konflikten mit der neuen Variante führt.

```
In[6]:=
<<test2.m
Out[6]=
Global`Private`
```

Jetzt kennt das System zwar nicht mehr die Variablennamen,

```
In[7]:=
?Global`*
Out[7]=
$Thin = True means that a thin Kernel has been
   started which  uses an autoloading mechanism to
   load system packages on demand.
```

aber leider auch nicht unsere Schubkurbel!
it Anmerkung: Nur, wenn wir den vollständigen Namen angeben, wird er erkannt:

```
In[8]:=
?Global`Private`Schubkurbel
Out[8]=
Global`Private`Schubkurbel

Global`Private`Schubkurbel[R_, L_, Anzahl_] :=
  Module[{K, P, t, Q, Line0P, LinePQ, Kurbel, Lagen,
    Graphik, j, Schrittweite},
   Schrittweite = (2*Pi)/Anzahl;
```

```
    K = Circle[{0, 0}, R]; P = {R*Cos[t], R*Sin[t]};
    Q = {R*Cos[t] + Sqrt[L^2 - (R*Sin[t])^2], 0};
    Line0P = Line[{{0, 0}, P}];
    LinePQ = Line[{P, Q}];
    Kurbel = {K, Line0P, LinePQ, Point[{R + L, 0}]};
    Animate[Graphics[{PointSize[0.0001], Kurbel}],
     {t, 0, 2*Pi - Schrittweite, Schrittweite},
     AspectRatio -> Automatic]]
```

worauf wir im nächsten Paragraphen noch einmal eingehen werden.

```
In[9]:=
?Schubkurbel
Out[9]=
Information::notfound:
   Symbol Schubkurbel not found.
```

Auch beim Aufruf unseres Programms geschieht nichts.

```
In[10]:=
Schubkurbel[1,3,4]
Out[10]=
Schubkurbel[1, 3, 4]
```

Es ist also offensichtlich eine weitere Anweisung erforderlich, die dazu führt, daß `Schubkurbel` ein der *Mathematica*-Sitzung bekanntes Objekt darstellt und unser Programm beim Aufruf tatsächlich auch ausgeführt wird. Diese Anweisung, die `usage`-Meldung, hat gleichzeitig zwei Funktionen: zum einen gibt sie dem Benutzer die Informationen, die der Entwickler in die `usage`-Meldung hineingeschrieben hat, und die insbesondere enthalten sollten, was das Programm macht, welche Parameter der Anwender in welcher Reihenfolge eingeben muß, und welche Bedeutung diese haben; zum anderen wird hiermit der Name `Schubkurbel` für den Export nach „draußen" vereinbart.

Bevor wir unser Programm vollständig zum Paket verschnüren können, müssen wir das Kontext-Konzept etwas genauer betrachten.

```
In[11]:=
Schubkurbel::usage = "Schubkurbel[Radius, L"ange, Anzahl]\n
   simuliert den Schubkurbeltrieb\n
   mit Kurbelradius Radius,\n
   Pleuelstangenl"ange L"ange,\n
   wobei Anzahl Bilder\n
   erzeugt werden."
Begin["`Private`"]
Schubkurbel[R_, L_, Anzahl_]:=
Module[{K, P, t, Q, Line0P, LinePQ, Kurbel,
                Lagen, Graphik, j, Schrittweite},
Schrittweite=2 Pi/Anzahl;
K=Circle[{0,0},R];
P={R Cos[t], R Sin[t]};
Q={R Cos[t] + Sqrt[L^2-(R Sin[t])^2],0};
```

```
LineOP=Line[{{0,0},P}];
LinePQ=Line[{P,Q}];
Kurbel={K,LineOP,LinePQ,Point[{R+L,0}]};
Animate[Graphics[{PointSize[0.0001], Kurbel}],
     {t, 0, 2*Pi - Schrittweite, Schrittweite},
     AspectRatio -> Automatic]
                                        ]
End[]
```

Wir speichern die neue Fassung unter dem Namen `test3.m` und starten *Mathematica* neu.

```
In[12]:=
Needs["Graphics`Animation`"]
<<test3.m
Out[12]=
Global`Private`
```

Wenn Sie nun nach `Schubkurbel` fragen

```
In[13]:=
?Schubkurbel
Out[13]=
Schubkurbel[Radius, L"ange, Anzahl]
   simuliert den Schubkurbeltrieb
   mit Kurbelradius Radius,
   Pleuelstangenl"ange L"ange,
   wobei Anzahl Bilder
   erzeugt werden.
```

so wird Ihnen der Text der `usage`-Meldung ausgegeben[5] und ein anschließender Aufruf des Programms problemlos ausgeführt.

```
In[14]:=
Schubkurbel[1,3,4]
Out[14]=
{-Graphics-, -Graphics-, -Graphics-, -Graphics-}
```

## 2.4 Umgebungen

### 2.4.1 Organisation von Symbolnamen

Für jeden, der verständliche und damit leicht wartbare Programme schreiben will, gibt es den grundsätzlichen Konflikt zwischen der eigentlich guten Idee, seinen Variablen und

[5] Sollte der Text auf Ihrem Bildschirm etwas verstümmelt stehen, so liegt dies am unterschiedlichen Bildschirmformat, und Sie erhalten eine ansprechende Ausgabe, wenn Sie die Positionen des Zeilenvorschubs „/n“ entsprechend versetzen. Es ist eine Sache des Ausprobierens, wie der Text zu schreiben ist, damit es hinterher wirklich wie gewünscht aussieht. Wir haben schlechte Erfahrungen mit der Behandlung solcher redaktionellen Änderungen in *Mathematica* gemacht und uns angewöhnt, sie in einem Editor, der reine ASCII-Texte schreibt, vorzunehmen, also z.B. im Notizbuch-Editor von Windows.

Funktionen Namen zu geben, die so genau wie möglich die Bedeutung wiedergeben und insbesondere nicht zu Verwechslungen mit ähnlichen Namen in anderen Programmen führen, und der Tatsache, daß solche Namen schnell übermäßig lang werden. Durch die Verwendung von Kontexten ist es möglich, hier einen vernünftigen Kompromiß zu finden. Im Prinzip können Sie sich das Ganze so ähnlich wie die hierarchische Dateiorganisation in vielen Betriebssystemen vorstellen. Dort kann jede Datei jederzeit unter Angabe des vollständigen Namens inklusive des Verzeichnispfades angesprochen („spezifiziert“) werden, z.B.

C:\WNMATH22\PACKAGES\GRAPHICS\COMMON\GRAPHICS.M

Es gibt jedoch ein aktuelles Arbeitsverzeichnis, und wenn dieses gerade

C:\WNMATH22\PACKAGES\GRAPHICS\COMMON

ist, so können Sie die Datei GRAPHICS.M unter ihrem Kurznamen, d.h. durch Weglassung des Pfadnamens angeben, ohne daß dies zu Verwechslungen mit einer Datei gleichen Kurznamens in einem anderen Verzeichnis führen kann. Analog besteht in *Mathematica* der vollständige Name eines jeden Symbols aus zwei Teilen: dem Kontext und dem Kurznamen, wobei der Kontext hierarchisch gegliedert sein kann. Anstelle des Backslash, der Verzeichnisnamen voneinander trennt, ist hier der Accent Grave „`“ zu verwenden. Während einer *Mathematica*-Sitzung befinden Sie sich normalerweise in der Umgebung `Global``; diese können Sie - auf eigene Gefahr - jedoch jederzeit verlassen. Wir wollen Ihnen dies an einem einfachen Beispiel zeigen. Wir definieren x mit dem Wert 7

```
In[1]:=
x=7;
```

Von nun an ist in der Umgebung `Global`` bekannt, daß für x stets 7 einzusetzen ist

```
In[2]:=
?Global`*
Out[2]=
$Thin x

In[3]:=
2 x
Out[3]=
14
```

Wir definieren nun `Private`x` mit dem Wert 5.

```
In[4]:=
Private`x=5;

In[5]:=
?Private`*
Out[5]=
Private`x

Private`x = 5
```

Mit diesem Namen kann genauso wie mit Kurznamen gerechnet werden.

```
In[6]:=
2 Private`x
Out[6]=
10
```

Wenn Sie den Kontext wechseln, steht `x` für `Private`x`, d.h. Sie können auf die Kontextangabe `Private`` verzichten, müssen dafür aber gegebenenfalls die Angabe `Global`` verwenden.

```
In[7]:=
Begin["Private`"]
Out[7]=
Private`

In[8]:=
2 x
Out[8]=
10

In[9]:=
2 Global`x
Out[9]=
14
```

Wenn Sie in der Umgebung `Private`` neuen Kurznamen Werte zuweisen, bleiben Sie in dieser Umgebung.

```
In[10]:=
y=9
Out[10]=
9

In[11]:=
?Private`*
Out[11]=
x y
```

Wenn Sie wieder in die `Global`-Umgebung wechseln, beziehen sich alle Namen auf diesen Kontext.

```
In[12]:=
End[]
Out[12]=
Private`

In[13]:=
x y
Out[13]=
7 y
```

Damit Sie sich nun leicht orientieren können, gibt es vier Befehle, die sich auf Umgebungen beziehen. Sie können zunächst die aktuelle Umgebung erfragen:

```
In[14]:=
$Context
Out[14]=
Global`
```

In welchem Kontext steht das Symbol `Animate`?

```
In[15]:=
Context[Animate]
Out[15]=
Global`
```

Dies ändert sich, wenn das Paket `Graphics`Animation`` geladen ist

```
In[16]:=
Remove[Animate];
Needs["Graphics`Animation`"];

Context[Animate]
Out[16]=
Graphics`Animation`
```

Eine Liste aller derzeit vorhandenen Umgebungen erhalten Sie mit

```
In[17]:=
Contexts[]
Out[17]=
{DSolve`, FE`, Format`, Geometry`Rotations`,

 Geometry`Rotations`private`, Global`,

 Graphics`Animation`, Graphics`Animation`Private`,

 Graphics`Private`, Integrate`, Limit`, NullSpace`,

 Obsolete`, Private`, Series`, Solve`, System`,

 System`ComplexExpand`, System`Private`}
```

In der Umgebung `System`` finden sich unter anderem Symbole wie $e, \pi$ etc.:

```
In[18]:=
Context[E]
Out[18]=
System`
```

Damit Sie auf diese einen einfachen Zugriff über den Kurznamen haben, obwohl Sie sich zu Beginn einer *Mathematica*-Sitzung im Kontext `Global`` und nicht etwa in `System`` befinden, gibt es einen Kontext-Suchpfad analog zu dem Suchpfad, den Sie auf Betriebssystem-Ebene etwa in der Datei AUTOEXEC.BAT setzen können. In der Systemvariablen `$ContextPath` finden Sie eine Liste aller wichtigen Kontexte, die auf das Vorhandensein eines neu auftretenden Namens untersucht werden sollen. Die Voreinstellung enthält die Umgebungen `Global`` und `System``.

```
In[19]:=
$ContextPath
Out[19]=
{Global`, System`}
```

Dies ändert sich jedoch, wenn Sie Pakete dazugeladen haben. Nach Eingabe von

```
In[20]:=
Needs["Graphics`Animation`"]
```

enthält `$ContextPath` weitere Umgebungen

```
In[20]:=
$ContextPath
Out[]=
{Graphics`Animation`, Geometry`Rotations`, Global`,

 System`}
```

Wie wird aufgrund des Suchpfades die Umgebung eines Symbols gefunden? Um dies herauszufinden, definieren wir einen neuen Wert von `E`.

```
In[21]:=
Private`E=4Pi
Out[21]=
4 Pi
```

Wenn wir nun fragen, in welcher Umgebung `E` liegt, wird gemäß dem aktuellen Suchpfad `E` im Kontext `System` gefunden.

```
In[22]:=
Context[E]
Out[22]=
System`
```

Nun erweitern wir den Suchpfad um den Kontext `Private`.

```
In[23]:=
$ContextPath=Join[$ContextPath,{"Private`"}]
Out[23]=
{Graphics`Animation`, Geometry`Rotations`, Global`,

 System`, Private`}
```

Nach wie vor wird der Kontext `System`` jedoch zuerst gefunden.

```
In[24]:=
Context[E]
Out[24]=
System`
```

Deswegen löschen wir den Kontext `Private`` an der letzten Stelle

```
In[25]:=
$ContextPath = Drop[$ContextPath, -1]
Out[25]=
{Graphics`Animation`, Geometry`Rotations`, Global`,

 System`}
```

und setzen ihn stattdessen an den Anfang der Liste.

```
In[26]:=
$ContextPath=Join[{"Private`"},$ContextPath]
Out[26]=
{Private`, Graphics`Animation`, Geometry`Rotations`,

 Global`, System`}
```

Nun wird als erster Kontext, der das Symbol `E` enthält, `Private`` gefunden.

```
In[27]:=
Context[E]
Out[27]=
Private`
```

Tritt also derselbe Name in mehreren Kontexten auf, so kommt es auf die Reihenfolge der Umgebungen im Suchpfad an, welche Umgebung Ihnen bei Anfrage ausgegeben wird. Da *Mathematica* beim Laden von Paketen die entsprechenden Umgebungen in der Liste anhängt, wird also stets, wenn Sie nicht persönlich eingreifen, zuerst die Systemumgebung durchsucht. Falls also mehrere Symbole den gleichen Kurznamen besitzen, sollten Sie gegebenenfalls den vollständigen Namen verwenden.

### 2.4.2 Kontexte und Pakete

Unser Programm erzeugt, wie alle Pakete, ein neues Symbol, das außerhalb dieses Pakets genutzt werden soll (umfangreichere Pakete erzeugen mehrere neue Symbole), in unserem Fall eine Reihe von Graphiken, die animiert werden können, in anderen Fällen werden neue Funktionen definiert werden. Es ist sinnvoll, allen in einem Paket für den Export bestimmten Symbolen eine gemeinsame Umgebung zuzuordnen. Dies geschieht dadurch, daß das Paket einen Namen erhält. Der entsprechende Befehl `BeginPackage` bewirkt, daß der hier vergegebene Name zum aktuellen Kontext wird und nur `System`` im Kontext-Suchpfad liegt. Wenn in dem Paket also weitere Umgebungen gebraucht werden, so müssen wir im Paket veranlassen, daß diese dem Kontext-Suchpfad hinzugefügt werden. Wir wollen unser Paket `Getriebe` nennen und werden es in der Datei `test4.m` abspeichern.

```
In[1]:=
BeginPackage["Getriebe`"]
Schubkurbel::usage = "Schubkurbel[Radius, L"ange, Anzahl]\n
   simuliert den Schubkurbeltrieb\n
   mit Kurbelradius Radius,\n
```

```
   Pleuelstangenl"ange L"ange,\n
   wobei Anzahl Bilder\n
   erzeugt werden."

Needs["Graphics`Animation`"]

Begin["`Private`"]

Schubkurbel[R_, L_, Anzahl_]:=
Module[{K, P, t, Q, Line0P, LinePQ, Kurbel,
                Lagen, Graphik, j, Schrittweite},
Schrittweite=2 Pi/Anzahl;
K=Circle[{0,0},R];
P={R Cos[t], R Sin[t]};
Q={R Cos[t] + Sqrt[L^2-(R Sin[t])^2],0};
Line0P=Line[{{0,0},P}];
LinePQ=Line[{P,Q}];
Kurbel={K,Line0P,LinePQ,Point[{R+L,0}]};
Animate[Graphics[{PointSize[0.0001], Kurbel}],
     {t, 0, 2*Pi - Schrittweite, Schrittweite},
     AspectRatio -> Automatic]
                                        ]

End[]
EndPackage[]

In[2]:=
<<test4.m
In[3]:=
Schubkurbel[1,3,3]
Out[3]=
{-Graphics-, -Graphics-, -Graphics-}
```

Die Umgebung des Symbols `Schubkurbel` ist jetzt

```
In[4]:=
Context[Schubkurbel]
Out[4]=
Getriebe`
```

Im Kontext `Getriebe`Private`` findet man dann also die in unserem Paket auftretenden lokalen Variablen.

Nun kann es sein, daß es zu einer Namensgleichheit mit einem Namen in Ihrer aktuellen Sitzung kommt. Je nachdem, wann dieser Konflikt auftritt, verhält sich das System unterschiedlich. Wenn wir zuerst unser Paket geladen haben und im Verlauf der weiteren Sitzung definieren

```
In[5]:=
Schubkurbel[1,3,3]=5;
```

so wird bei einem erneuten Aufruf von

```
In[6]:=
Schubkurbel[1,3,3]
```

```
Out[6]=
5
```

der von uns zugewiesene Wert ausgegeben, da *Mathematica* grundsätzlich erst im aktuellen Kontext nach dem Namen sucht. Von jetzt an ist der Name Schubkurbel aus unserem Paket überlagert von dem aktuellen Symbol.

```
In[7]:=
Schubkurbel[1,3,4]
Out[7]=
Schubkurbel[1, 3, 4]
```

Selbst ein Aufruf über den vollständigen Namen

```
In[8]:=
Getriebe`Schubkurbel[1,3,4]
Out[8]=
Getriebe`Schubkurbel::shdw:
   Warning: Symbol Schubkurbel
     appears in multiple contexts
    {Getriebe`, Global`}; definitions in context
    Getriebe` may shadow or be shadowed by other
     definitions.
Getriebe`Schubkurbel[1, 3, 4]
```

liefert nur eine Fehlermeldung. Wenn Sie vor dem Laden des Pakets den Namen Schubkurbel verwendet haben, wird bereits beim Laden des Pakets eine Fehlermeldung ausgegeben.

```
In[9]:=
Schubkurbel[1,2,3]=5
Out[9]=
5

In[10]:=
<<test4.m
Out[10]=
Schubkurbel::shdw:
   Warning: Symbol Schubkurbel
     appears in multiple contexts
    {Getriebe`, Global`}; definitions in context
    Getriebe` may shadow or be shadowed by other
     definitions.
```

Nur durch das Entfernen des Namens `Schubkurbel` werden wieder klare Verhältnisse geschaffen.

```
In[11]:=
Remove[Global`Schubkurbel];
Schubkurbel[1,3,3]
Out[11]=
{-Graphics-, -Graphics-, -Graphics-}
```

Neben dem expliziten Laden von Paketen ist es auch möglich, Pakete automatisch laden zu lassen, sobald bestimmte Namen auftreten. Dies hat den Vorteil, daß nicht durch den voreiligen Aufruf des Namens beim nachträglichen Laden des erforderlichen Pakets ein Namenskonflikt auftreten kann.

## 2.5 Die benutzerfreundliche Fassung

### 2.5.1 Abweisung sinnloser Eingaben

Vorausgesetzt, der Benutzer gibt als Parameter keine sinnlosen Werte ein, arbeitet unser Paket jetzt einwandfrei, bei einem Aufruf der Art

```
In[1]:=
Schubkurbel[a,b,1]
Out[1]=
Graphics::gptn:
   Coordinate a in {a, 0}
     is not a floating-point number.
Graphics::gptn:
   Coordinate a in {a, 0}
     is not a floating-point number.
Graphics::gptn:
                        2                 2
   Coordinate a + Sqrt[b ] in {a + Sqrt[b ], 0}
     is not a floating-point number.
General::stop:
   Further output of Graphics::gptn
     will be suppressed during this calculation.
{-Graphics-}
```

erhalten Sie jedoch eine Fülle von Fehlermeldungen, die nur zu entschlüsseln sind, wenn man das Paket genau kennt. Wünschenswert wäre, daß in einem solchen Fall erst gar kein Versuch einer Rechnung unternommen würde und statt dessen eine präzise auf den Fehler hinweisende Meldung erfolgte. Wenn Sie Programmiererfahrungen mit klassischen Sprachen haben, wissen Sie, daß dieser eigentlich nebensächliche Teil des Programms den Text unübersichtlich und schwer durchschaubar macht. Hinzu kommt, daß es recht unangenehm ist, diese Überprüfungen erst ganz am Ende der Programmentwicklung einzubauen, so daß Sie gezwungen sind, sich zu einer Zeit mit diesen lästigen Überlegungen abzugeben, wo der Kern des Programms Ihre volle Aufmerksamkeit erfordert. In *Mathematica* ist es dagegen sehr einfach, diese Aspekte in das Paket aufzunehmen. Als erstes wollen wir vereinbaren, daß in jedem Fall, in dem die übergebenen Parameter nicht sinnvoll ausgewertet werden können, gar kein Versuch einer Rechnung unternommen wer en soll.

Aus welchen Gründen können übergebene Parameter unsinnig sein?

- Geometrische Gründe liegen vor, wenn die auftretenden Parameter die Bedeutung geometrischer Größen wie Längen, Flächen, Volumina etc. haben, vielleicht auch zur Konstruktion von Kreisen und anderen geometrischen Objekten benutzt werden, und die real übergebenen Werte keine positiven Zahlen sind.

- Physikalisch/technische Gründe liegen vor, wenn die übergebenen Parameterwerte z.B. zu Selbstdurchdringungen der Objekte führen; dies wäre bei unserer ebenen Schubkurbel der Fall, wenn die Pleuelstange nicht länger als der Kurbeldurchmesser gewählt wird.

- Logische Gründe sind häufig schwer zu finden und sollten am besten gleich bei der Programmentwicklung ausgeschlossen werden. Unser Paket ist so geschrieben, daß die Eingabe einer negativen Bildanzahl zu keinem Bild führt. Dies hätte sich vermeiden lassen, wenn die Schrittweite mithilfe des Absolutbetrages berechnet worden wäre. Da es jedoch, gerade bei komplexeren Paketen, während der Programmentwicklung meist nicht auffällt, an welchen Stellen es später zu Problemen kommen kann, müssen Sie hier noch einmal gründlich nachdenken.

- Programmiersprachenabhängige Gründe erfordern eine gründliche Kenntnis der verwendeten Sprache, ihrer Möglichkeiten und Grenzen. Es ist *Mathematica* z.B. nicht möglich, eine qualitative Skizze einer Kurvenschar zu zeichnen, d.h. in jedem auftretenden `Plot`-Befehl müssen zum Zeitpunkt seiner Ausführung alle Intervallbegrenzungen konkrete Zahlen sein und Funktionen dürfen keine zusätzlichen Parameter enthalten.

Ihre erste Aufgabe besteht also darin, genau und vollständig aufzulisten, welche Bedingungen alle erfüllt sein müssen, damit Ihr Programm ordnungsgemäß arbeiten kann. Für unsere Schubkurbel ergibt sich folgende Liste von Bedingungen, wobei wir die im Programm auftretenden Namen:

R: Kurbelradius
L: Pleuelstangenlänge
Anzahl: Anzahl der zu erzeugenden Bilder

gleich verwendet haben.

- R, L und Anzahl müssen konkrete, positive Zahlen sein.

- L muß größer als $2 \cdot R$ sein.

Da ein Größenvergleich nur für konkrete Zahlen möglich ist, beginnen wir beim Formulieren der entsprechenden *Mathematica*-Bedingungen mit der allgemeinsten Frage. Der naheliegendste Befehl ist wohl `NumberQ`, so daß wir zunächst diese Version aufschreiben wollen.

```
NumberQ[R] && NumberQ[L] && NumberQ[Anzahl]
```

Dieser Ausdruck sollte den Wert `True` haben, wenn alle drei Parameter konkrete Zahlen sind; dies ist allerdings nicht ganz richtig. Bei der Typprüfung wird nämlich der Kopf des jeweiligen Symbols geprüft, und der ist für Symbole wie $\pi$ oder kompliziertere Ausdrücke wie $\sqrt{2}$ nicht numerisch. Sie müssen, um solche Fälle korrekt zu erfassen, also von jedem Parameter erst den numerischen Wert bestimmen lassen:

```
NumberQ[N[R]] && NumberQ[N[L]] && NumberQ[N[Anzahl]]
```

Nun müssen wir diesen Booleschen Ausdruck um die Überprüfung der Parameter auf ihr positives Vorzeichen erweitern, und auch hier ist jeweils der numerische Wert zu verwenden.

```
NumberQ[N[R]] && NumberQ[N[L]] && NumberQ[N[Anzahl]] &&

Positive[N[R]]&& Positive[N[L]] && Positive[N[Anzahl]]
```

Diese Formulierung erfaßt nicht alle Fälle: wenn der Benutzer nämlich versehentlich eine komplexe Zahl z eingibt, hat `NumberQ[z]` den Wert `True`, `Positive[z]` kann jedoch nicht berechnet werden. Der einzige Ausweg aus diesem Dilemma ist der Verzicht auf den Befehl `NumberQ`. Stattdessen verwenden wir direkt den Kopf der Parameterwerte, weil wir so auf den Typ `Real` fragen können[6].

```
Head[N[R]] === Real && Head[N[L]] === Real &&
Head[N[Anzahl]] === Real && Positive[N[R]]&&
 Positive[N[L]] && Positive[N[Anzahl]]
```

Wir ergänzen um die Längenbedingung und erhalten

```
Head[N[R]] === Real && Head[N[L]] === Real &&
 Head[N[Anzahl]] === Real && Positive[N[R]]&&
Positive[N[L]] && Positive[N[Anzahl]] && N[L]>2N[R]
```

Nur wenn dieser Ausdruck den Wert `True` hat, darf `Schubkurbel` eine Bilderfolge berechnen. Dies erreichen Sie nun ganz einfach, indem Sie vereinbaren, daß die Definition von `Schubkurbel` nur verwendet werden soll, wenn die Bedingung den Wert `True` hat.

```
In[2]:=
BeginPackage["Getriebe`"]
Schubkurbel::usage = "Schubkurbel[Radius, L"ange, Anzahl]\n
   simuliert den Schubkurbeltrieb\n
   mit Kurbelradius Radius,\n
   Pleuelstangenl"ange L"ange,\n
   wobei Anzahl Bilder\n
   erzeugt werden."

Needs["Graphics`Animation`"]

Begin["`Private`"]

Schubkurbel[R_, L_, Anzahl_]:=
Module[{K, P, t, Q, Line0P, LinePQ, Kurbel,
                Lagen, Graphik, j, Schrittweite},
```

[6] Falls für eines der Argumente 0 eingegeben wird, ist der Kopf von `N[0]` zwar `Integer`, die Bedingung also nicht erfüllt; da alle eingegebenen Werte hier jedoch positiv sein sollen, wirkt sich dies auf die Logik unseres Programms nicht aus, sondern wird im nächsten Abschnitt bei Fehleingaben nur eine unnötige Fehlermeldung erzeugen. Gegebenenfalls müssen Sie auf solche Sonderfälle achten.

```
Schrittweite=2 Pi/Anzahl;
K=Circle[{0,0},R];
P={R Cos[t], R Sin[t]};
Q={R Cos[t] + Sqrt[L^2-(R Sin[t])^2],0};
Line0P=Line[{{0,0},P}];
LinePQ=Line[{P,Q}];
Kurbel={K,Line0P,LinePQ,Point[{R+L,0}]};
Animate[Graphics[{PointSize[0.0001], Kurbel}],
     {t, 0, 2*Pi - Schrittweite, Schrittweite},
     AspectRatio -> Automatic]
                                          ]/; Head[N[R]] === Real &&
 Head[N[L]] === Real && Head[N[Anzahl]] === Real &&
Positive[N[R]] && Positive[N[L]] && Positive[N[Anzahl]] &&
 N[L]>2N[R]

End[]
EndPackage[]
```

Achten Sie darauf, daß die logischen Operatoren immer am Ende der Zeile (und nicht am Anfang der neuen Zeile) stehen, da es sonst unweigerlich zu Fehlermeldungen kommt. An dieser Stelle ist es nun Zeit, Sie zu warnen. Wenn beim Einlesen des Pakets ein Fehler auftritt, befinden Sie sich anschließend in dem Kontext, in dem der Fehler aufgetreten ist, bei unserem Beispiel also in `Getriebe'Private'`, was zu auf den ersten Blick rätselhaften Verhaltensweisen von *Mathematica* führen kann. In solchen Fällen müssen Sie die Umgebung explizit wieder richtig setzen.

```
In[3]:=
$Context="Global'"
Out[3]=
Global'
```

Wir speichern die neue Fassung unter dem Namen `test5.m` und rufen sie in einer neuen Sitzung auf.

```
In[4]:=
<<test5a.m
```

Bei korrekten Parameterwerten sehen Sie die gewohnte Bilderfolge,

```
In[5]:=
Schubkurbel[1,3,3]
Out[5]=
{-Graphics-, -Graphics-, -Graphics-}
```

bei unzulässigen Parameterwerten erscheint Ihre Eingabe unverändert als Bildschirmecho.

```
In[6]:=
Schubkurbel[1,1,3]
Out[6]=
Schubkurbel[1, 1, 3]
```

```
In[7]:=
Schubkurbel[a,1,3]
Out[7]=
Schubkurbel[a, 1, 3]
```

Schöner wäre es natürlich, wenn wir im Falle unzulässiger Werte genauer erführen, was wir falsch gemacht haben. Dies wollen wir im nächsten Abschnitt noch einarbeiten.

### 2.5.2 Fehlermeldungen

Jede Meldung ist für *Mathematica*von der Form `symbol::etikett`, wobei wir einen Spezialfall bereits kennengelernt haben: `usage`-Meldungen, die dem Benutzer Informationen über Eigenschaften und Anwendungen des Symbols Auskunft geben. Da auch Fehlermeldungen exportiert werden sollen, ist es sinnvoll, wenn auch nicht zwingend gefordert, sie zu Beginn des Pakets, also vor dem Wechsel in den privaten Kontext, zu definieren. Am übersichtlichsten ist es, wenn Sie mögliche Fehler jeweils zu Gruppen zusammenfassen und als Etikett eine möglichst sprechende Kurzbezeichnung verwenden. Wir vereinbaren also:

```
In[1]:=
BeginPackage["Getriebe`"]

Schubkurbel::usage = "Schubkurbel[Radius, L"ange, Anzahl]\n
   simuliert den Schubkurbeltrieb\n
   mit Kurbelradius Radius,\n
   Pleuelstangenl"ange L"ange,\n
   wobei Anzahl Bilder\n
   erzeugt werden."

Schubkurbel::num="Argumente m"ussen reelle Zahlen
sein."
Schubkurbel::neg="Argumente m"ussen positive Zahlen
sein."
Schubkurbel::tech="Pleuelstange mu"s l"anger als \
Kurbeldurchmesser sein"
Needs["Graphics`Animation`"]

Begin["`Private`"]

Schubkurbel[R_, L_, Anzahl_]:=
Module[{K, P, t, Q, Line0P, LinePQ, Kurbel,
                Lagen, Graphik, j, Schrittweite},
Schrittweite=2 Pi/Anzahl;
K=Circle[{0,0},R];
P={R Cos[t], R Sin[t]};
Q={R Cos[t] + Sqrt[L^2-(R Sin[t])^2],0};
Line0P=Line[{{0,0},P}];
LinePQ=Line[{P,Q}];
Kurbel={K,Line0P,LinePQ,Point[{R+L,0}]};
Animate[Graphics[{PointSize[0.0001], Kurbel}],
```

```
    {t, 0, 2*Pi - Schrittweite, Schrittweite},
    AspectRatio -> Automatic]
                                        ]/; Head[N[R]] === Real &&
 Head[N[L]] === Real && Head[N[Anzahl]] === Real && Positive[N[R]]&&
Positive[N[L]] && Positive[N[Anzahl]] && N[L]>2N[R]

End[]
EndPackage[]
```

Wenn wir dies unter dem Namen `test6.m` abspeichern, können wir nach dem Laden des Pakets jetzt alle dem System bekannten Meldungen, die mit `Schubkurbel` zusammenhängen, abfragen:

```
In[2]:=
Messages[Schubkurbel]
Out[2]=
{Literal[Schubkurbel::neg] :>

  Argumente m"ussen positive Zahlen  sein.,

 Literal[Schubkurbel::num] :>

  Argumente m"ussen reelle Zahlen  sein.,

 Literal[Schubkurbel::tech] :>

  Pleuelstange mu"s l"anger als Kurbeldurchmesser sein\

  , Literal[Schubkurbel::usage] :>

  Schubkurbel[Radius, L"ange, Anzahl]}
      simuliert den Schubkurbeltrieb
      mit Kurbelradius Radius,
      Pleuelstangenl"ange L"ange,
      wobei Anzahl Bilder
      erzeugt werden.
```

Nun müssen wir noch dafür sorgen, daß bei falschen Eingabewerten die passende Fehlermeldung ausgegeben wird. Die Ausgabe von Meldungstexten in (voreingestellt) roter Farbe bewirkt der Befehl `Message`, so daß wir jetzt in einem ersten Versuch unser Paket einfach um die entsprechenden Moduln erweitern. Jeder einzelne besteht aus der Definition von `Schubkurbel` für den Fall einer Gruppe von falschen Eingaben, die gemäß den Meldungstexten zusammengefaßt sind, und enthält lediglich die Information, welche Fehlermeldung auszugeben ist.

```
In[3]:=
BeginPackage["Getriebe`"]

Schubkurbel::usage = "Schubkurbel[Radius, L"ange, Anzahl]\n
   simuliert den Schubkurbeltrieb\n
   mit Kurbelradius Radius,\n
   Pleuelstangenl"ange L"ange,\n
```

```
   wobei Anzahl Bilder\n
   erzeugt werden."

Schubkurbel::num="Argumente m"ussen reelle Zahlen
sein"
Schubkurbel::neg="Argumente m"ussen positive Zahlen
sein"
Schubkurbel::tech="Pleuelstange mu"s l"anger als\n
Kurbeldurchmesser sein"

Needs["Graphics`Animation`"]

Begin["`Private`"]

Schubkurbel[R_, L_, Anzahl_]:=
Module[{K, P, t, Q, Line0P, LinePQ, Kurbel,
                Lagen, Graphik, j, Schrittweite},
Schrittweite=2 Pi/Anzahl;
K=Circle[{0,0},R];
P={R Cos[t], R Sin[t]};
Q={R Cos[t] + Sqrt[L^2-(R Sin[t])^2],0};
Line0P=Line[{{0,0},P}];
LinePQ=Line[{P,Q}];
Kurbel={K,Line0P,LinePQ,Point[{R+L,0}]};
Animate[Graphics[{PointSize[0.0001], Kurbel}],
     {t, 0, 2*Pi - Schrittweite, Schrittweite},
     AspectRatio -> Automatic]
                                        ]/; Head[N[R]] === Real &&
 Head[N[L]] === Real && Head[N[Anzahl]] === Real && Positive[N[R]]&&
Positive[N[L]] && Positive[N[Anzahl]] && N[L]>2N[R]

Schubkurbel[R_, L_, Anzahl_]:=
Module[{},Message[Schubkurbel::num]
          ]/; !(Head[N[R]] === Real &&
 Head[N[L]] === Real && Head[N[Anzahl]] === Real)

Schubkurbel[R_, L_, Anzahl_]:=
Module[{},Message[Schubkurbel::neg]
          ]/; !(Positive[N[R]]&&
Positive[N[L]] && Positive[N[Anzahl]])

Schubkurbel[R_, L_, Anzahl_]:=
Module[{},Message[Schubkurbel::tech]
        ]/; !(N[L]>2N[R])
End[]
EndPackage[]
```

Dabei haben wir die entsprechende Bedingungsgruppe einfach durch „!“ verneint, was Ihnen leichter fallen dürfte als die verneinten Bedingungen explizit hinzuschreiben[7].

[7] Wenn Sie in Windows arbeiten, sollten Sie allerdings darauf achten, daß „!“ niemals das erste Zeichen einer Zeile ist, da die Kombination <newline>! als Befehl zur Verzweigung nach DOS aufgefaßt wird.

Wir speichern unser Paket unter dem Namen `test7.m` und probieren es in der nächsten Sitzung aus.

```
In[4]:=
<<test7.m

In[5]:=
Schubkurbel[1,1,3]
Out[5]=
Schubkurbel::tech: Pleuelstange mu"s l"anger als
                   Kurbeldurchmesser sein

In[6]:=
Schubkurbel[-1,3,4]
Out[6]=
Schubkurbel::neg:
   Argumente m"ussen positive Zahlen  sein

In[7]:=
Schubkurbel[1,3,a]
Out[7]=
Schubkurbel::num:
   Argumente m"ussen reelle Zahlen  sein
```

Was geschieht, wenn mehrere Fehler gemacht werden?

```
In[8]:=
Schubkurbel[-1,3,a]
Out[8]=
Schubkurbel::num:
   Argumente m"ussen reelle Zahlen  sein
```

Es wird also immer die erste zutreffende Definition zur Berechnung herangezogen, genauso, wie dies auch sonst bei fallweisen Definitionen geschieht. Sicher ist es in vielen Fällen besser, wenn alle in Frage kommenden Meldungen ausgegeben werden, was wir dadurch erreichen, daß alle Sonderfälle in ein und demselben Modul stehen. Vielleicht meinen Sie außerdem, daß bei der technischen Fehlermeldung eine präzisere Information besser wäre, bei der noch direkt auf die Benutzereingabe Bezug genommen wird. Beides haben wir in der folgenden Fassung verwirklicht.

```
In[9]:=
BeginPackage["Getriebe`"]

Schubkurbel::usage = "Schubkurbel[Radius, L"ange, Anzahl]\n
   simuliert den Schubkurbeltrieb\n
   mit Kurbelradius Radius,\n
   Pleuelstangenl"ange L"ange,\n
   wobei Anzahl Bilder\n
   erzeugt werden."

Schubkurbel::num="Argumente m"ussen reelle Zahlen
sein"
```

```
Schubkurbel::neg="Argumente m"ussen positive Zahlen
sein"
Schubkurbel::tech="Pleuelstange hat L"ange `1', mu"s aber l"anger
als doppelter Kurbelradius `2' sein"

Needs["Graphics`Animation`"]

Begin["`Private`"]

Schubkurbel[R_, L_, Anzahl_]:=
Module[{K, P, t, Q, Line0P, LinePQ, Kurbel,
                Lagen, Graphik, j, Schrittweite},
Schrittweite=2 Pi/Anzahl;
K=Circle[{0,0},R];
P={R Cos[t], R Sin[t]};
Q={R Cos[t] + Sqrt[L^2-(R Sin[t])^2],0};
Line0P=Line[{{0,0},P}];
LinePQ=Line[{P,Q}];
Kurbel={K,Line0P,LinePQ,Point[{R+L,0}]};
Animate[Graphics[{PointSize[0.0001], Kurbel}],
     {t, 0, 2*Pi - Schrittweite, Schrittweite},
     AspectRatio -> Automatic]
                                          ]/; Head[N[R]] === Real &&
 Head[N[L]] === Real && Head[N[Anzahl]] === Real && Positive[N[R]]&&
Positive[N[L]] && Positive[N[Anzahl]] && N[L]>2N[R]

Schubkurbel[R_, L_, Anzahl_]:=
Module[{},If[!(Head[N[R]] === Real &&
                       Head[N[L]] === Real &&
                       Head[N[Anzahl]] === Real),
              Message[Schubkurbel::num]];

                  If[!(Positive[N[R]]&&
                       Positive[N[L]] && Positive[N[Anzahl]]),
              Message[Schubkurbel::neg]];

                  If[!(N[L]>2N[R]),
              Message[Schubkurbel::tech, L, R]];

          ]/; !(Head[N[R]] === Real &&
 Head[N[L]] === Real && Head[N[Anzahl]] === Real && Positive[N[R]]&&
Positive[N[L]] && Positive[N[Anzahl]] && N[L]>2N[R])


End[]
EndPackage[]
```

Die Namen „'1'" und „'2'" beziehen sich dabei auf das erste bzw. zweite Symbol, das im zugehörigen `Message`-Befehl hinter dem Meldungsnamen erscheint.

```
In[10]:=
<<test9.m
```

```
In[11]:=
Schubkurbel[1,1,3]
Out[11]=
Schubkurbel::tech:
   Pleuelstange hat L"ange 1, mu"s aber l"anger
       als doppelter Kurbelradius 1 sein

In[12]:=
Schubkurbel[-1,2,a]
Out[12]=
Schubkurbel::num:
   Argumente m"ussen reelle Zahlen  sein
Schubkurbel::neg:
   Argumente m"ussen positive Zahlen  sein
```

Eine wichtige Fehlermeldung fehlt noch: es kommt gelegentlich vor, daß der Benutzer eine falsche Anzahl von Argumenten eingibt; dies wird von unserem Programm aber nur mit dem Echo der Eingabe quittiert. Die Überprüfung der Argumentzahl erfolgt über die Mustererkennung von *Mathematica*, die wir im Paragraphen 2.8 besprechen werden. Aus diesem Grund werden wir diese Meldung erst später in unser Paket einfügen. Auch weitere wünschenswerte Einbauten in unser Programm wie Voreinstellungen für die Bilderanzahl; Optionen für die Art der Graphikausgabe sind möglich, wobei wir auf das Buch von R. Mäder [9] verweisen.

### 2.5.3 Die vorläufige vollständige Paketfassung

Wenn Sie mit ?? alle bekannte Information über unser Programm abfragen, erhalten Sie die vollständige Definition.

```
In[1]:=
??Schubkurbel
Out[1]=
Schubkurbel[Radius, L"ange, Anzahl]
   simuliert den Schubkurbeltrieb
   mit Kurbelradius Radius,
   Pleuelstangenl"ange L"ange,
   wobei Anzahl Bilder erzeugt werden.

Schubkurbel[Getriebe`Private`R_,
   Getriebe`Private`L_, Getriebe`Private`Anzahl_] :=
  Module[{Getriebe`Private`K, Getriebe`Private`P,
     Getriebe`Private`t, Getriebe`Private`Q,
     Getriebe`Private`Line0P,
     Getriebe`Private`LinePQ,
     Getriebe`Private`Kurbel,
     Getriebe`Private`Lagen,
     Getriebe`Private`Graphik, Getriebe`Private`j,
     Getriebe`Private`Schrittweite},
    Getriebe`Private`Schrittweite =
```

```
        (2*Pi)/Getriebe`Private`Anzahl;
      Getriebe`Private`K =
        Circle[{0, 0}, Getriebe`Private`R];
      Getriebe`Private`P =
        {Getriebe`Private`R*Cos[Getriebe`Private`t],
         Getriebe`Private`R*Sin[Getriebe`Private`t]};
      Getriebe`Private`Q =
        {Getriebe`Private`R*
            Cos[Getriebe`Private`t] +
           Sqrt[Getriebe`Private`L^2 -
             (Getriebe`Private`R*
                Sin[Getriebe`Private`t])^2], 0};
      Getriebe`Private`Line0P =
        Line[{{0, 0}, Getriebe`Private`P}];
      Getriebe`Private`LinePQ =
        Line[{Getriebe`Private`P, Getriebe`Private`Q}]\
        ; Getriebe`Private`Kurbel =
        {Getriebe`Private`K, Getriebe`Private`Line0P,
         Getriebe`Private`LinePQ,
         Point[{Getriebe`Private`R +
            Getriebe`Private`L, 0}]};
      Graphics`Animation`Animate[Graphics[{PointSi\
            ze[0.0001], Getriebe`Private`Kurbel}],
        {Getriebe`Private`t, 0,
         2*Pi - Getriebe`Private`Schrittweite,
         Getriebe`Private`Schrittweite},
        AspectRatio -> Automatic]] /;
    Head[N[Getriebe`Private`R]] === Real &&
     Head[N[Getriebe`Private`L]] === Real &&
     Head[N[Getriebe`Private`Anzahl]] === Real &&
     Positive[N[Getriebe`Private`R]] &&
     Positive[N[Getriebe`Private`L]] &&
     Positive[N[Getriebe`Private`Anzahl]] &&
     N[Getriebe`Private`L] > 2*N[Getriebe`Private`R]

Schubkurbel[Getriebe`Private`R_,
   Getriebe`Private`L_, Getriebe`Private`Anzahl_] :=
  Module[{}, If[!(Head[N[Getriebe`Private`R]] ===
          Real && Head[N[Getriebe`Private`L]] ===
          Real && Head[N[Getriebe`Private`Anza\
             hl]] === Real),
       Message[Schubkurbel::num]];
      If[!(Positive[N[Getriebe`Private`R]] &&
          Positive[N[Getriebe`Private`L]] &&
          Positive[N[Getriebe`Private`Anzahl]]),
       Message[Schubkurbel::neg]];
      If[!N[Getriebe`Private`L] >
         2*N[Getriebe`Private`R],
       Message[Schubkurbel::tech,
        Getriebe`Private`L, Getriebe`Private`R]]; Null
      ] /; !(Head[N[Getriebe`Private`R]] === Real &&
       Head[N[Getriebe`Private`L]] === Real &&
       Head[N[Getriebe`Private`Anzahl]] === Real &&
```

```
Positive[N[Getriebe`Private`R]] &&
Positive[N[Getriebe`Private`L]] &&
Positive[N[Getriebe`Private`Anzahl]] &&
N[Getriebe`Private`L] > 2*N[Getriebe`Private`R])
```

Dies ist eigentlich unerwünscht; wenn der Benutzer unbedingt unser Programm anschauen will, kann er dies ja in einem eigenen Notizbuch tun. Aus diesem Grund ist es üblich, mithilfe von `SetAttributes` das Programm mit einem Leseschutz zu versehen[8] Des weiteren sollte es nicht möglich sein, versehentlich das Programm zu ändern, indem das Symbol `Schubkurbel` neu definiert wird. Dies verhindert der Befehl `Protect`.

```
In[2]:=
BeginPackage["Getriebe`"]

Schubkurbel::usage = "Schubkurbel[Radius, L"ange, Anzahl] simuliert
den \
   Schubkurbeltrieb mit Kurbelradius Radius,\
   Pleuelstangenl"ange L"ange, wobei Anzahl Bilder\
   erzeugt werden."

Schubkurbel::num="Argumente m"ussen reelle Zahlen
sein"
Schubkurbel::neg="Argumente m"ussen positive Zahlen
sein"
Schubkurbel::tech="Pleuelstange hat L"ange `1`, mu"s aber l"anger
als doppelter Kurbelradius `2` sein"

Needs["Graphics`Animation`"]

Begin["`Private`"]

Schubkurbel[R_, L_, Anzahl_]:=
Module[{K, P, t, Q, Line0P, LinePQ, Kurbel,
                Lagen, Graphik, j, Schrittweite},
Schrittweite=2 Pi/Anzahl;
K=Circle[{0,0},R];
P={R Cos[t], R Sin[t]};
Q={R Cos[t] + Sqrt[L^2-(R Sin[t])^2],0};
Line0P=Line[{{0,0},P}];
LinePQ=Line[{P,Q}];
Kurbel={K,Line0P,LinePQ,Point[{R+L,0}]};
Animate[Graphics[{PointSize[0.0001], Kurbel}],
     {t, 0, 2*Pi - Schrittweite, Schrittweite},
     AspectRatio -> Automatic]
                                      ]/; Head[N[R]] === Real &&
 Head[N[L]] === Real && Head[N[Anzahl]] === Real && Positive[N[R]]&&
Positive[N[L]] && Positive[N[Anzahl]] && N[L]>2N[R]
```

[8] Es gibt eine Reihe weiterer Attribute, die Sie hier vereinbaren können, z.B. die Eigenschaften flach, listengeeignet, gesperrt etc.

```
Schubkurbel[R_, L_, Anzahl_]:=
Module[{},If[!(Head[N[R]] === Real &&
                        Head[N[L]] === Real &&
                        Head[N[Anzahl]] === Real),
              Message[Schubkurbel::num]];

                   If[!(Positive[N[R]]&&
                        Positive[N[L]] && Positive[N[Anzahl]]),
              Message[Schubkurbel::neg]];

                   If[!(N[L]>2N[R]),
              Message[Schubkurbel::tech, L, R]];

          ]/; !(Head[N[R]] === Real &&
 Head[N[L]] === Real && Head[N[Anzahl]] === Real && Positive[N[R]]&&
Positive[N[L]] && Positive[N[Anzahl]] && N[L]>2N[R])


SetAttributes[Schubkurbel ,ReadProtected];
Protect[Schubkurbel]
End[]
EndPackage[]
```

Wenn wir nun dieses Paket neu einlesen und uns nach ihm erkundigen, erfahren wir nicht mehr viel.

```
In[3]:=
<<test10.m

In[4]:=
??Schubkurbel
Out[4]=
Schubkurbel[Radius, L"ange, Anzahl]
   simuliert den Schubkurbeltrieb
   mit Kurbelradius Radius,
   Pleuelstangenl"ange L"ange,
   wobei Anzahl Bilder
   erzeugt werden.

Attributes[Schubkurbel] = {Protected, ReadProtected}
```

Und falls Sie versehentlich eine unserer alten Fassungen in derselben Sitzung aufrufen, kommt es pro Definition von `Schubkurbel` zu entsprechenden Fehlermeldungen.

```
In[5]:=
<<test9.m
Out[5]=
SetDelayed::write:
   Tag Schubkurbel in Schubkurbel[R_, L_, Anzahl_]
     is Protected.
SetDelayed::write:
   Tag Schubkurbel in Schubkurbel[R_, L_, Anzahl_]
     is Protected.
```

Wenn Sie tatsächlich vorhaben, aus irgendwelchen Gründen in der laufenden Sitzung `Schubkurbel` neu zu definieren, ist dies nicht ohne weiteres möglich.

```
In[6]:=
Schubkurbel=3
Out[6]=
Set::wrsym: Symbol Schubkurbel is Protected.
3
```

Zunächst müssen Sie den Schreibschutz aufheben und dann das Symbol `Schubkurbel` entfernen. Erst danach ist eine Neudefinition möglich.

```
In[7]:=
Unprotect[Schubkurbel]
Out[7]=
{Schubkurbel}

In[8]:=
Remove[Schubkurbel];
Schubkurbel=5
Out[8]=
5
```

## 2.6 Erweiterung von Paketen

Im allgemeinen lohnt es sich natürlich nicht, für ein einziges Problem ein Paket zu schreiben. Sinnvoller ist es, eine Reihe zusammengehöriger Funktionen, die auf dieselben Daten zugreifen müssen, in einem Paket zusammenzufassen. Wir wollen die Bewegung des Kolbens einbeziehen, und zwar die Geschwindigkeit und Beschleunigung, die sich bei konstanter Winkelgeschwindigkeit $\omega$ der Kurbel ergeben, einmal als Formel und einmal als graphische Darstellung ausgeben lassen können. Wenn wir nur ein Bild sehen wollen, ist uns die zugehörige Formel gleichgültig, so daß wir bei der Erzeugung der Bilder einfach die Berechnung der entsprechenden Formel aufrufen. Allerdings müssen Sie dabei beachten, daß die Auswertung von Befehlen wie `Plot` anders als bei anderen Anweisungen erfolgt. Um die richtige Auswertungsreihenfolge zu erzwingen, bei der **zuerst** nach der Variablen $t$ abgeleitet wird und erst danach konkrete Werte für $t$ eingesetzt werden, ist die V rwendung von `Evaluate` erforderlich. Als Anfangspunkt wählen wir den Totpunkt, d.h. die maximale Entfernung des Kolbens vom Kurbelmittelpunkt.

```
In[1]:=
BeginPackage["Getriebe`"]

Schubkurbel::usage = "Schubkurbel[Radius, L"ange, Anzahl]\n
   simuliert den Schubkurbeltrieb\n
   mit Kurbelradius Radius,\n
   Pleuelstangenl"ange L"ange,\n
   wobei Anzahl Bilder\n
   erzeugt werden."
```

```
KolbenGeschwindigkeit::usage="KolbenGeschwindigkeit[R,L,omega]\n
   berechnet die Geschwindigkeit\n
   des Kolbens eines Schubkurbelgetriebes\n
   vom Radius R, Pleuelstangenl"ange L\n
   und konstanter Kurbelgeschwindigkeit\n
   omega."


KolbenGeschwindigkeitBild::usage="KolbenGeschwindigkeitBild[R,L,omega]%
\n
   zeichnet die Geschwindigkeit\n
   des Kolbens eines Schubkurbelgetriebes\n
   vom Radius R, Pleuelstangenl"ange L\n
   und konstanter Kurbelgeschwindigkeit\n
   omega."

KolbenBeschleunigung::usage="KolbenBeschleunigung[R,L,omega]\n
   berechnet die Beschleunigung\n
   des Kolbens eines Schubkurbelgetriebes\n
   vom Radius R, Pleuelstangenl"ange L\n
   und konstanter Kurbelgeschwindigkeit\n
   omega."

KolbenBeschleunigungBild::usage="KolbenBeschleunigungBild[R,L,omega]\n
   zeichnet die Beschleunigung\n
   des Kolbens eines Schubkurbelgetriebes\n
   vom Radius R, Pleuelstangenl"ange L\n
   und konstanter Kurbelgeschwindigkeit\n
   omega."

Schubkurbel::num="Argumente m"ussen reelle Zahlen
sein"
Schubkurbel::neg="Argumente m"ussen positive Zahlen
sein"
Schubkurbel::tech="Pleuelstange hat L"ange `1`, mu"s aber l"anger
als doppelter Kurbelradius `2` sein"

Needs["Graphics`Animation`"]

Begin["`Private`"]

Schubkurbel[R_, L_, Anzahl_]:=
Module[{K, P, t, Q, Line0P, LinePQ, Kurbel,
                Lagen, Graphik, j, Schrittweite},
Schrittweite=2 Pi/Anzahl;
K=Circle[{0,0},R];
P={R Cos[t], R Sin[t]};
Q={R Cos[t] + Sqrt[L^2-(R Sin[t])^2],0};
Line0P=Line[{{0,0},P}];
LinePQ=Line[{P,Q}];
Kurbel={K,Line0P,LinePQ,Point[{R+L,0}]};
Animate[Graphics[{PointSize[0.0001], Kurbel}],
```

```
    {t, 0, 2*Pi - Schrittweite, Schrittweite},
    AspectRatio -> Automatic]
                                          ]/; Head[N[R]] === Real &&
 Head[N[L]] === Real && Head[N[Anzahl]] === Real && Positive[N[R]]&&
Positive[N[L]] && Positive[N[Anzahl]] && N[L]>2N[R]

Schubkurbel[R_, L_, Anzahl_]:=
Module[{},If[!(Head[N[R]] === Real &&
                       Head[N[L]] === Real &&
                       Head[N[Anzahl]] === Real),
              Message[Schubkurbel::num]];

                  If[!(Positive[N[R]]&&
                       Positive[N[L]] && Positive[N[Anzahl]]),
              Message[Schubkurbel::neg]];

                  If[!(N[L]>2N[R]),
              Message[Schubkurbel::tech, L, R]];

          ]/; !(Head[N[R]] === Real &&
 Head[N[L]] === Real && Head[N[Anzahl]] === Real && Positive[N[R]]&&
Positive[N[L]] && Positive[N[Anzahl]] && N[L]>2N[R])


SetAttributes[Schubkurbel ,ReadProtected];
Protect[Schubkurbel]

KolbenGeschwindigkeit[R_,L_,omega_]:=
    D[R+L-(R Cos[omega t] + Sqrt[L^2-(R Sin[omega t])^2]), t]

KolbenGeschwindigkeitBild[R_,L_,omega_]:=
    Plot[Evaluate[KolbenGeschwindigkeit[R,L,omega]],{t,0,2Pi}]

KolbenBeschleunigung[R_,L_,omega_]:=
    D[KolbenGeschwindigkeit[R,L,omega],t]

KolbenBeschleunigungBild[R_,L_,omega_]:=
    Plot[Evaluate[KolbenBeschleunigung[R,L,omega]],{t,0,2Pi}]

End[]
EndPackage[]
```

Wir speichern das Programm, laden und testen es.

```
In[2]:=
<<test14.m

In[3]:=
KolbenGeschwindigkeitBild[1,3,1]
Out[3]=
-Graphics-
```

```
In[4]:=
KolbenBeschleunigungBild[1,3,1]
Out[4]=
-Graphics-
```

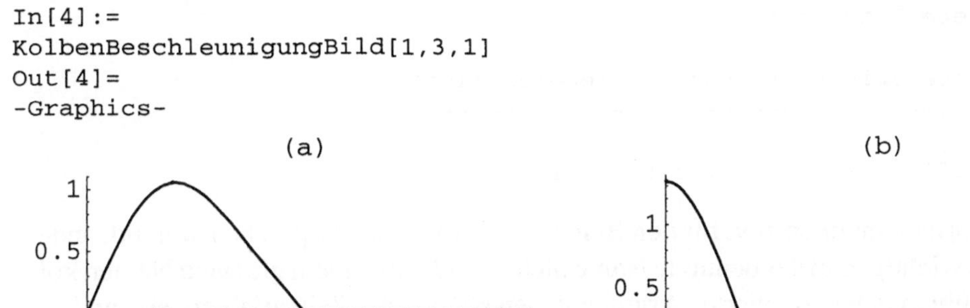


**Bild 2.5** (a) Geschwindigkeit und (b) Beschleunigung des Kolbens eines Schubkurbelgetriebes mit Kurbelradius 1, Pleuelstangenlänge 3 und konstanter Winkelgeschwindigkeit 1 der Kurbel

Wenn Sie kompliziertere Definitionen benötigen, sollten Sie anstelle von `Module` den Befehl `Block` verwenden, weil er im Gegensatz zu `Module` auftretende Variable nicht durchnumeriert.

```
In[5]:=
BeginPackage["Getriebe`"]
.
.
.
KolbenGeschwindigkeit[R_,L_,omega_]:=Block[{t},
      D[R+L-(R Cos[omega t] + Sqrt[L^2-(R Sin[omega t])^2]), t]

KolbenGeschwindigkeitBild[R_,L_,omega_]:=Block[{t},
      Plot[Evaluate[KolbenGeschwindigkeit[R,L,omega]],{t,0,2Pi}]]

KolbenBeschleunigung[R_,L_,omega_]:=Block[{t},
      D[KolbenGeschwindigkeit[R,L,omega],t]]

KolbenBeschleunigungBild[R_,L_,omega_]:=Block[{t},
      Plot[Evaluate[KolbenBeschleunigung[R,L,omega]],{t,0,2Pi}]]

End[]
EndPackage[]
```

Diese Abänderung wirkt sich in unserem Fall in keiner Weise aus. In beiden Fassungen stoßen wir jedoch auf ein Problem, wenn wir die Geschwindigkeit bzw. Beschleunigung formal berechnen lassen.

```
In[6]:=
KolbenGeschwindigkeit[1,4,1]
```

```
Out[]=
-Sin[Getriebe'Private't] -

 Cos[Getriebe'Private't] Sin[Getriebe'Private't]
 -----------------------------------------------
                                              2
       Sqrt[16 - Sin[Getriebe'Private't] ]
```

Diese Variablennamen sind für den Benutzer natürlich ausgesprochen störend; andererseits ist es wichtig, daß der benutzte Name nicht gerade mit einem globalen Namen kollidiert. Wir führen daher ein viertes Argument, den Namen der Zeitvariablen, ein, und ändern die Funktionen `KolbenGeschwindigkeit` und `KolbenBeschleunigung` entsprechend ab. Die übrigen Funktionen lassen wir unverändert, da hier der Name der Zeitvariablen irrelevant ist.

```
In[7]:=
BeginPackage["Getriebe'","Graphics'Animation'"]
.
.
.
KolbenGeschwindigkeit::usage="KolbenGeschwindigkeit[R,L,omega,zeit]\n
   berechnet die Geschwindigkeit\n
   des Kolbens eines Schubkurbelgetriebes\n
   vom Radius R, Pleuelstangenl"ange L\n
   und konstanter Kurbelgeschwindigkeit\n
   omega. Der Name der Zeitvariablen\n
   ist im letzten Argument zu "ubergeben."

KolbenBeschleunigung::usage="KolbenBeschleunigung[R,L,omega,zeit]\n
   berechnet die Beschleunigung\n
   des Kolbens eines Schubkurbelgetriebes\n
   vom Radius R, Pleuelstangenl"ange L\n
   und konstanter Kurbelgeschwindigkeit\n
   omega.Der Name der Zeitvariablen\n
   ist im letzten Argument zu "ubergeben."
.
.
.
KolbenGeschwindigkeit[R_,L_,omega_, t_]:=Block[{},
     D[R+L-(R Cos[omega t] + Sqrt[L^2-(R Sin[omega t])^2]), t]]

KolbenGeschwindigkeitBild[R_,L_,omega_]:=Block[{t},
     Plot[Evaluate[KolbenGeschwindigkeit[R,L,omega,t]],{t,0,2Pi}]]

KolbenBeschleunigung[R_,L_,omega_, t_]:=Block[{},
     D[KolbenGeschwindigkeit[R,L,omega],t]]

KolbenBeschleunigungBild[R_,L_,omega_]:=Block[{t},
     Plot[Evaluate[KolbenBeschleunigung[R,L,omega]],{t,0,2Pi}]]
.
.
.
```

Wir lesen die neue Version ein und probieren sie aus.

```
In[8]:=
<<test16.m

In[9]:=
KolbenGeschwindigkeit[1,3,1,x]
Out[9]=
            Cos[x] Sin[x]
-Sin[x] - -----------------
                         2
          Sqrt[9 - Sin[x] ]
```

Es bleibt jetzt noch, entsprechende Fehlermeldungen vorzusehen. Am Ende sieht unser Paket so aus:

```
In[10]:=
BeginPackage["Getriebe`"]

Schubkurbel::usage =
  "Schubkurbel[Radius, L"ange, Anzahl]\n
   simuliert den Schubkurbeltrieb\n
   mit Kurbelradius Radius,\n
   Pleuelstangenl"ange L"ange,\n
   wobei Anzahl Bilder\n
   erzeugt werden."

KolbenGeschwindigkeit::usage=
 "KolbenGeschwindigkeit[R,L,omega,zeit]\n
   berechnet die Geschwindigkeit\n
   des Kolbens eines Schubkurbelgetriebes\n
   vom Radius R, Pleuelstangenl"ange L\n
   und konstanter Kurbelgeschwindigkeit\n
   omega. Der Name der Zeitvariablen\n
   ist im letzten Argument zu "ubergeben."


KolbenGeschwindigkeitBild::usage=
  "KolbenGeschwindigkeitBild[R,L,omega]\n
   zeichnet die Geschwindigkeit\n
   des Kolbens eines Schubkurbelgetriebes\n
   vom Radius R, Pleuelstangenl"ange L\n
   und konstanter Kurbelgeschwindigkeit\n
   omega."

KolbenBeschleunigung::usage=
  "KolbenBeschleunigung[R,L,omega,zeit]\n
   berechnet die Beschleunigung\n
   des Kolbens eines Schubkurbelgetriebes\n
   vom Radius R, Pleuelstangenl"ange L\n
   und konstanter Kurbelgeschwindigkeit\n
   omega.Der Name der Zeitvariablen\n
   ist im letzten Argument zu "ubergeben."
```

```
KolbenBeschleunigungBild::usage=
  "KolbenBeschleunigungBild[R,L,omega]\n
   zeichnet die Beschleunigung\n
   des Kolbens eines Schubkurbelgetriebes\n
   vom Radius R, Pleuelstangenl"ange L\n
   und konstanter Kurbelgeschwindigkeit\n
   omega."

Schubkurbel::num="Argumente m"ussen reelle Zahlen
sein"
Schubkurbel::neg="Argumente m"ussen positive Zahlen
sein"
Schubkurbel::tech="Pleuelstange hat L"ange `1`, mu"s aber l"anger
als doppelter Kurbelradius `2` sein"

KolbenGeschwindigkeit::num="Argumente m"ussen reelle Zahlen
sein"
KolbenGeschwindigkeit::neg="Argumente m"ussen positive Zahlen
sein"
KolbenGeschwindigkeit::tech="Pleuelstange hat L"ange `1`, mu"s aber
l"anger  als doppelter Kurbelradius `2` sein"
KolbenGeschwindigkeit::symb="Letztes Argument mu"s
Symbol sein, eingegeben wurde `1`."


KolbenGeschwindigkeitBild::num="Argumente m"ussen reelle Zahlen
sein"
KolbenGeschwindigkeitBild::neg="Argumente m"ussen positive Zahlen
sein"
KolbenGeschwindigkeitBild::tech="Pleuelstange hat L"ange
`1`, mu"s aber l"anger als doppelter Kurbelradius `2` sein"


KolbenBeschleunigung::num="Argumente m"ussen reelle Zahlen
sein"
KolbenBeschleunigung::neg="Argumente m"ussen positive Zahlen
sein"
KolbenBeschleunigung::tech="Pleuelstange hat L"ange
`1`, mu"s aber l"anger als doppelter Kurbelradius `2` sein"
KolbenBeschleunigung::symb="Letztes Argument mu"s
Symbol sein, eingegeben wurde `1`."


KolbenBeschleunigungBild::num="Argumente m"ussen reelle
Zahlen sein"
KolbenBeschleunigungBild::neg="Argumente m"ussen positive
Zahlen sein"
KolbenBeschleunigungBild::tech="Pleuelstange hat L"ange
`1`, mu"s aber l"anger als doppelter Kurbelradius `2` sein"
KolbenBeschleunigungBild::symb="Letztes Argument mu"s
Symbol sein, eingegeben wurde `1`."
```

```
Needs["Graphics`Animation`"]
Begin["`Private`"]

Schubkurbel[R_, L_, Anzahl_]:=
Module[{K, P, t, Q, Line0P, LinePQ, Kurbel,
                Lagen, Graphik, j, Schrittweite},
Schrittweite=2 Pi/Anzahl;
K=Circle[{0,0},R];
P={R Cos[t], R Sin[t]};
Q={R Cos[t] + Sqrt[L^2-(R Sin[t])^2],0};
Line0P=Line[{{0,0},P}];
LinePQ=Line[{P,Q}];
Kurbel={K,Line0P,LinePQ,Point[{R+L,0}]};
Animate[Graphics[{PointSize[0.0001], Kurbel}],
     {t, 0, 2*Pi - Schrittweite, Schrittweite},
     AspectRatio -> Automatic]
                                        ]/; Head[N[R]] === Real &&
 Head[N[L]] === Real && Head[N[Anzahl]] === Real && Positive[N[R]]&&
Positive[N[L]] && Positive[N[Anzahl]] && N[L]>2N[R]

Schubkurbel[R_, L_, Anzahl_]:=
Module[{},If[!(Head[N[R]] === Real &&
                       Head[N[L]] === Real &&
                       Head[N[Anzahl]] === Real),
              Message[Schubkurbel::num]];

                  If[!(Positive[N[R]]&&
                       Positive[N[L]] && Positive[N[Anzahl]]),
              Message[Schubkurbel::neg]];

                  If[!(N[L]>2N[R]),
              Message[Schubkurbel::tech, L, R]];

         ]/; !(Head[N[R]] === Real &&
 Head[N[L]] === Real && Head[N[Anzahl]] === Real && Positive[N[R]]&&
Positive[N[L]] && Positive[N[Anzahl]] && N[L]>2N[R])


SetAttributes[Schubkurbel ,ReadProtected];
Protect[Schubkurbel]

KolbenGeschwindigkeit[R_,L_,omega_, t_]:=Block[{},
     D[R+L-(R Cos[omega t] + Sqrt[L^2-(R Sin[omega t])^2]), t]
     ]/; Head[N[R]] === Real &&  Head[N[L]] === Real &&
         Head[N[omega]] === Real && Positive[N[R]] &&
         Positive[N[L]] && Positive[N[omega]] &&
         N[L]>2N[R] && Head[t] === Symbol

KolbenGeschwindigkeit[R_, L_, omega_, t_]:=
Module[{},If[!(Head[N[R]] === Real &&
                       Head[N[L]] === Real &&
                       Head[N[omega]] === Real),
              Message[KolbenGeschwindigkeit::num]];
```

```
                    If[!(Positive[N[R]]&&
                         Positive[N[L]] && Positive[N[omega]]),
                Message[KolbenGeschwindigkeit::neg]];

                    If[!(N[L]>2N[R]),
                Message[KolbenGeschwindigkeit::tech, L, R]];

                    If[!(Head[t] ===Symbol),
                Message[KolbenGeschwindigkeit::symb, t]];

        ]/; !(Head[N[R]] === Real &&
 Head[N[L]] === Real && Head[N[Anzahl]] === Real && Positive[N[R]]&&
Positive[N[L]] && Positive[N[Anzahl]] && N[L]>2N[R] && Head[t] ===
Symbol)

SetAttributes[KolbenGeschwindigkeit,ReadProtected];
Protect[KolbenGeschwindigkeit]


KolbenGeschwindigkeitBild[R_,L_,omega_]:=Block[{t},
     Plot[Evaluate[KolbenGeschwindigkeit[R,L,omega,t]],{t,0,2Pi}]
     ]/; Head[N[R]] === Real &&  Head[N[L]] === Real &&
         Head[N[omega]] === Real && Positive[N[R]] &&
         Positive[N[L]] && Positive[N[omega]] &&
         N[L]>2N[R]

KolbenGeschwindigkeitBild[R_, L_, omega_]:=
Module[{},If[!(Head[N[R]] === Real &&
                       Head[N[L]] === Real &&
                       Head[N[omega]] === Real),
              Message[KolbenGeschwindigkeitBild::num]];

                  If[!(Positive[N[R]]&&
                       Positive[N[L]] && Positive[N[omega]]),
              Message[KolbenGeschwindigkeitBild::neg]];

                  If[!(N[L]>2N[R]),
              Message[KolbenGeschwindigkeitBild::tech, L, R]];

        ]/; !(Head[N[R]] === Real &&
 Head[N[L]] === Real && Head[N[omega]] === Real && Positive[N[R]]&&
Positive[N[L]] && Positive[N[omega]] && N[L]>2N[R])

SetAttributes[KolbenGeschwindigkeitBild,ReadProtected];
Protect[KolbenGeschwindigkeitBild]


KolbenBeschleunigung[R_,L_,omega_, t_]:=Block[{},
     D[KolbenGeschwindigkeit[R,L,omega],t]
     ]/; Head[N[R]] === Real &&  Head[N[L]] === Real &&
         Head[N[omega]] === Real && Positive[N[R]] &&
         Positive[N[L]] && Positive[N[omega]] &&
```

```
        N[L]>2N[R] && Head[t] === Symbol

KolbenBeschleunigung[R_, L_, omega_, t_]:=
Module[{},If[!(Head[N[R]] === Real &&
                        Head[N[L]] === Real &&
                        Head[N[omega]] === Real),
              Message[KolbenBeschleunigung::num]];

                   If[!(Positive[N[R]]&&
                        Positive[N[L]] && Positive[N[omega]]),
              Message[KolbenBeschleunigung::neg]];

                   If[!(N[L]>2N[R]),
              Message[KolbenBeschleunigung::tech, L, R]];

                   If[!(Head[t] ===Symbol),
              Message[KolbenBeschleunigung::symb, t]];

        ]/; !(Head[N[R]] === Real &&
 Head[N[L]] === Real && Head[N[Anzahl]] === Real && Positive[N[R]]&&
Positive[N[L]] && Positive[N[Anzahl]] && N[L]>2N[R] && Head[t] ===
Symbol)

SetAttributes[KolbenBeschleunigung,ReadProtected];
Protect[KolbenBeschleunigung]


KolbenBeschleunigungBild[R_,L_,omega_]:=Block[{t},
    Plot[Evaluate[KolbenBeschleunigung[R,L,omega]],{t,0,2Pi}]
    ]/; Head[N[R]] === Real &&  Head[N[L]] === Real &&
        Head[N[omega]] === Real && Positive[N[R]] &&
        Positive[N[L]] && Positive[N[omega]] &&
        N[L]>2N[R]

KolbenBeschleunigungBild[R_, L_, omega_]:=
Module[{},If[!(Head[N[R]] === Real &&
                        Head[N[L]] === Real &&
                        Head[N[omega]] === Real),
              Message[KolbenBeschleunigungBild::num]];

                   If[!(Positive[N[R]]&&
                        Positive[N[L]] && Positive[N[omega]]),
              Message[KolbenBeschleunigungBild::neg]];

                   If[!(N[L]>2N[R]),
              Message[KolbenBeschleunigungBild::tech, L, R]];

        ]/; !(Head[N[R]] === Real &&
 Head[N[L]] === Real && Head[N[omega]] === Real &&
Positive[N[R]]&& Positive[N[L]] && Positive[N[omega]] &&
 N[L]>2N[R])

SetAttributes[KolbenBeschleunigung,ReadProtected];
```

```
Protect[KolbenBeschleunigung]


End[]
EndPackage[]
```

Ein letzter Test :

```
In[11]:=
<<test17.m

In[12]:=
t=5;

In[13]:=
KolbenGeschwindigkeit[1,3,1,t]
Out[13]=
KolbenGeschwindigkeit::symb:
   Letztes Argument mu"s Symbol sein
      eingegeben wurde 5.
```

Wenn Sie den Abschnitt 1.5.2 über die Konstruktion von Fehlermeldungsmoduln gründlich gelesen und auch mit `Point` sowohl Punkte in der Ebene als auch im Raum definiert haben, fragen Sie sich jetzt vielleicht, ob es nicht viel benutzerfreundlicher wäre, wenn es anstelle der getrennten Programme `KolbenGeschwindigkeit` und `KolbenGeschwindigkeitBild` nur *ein* Programm gäbe, das aufgrund irgendeiner Angabe selbständig entscheidet, ob die Geschwindigkeit des Kolbens berechnet oder gezeichnet werden soll. Gleiches gilt für die Kolbenbeschleunigung; ja, Sie könnten sogar auf die Idee gekommen sein, daß alle vier Programme sich um demselben Kolben drehen und daher für den Benutzer ein gemeinsamer Name, unter dem er alle diese Programme ansprechen kann, viel angenehmer wäre. Die erste Frage, die sich stellt, lautet natürlich: Ist dies überhaupt möglich? Und falls es möglich ist: wie kann so eine Konstruktion realisiert werden? Die Antwort auf die erste Frage lautet ja; schließlich haben wir bei den Fehlermeldungen etwas Ähnliches realisiert. Im Prinzip geht es darum, daß unter ein und demselben Namen mehrere unterschiedliche Programme existieren, und erst beim Aufruf des Programms entscheidet sich aufgrund der mitgegebenen Parameter, welche Version aktuell zur Berechnung benutzt wird. In der Informatik nennt man diese Fähigkeit von Programmiersprachen Polymorphismus. Sie tritt hauptsächlich bei objektorientierten Programmiersprachen auf und wir werden im Kapitel 4 noch einmal auf diese Frage eingehen.

## 2.7 Kritische Punkte

### 2.7.1 Noch einmal: Umgebungen

Mit dem Beginn eines Pakets wird der aktuelle Suchpfad neu definiert: er besteht lediglich aus dem Namen des Pakets und der Umgebung `System``. Die Tatsache, daß wir innerhalb unseres Programms das erforderliche Paket mit Needs geladen haben, falls es nicht schon geladen war, hat einige Konsequenzen, die Ihnen auf den ersten Blick vielleicht nicht aufgefallen sind. Wir laden unser Programmpaket und überprüfen den Suchpfad.

```
In[1]:=
<<test10.m

In[2]:=
$ContextPath
Out[2]=
{Getriebe`, Global`, System`}
```

Sie sehen, daß das Paket Graphics`Animation` hier nicht auftaucht. Aus diesem Grund wird diese Art des Paketladens auch „versteckter Import" genannt, da es dem Benutzer völlig verborgen bleibt, daß hier noch ein weiteres Paket geladen werden mußte. Wenn Sie nun aber im weiteren Verlauf der Sitzung auf eine Funktion wie Animate zugreifen wollen und daher versuchen, das Paket Graphics`Animation` zu laden, wird dies, falls Sie mit Needs arbeiten, einfach nicht ausgeführt, da das Paket ja schon geladen wurde[9]. Da Sie von *Mathematica* keinen Kommentar erhalten haben, werden Sie als nächstes versuchen, die gewünschte Funktion zu verwenden, erhalten aber nur ihre Eingabe als Echo zurück.

```
In[3]:=
Needs["Graphics`Animation`"];
Animate[Graphics[Line[{{0,0},{n,2n}}]],{n,0,5}]
Out[3]=
Animate[-Graphics-, {n, 0, 5}]
```

Wenn Sie jetzt auf die Idee kommen, den Suchpfad ausgeben zu lassen, werden Sie wahrscheinlich irritiert sein.

```
In[4]:=
$ContextPath
Out[4]=
{Getriebe`, Global`, System`}
```

Abhilfe können Sie schaffen, indem Sie den Suchpfad explizit um den erforderlichen Kontext erweitern.

```
In[5]:=
$ContextPath=Join[$ContextPath,{"Graphics`Animation`"}]
Out[5]=
{Getriebe`, Global`, System`, Graphics`Animation`}

In[6]:=
Animate[Graphics[{Line[{{0,0},{n,2n}}],
                  Point[{5,10}]}],{n,0,5,1}]
Out[6]=
```

9 Falls Sie stattdessen mit „«" arbeiten, werden Sie mit entsprechenden Fehlermeldungen überschüttet.

```
{-Graphics-, -Graphics-, -Graphics-, -Graphics-,

 -Graphics-, -Graphics-}
```

Wenn Sie jedoch im Verlauf Ihrer Sitzung ein weiteres Paket laden, das ebenfalls auf `Graphics'Animation'` zugreifen will, können Sie natürlich nicht explizit eingreifen, und scheinbar rätselhaft versagt das zweite Paket, das sonst immer fehlerfrei funktioniert hat.

Es ist offenbar besser, den in der aktuellen Sitzung bereits entstandenen Kontext-Suchpfad am Paket-Anfang teilweise beizubehalten. Dies geschieht, indem Sie in dem Befehl `BeginPackage` alle Umgebungen, die das Paket benötigt, zusätzlich angeben.

```
BeginPackage["Getriebe'","Graphics'Animation'"]
.
.
.
```

Falls es sich um mehrere Umgebungen handelt, sind diese als Liste einzugeben. Alle hier genannten Umgebungen werden nicht aus dem Suchpfad entfernt, falls sie bereits in ihm auftauchen; falls sie fehlen, werden entsprechende implizite `Needs`-Anweisungen ausgeführt. Nun kann es zu keinem Konflikt der Pakete mehr kommen. Dafür haben Sie das Problem, daß der aktuelle Suchpfad jetzt alle benötigten Umgebungen enthält, von denen Sie vielleicht gar nichts ahnen. Wenn Sie also etwa im Laufe der Sitzung versuchen, den Namen `Animate` neu zu definieren, erhalten Sie eine Fehlermeldung.

```
In[7]:=
Animate=3
Out[7]=
Set::wrsym: Symbol Animate is Protected.
3
```

Es gibt kein Universalrezept zur Beseitigung dieses Dilemmas. Natürlich wird es sinnvoll sein, Pakete, die reine Hilfsfunktionen für andere Pakete enthalten, in diese implizit zu importieren, um so eine unnötige Aufblähung des Suchpfades zu vermeiden. Ansonsten können wir Ihnen nur den Rat geben, bei rätselhaftem Verhalten von *Mathematica* den Suchpfad zu überprüfen.

### 2.7.2 Interne und externe Namen

In jedem Betriebssystem ist die Vergabe von Dateinamen etwas anders geregelt. *Mathematica* bietet Ihnen einige Möglichkeiten, bei der Erstellung von Paketen auf diese Unterschiede nicht explizit achten zu müssen, so daß ein Programm stets mit dem gleichen Namen aufgerufen werden kann, unabhängig davon, in welchem Betriebssystem gearbeitet wird. Hierzu dient zunächst einmal der Paketname, den Sie in `BeginPackage` als Kontextnamen vereinbart haben. Wenn Sie mit `Needs` oder « einen Kontextnamen spezifizieren, so wird *Mathematica* den Befehl `ContextToFilename` verwenden, um diesen Namen in einen zulässigen Dateinamen umzusetzen. Normalerweise sehen Sie die Ausführung dieses Befehls nicht, erst durch

```
In[1]:=
On[ContextToFilename]
```

wird diese Tätigkeit sichtbar.

```
In[2]:=
Needs["Getriebe`"]
Out[2]=
ContextToFilename::trace:
   ContextToFilename[Getriebe`] --> Getriebe.m.
```

Besteht ein Kontextname aus mehreren Teilen, die durch die Kontextmarke „`" voneinander abgetrennt sind, so wird diese Marke in das im jeweiligen Betriebssystem übliche Trennzeichen umgewandelt:

```
In[3]:=
Needs["Mechanik`Getriebe`"]
Out[3]=
ContextToFilename::trace:
   ContextToFilename[Mechanik`Getriebe`] -->
    Mechanik\Getriebe.m.
```

Nun wird diese Datei gesucht, und zwar in allen Katalogen, die in der Systemvariablen `$Path` stehen.

```
In[4]:=
$Path
Out[4]=
{., C:\WNMATH22\,  C:\WNMATH22\packages\,

 C:\WNMATH22\packages\preload\}
```

Diese enthält normalerweise neben dem aktuellen Verzeichnis „." die Kataloge und Unterverzeichnisse, in denen Sie die wichtigsten Teile von *Mathematica* installiert haben. Wenn Sie aus irgendwelchen Gründen weitere *Mathematica*-Programme an einer anderen Stelle zu stehen haben, können Sie den Wert von `$Path` ändern. In dem Verzeichnis, in dem *Mathematica* installiert ist, bei uns also `C:\WNMATH22\` finden Sie die Datei `INIT.M`. Dort ist der Wert von `$Path` eingetragen, und Sie können ihn entsprechend Ihren Wünschen ändern.

```
In[5]:=
$Path
Out[5]=
{., C:\MATHALT\packages\, C:\WNMATH22\,

 C:\WNMATH22\packages\,  C:\WNMATH22\packages\preload\}
```

Nach dieser Änderung werden auch alle Programme gefunden, die im Verzeichnis C:\MATHALT\packages\ stehen. Manchmal wird es Ihnen vielleicht ausreichen, als zweites Argument in der `Needs`-Anweisung den korrekten Dateinamen in Anführungszeichen einzugeben. Das funktioniert jedoch nur bei diesem Befehl, so daß wir Ihnen von einer solchen Vorgehensweise eher abraten.

Wenn Sie in einer Testphase Ihre Programme auf eine Diskette geschrieben haben, können Sie das aktuelle Arbeitsverzeichnis (welches das ist, erfahren Sie durch den Befehl `Directory[]`) umsetzen. Falls Sie in ein Unterverzeichnis des aktuellen Verzeichnisses verzweigen wollen, ist nur der Unterverzeichnisname anzugeben, anderenfalls der volle Name.

```
In[6]:=
SetDirectory["b:\\"]
Out[6]=
B:\
```

Danach können Sie Ihre Programme von der Diskette laden.

```
In[7]:=
Needs["Mechanik`Getriebe`"];
Schubkurbel[1,2,3]
Out[7]=
Schubkurbel::tech:
   Pleuelstange hat L"ange 2, mu"s aber l"anger
       als doppelter Kurbelradius 1 sein
```

Wenn Sie Ihr aktuelles Arbeitsverzeichnis wieder auf den alten Namen zurücksetzen wollen, geschieht dies am einfachsten durch

```
In[8]:=
ResetDirectory[]
```

Jedesmal, wenn Sie durch `SetDirectory` Ihr aktuelles Verzeichnis wechseln, merkt sich *Mathematica* den bisherigen Verzeichnisnamen. Genauer gesagt, wird ein Stapel mit sämtlichen bisherigen aktuellen Verzeichnissen verwaltet, den Sie sich durch `DirectoryStack[]` ausgeben lassen können, falls Sie die Orientierung verloren haben. Bei jedem Aufruf von `SetDirectory` wird dem Stapel ein neues Verzeichnis hinzugefügt, bei jedem Aufruf von `ResetDirectory` wird ein Verzeichnis entfernt.

## 2.8 Mustererkennung

Wir wollen in diesem Paragraphen die Frage klären, was es eigentlich mit den Unterstrichen auf sich hat, die bei der Definition von Funktionen/Programmen verwendet werden, und welche Möglichkeiten sich daraus ergeben. Wir definieren zunächst zwei Funktionen $f$ und $g$, wobei wir im einen Fall den Unterstrich schreiben, im anderen weglassen.

```
In[9]:=
f[x]:=x^2
g[x_]:=x^2
```

Wenn wir jetzt $f$ bzw. $g$ mit dem Argument $x$ aufrufen, ist kein Unterschied sichtbar, beide liefern als Ergebnis $x^2$

```
In[10]:=
f[x]
Out[10]=
 2
x

In[11]:=
g[x]
Out[11]=
 2
x
```

Rufen Sie die Funktionen dagegen mit einer konkreten Zahl als Argument auf, verhalten sie sich unterschiedlich: nur *g* liefert den gewünschten Wert 9 zurück.

```
In[12]:=
f[3]
Out[12]=
f[3]

In[13]:=
g[3]
Out[13]=
9
```

Wir haben also die Funktion *f* nur in einem einzigen Punkt definiert; dieser trägt den Namen *x*. Weder ein numerischer Wert kann die Stelle von *x* einnehmen noch ein anderer symbolischer Name, während dies bei *g* sehr wohl möglich ist..

```
In[14]:=
f[y]
Out[14]=
f[y]

In[15]:=
g[y]
Out[15]=
 2
y
```

Mit der Definition von *g* haben wir vereinbart, daß diese Funktion genau ein Argument hat, daß wir aus Bequemlichkeit mit dem Namen *x* bezeichnet haben, da wir sonst auf der rechten Seite des Gleichheitszeichens Schwierigkeiten hätten, zu erklären, daß das Argument quadriert werden soll. Einen Ausdruck der Form `x_` nennt man ein Muster, und *Mathematica* ist imstande, Muster erkennen zu können. Das heißt: bei einem Funktionsaufruf wie `g[3]` oder `g[y]` wird vergleichen, ob der Ausdruck `3` bzw. `y` auf das Muster paßt. Dies ist der Fall, da es sich jeweils um genau ein Argument handelt. Also kann die Definition angewandt werden. Wenn Sie als Argument eine Liste verwenden, sind Sie ebenfalls erfolgreich

```
In[16]:=
g[{x,y}]
Out[16]=
  2   2
{x , y }
```

weil eine Liste *ein* Objekt ist und Quadrieren zu den auf Listen anwendbaren Operationen gehört.
Wenn Sie dagegen versuchen, die Funktion mit zwei Argumenten aufrufen, so scheitern Sie genauso

```
In[17]:=
g[x,y]
Out[17]=
g[x, y]
```

wie beim Versuch, gar kein Argument zu verwenden.

```
In[18]:=
g[]
Out[18]=
g[]
```

```
In[19]:=
g
Out[19]=
g
```

Nun gibt es natürlich häufig Situationen, in denen genau dieser Wunsch besteht, auch einmal Muster verwenden zu können, bei denen nicht von vornherein klar ist, aus wievielen Daten sie bestehen. Daher besteht die Möglichkeit, anstelle eines Unterstrichs zwei oder auch drei zu setzen. Zwei Unterstriche stehen für eine beliebige Folge von ein oder mehreren Ausdrücken, drei Unterstriche für eine beliebige Folge, die also auch keine Ausdrücke enthalten darf. Am einfachsten sehen wir die Auswirkungen, wenn wir als Funktion einfach die Anzahl der eingegebenen Argumente wählen. Da nur von einer Liste die Anzahl der Einträge bestimmt werden kann

```
In[20]:=
g000[x_]:=Length[{x}];
g111[x__]:=Length[{x}];
g222[x___]:=Length[{x}];
```

Falls genau ein Argument mitgegeben wird, unterscheiden sich die Ergebnisse der drei Funktionen nicht.

```
In[21]:=
{g000[y],g000[{u,y}],g000[3]}
Out[21]=
{1, 1, 1}
```

```
In[22]:=
{g111[y],g111[{u,y}],g111[3]}
```

```
Out[22]=
{1, 1, 1}

In[23]:=
{g222[y],g222[{u,y}],g222[3]}
Out[23]=
{1, 1, 1}
```

Geben Sie dagegen zwei (oder meh) Argumente ein, so liefert `g000` kein Ergebnis mehr.

```
In[24]:=
{g000[u,y], g111[u,y], g222[u,y]}
Out[24]=
{g000[u, y], 2, 2}
```

Geben Sie gar kein Argument ein, so liefert nur noch `g222` das gewünschte Ergebnis.

```
In[25]:=
{g000[], g111[], g222[]}
Out[25]=
{g000[], g111[], 0}
```

Muster und ihre Erkennung gehören zu den mächtigsten Konstrukten, die Sie verwenden können, weil sie an fast allen Stellen einsetzbar sind.

Intern arbeitet *Mathematica* bei Vergleichen abstrakter Werte mit Mustern; dies ist z.B. der Grund, warum mathematisch gleiche Ausdrücke wie $x^2+2x+1$ und $(x+1)^2$ nicht als gleich erkannt werden (können). Allerdings werden bei Mustervergleichen aber einige mathematische Eigenschaften von Oprationen berücksichtigt, weswegen auch die Ausdrücke $x+y$ und $y+x$ als gleich erkannt werden.

Als Anwendungsbeispiel wollen wir zeigen, wie durch Musterprüfung ein Programmaufruf mit einer falschen Anzahl von Parametern abgefangen werden kann. Wir verwenden dazu die einfache Version der Schubkurbel. Das Problem besteht darin, außerhalb des eigentlichen Programms auf die Anzahl der eingegebenen Parameter zugreifen zu können. In der Funktion `g222` haben wir bereits angedeutet, wie man sich hier helfen kann. Wir schreiben einen eigenen Modul (natürlich mit dem Namen `Schubkurbel`), dessen Argument ein Muster mit drei Unterstrichen ist. Aktiviert werden soll dieser Modul nur dann, wenn das Programm `Schubkurbel` nicht mit drei Argumenten aufgerufen wird. Um eine solche Bedingung einzubauen, darf man sie direkt hinter das Muster schreiben. Damit sieht unser Paket nun so aus:

```
In[26]:=
BeginPackage["Getriebe`"]

Schubkurbel::usage = "Schubkurbel[Radius, L"ange, Anzahl]\n
   simuliert den Schubkurbeltrieb\n
   mit Kurbelradius Radius,\n
   Pleuelstangenl"ange L"ange,\n
   wobei Anzahl Bilder\n
   erzeugt werden."
```

```
Schubkurbel::num="Argumente m"ussen reelle Zahlen
sein"
Schubkurbel::neg="Argumente m"ussen positive Zahlen
sein"
Schubkurbel::tech="Pleuelstange hat L"ange `1`, mu"s aber l"anger
als doppelter Kurbelradius `2` sein"
Schubkurbel::argx="Schubkurbel mit `1` Argumenten aufgerufen;\n
 3 Argumente werden erwartet."


Begin["`Private`"]

Needs["Graphics`Animation`"]

Schubkurbel[R_, L_, Anzahl_]:=
Module[{K, P, t, Q, Line0P, LinePQ, Kurbel,
                Lagen, Graphik, j, Schrittweite},
Schrittweite=2 Pi/Anzahl;
K=Circle[{0,0},R];
P={R Cos[t], R Sin[t]};
Q={R Cos[t] + Sqrt[L^2-(R Sin[t])^2],0};
Line0P=Line[{{0,0},P}];
LinePQ=Line[{P,Q}];
Kurbel={K,Line0P,LinePQ,Point[{R+L,0}]};
Animate[Graphics[{PointSize[0.0001], Kurbel}],
     {t, 0, 2*Pi - Schrittweite, Schrittweite},
     AspectRatio -> Automatic]
                                           ]/; Head[N[R]] === Real &&
 Head[N[L]] === Real && Head[N[Anzahl]] === Real && Positive[N[R]]&&
Positive[N[L]] && Positive[N[Anzahl]] && N[L]>2N[R]

Schubkurbel[R_, L_, Anzahl_]:=
Module[{},If[!(Head[N[R]] === Real &&
                      Head[N[L]] === Real &&
                      Head[N[Anzahl]] === Real),
              Message[Schubkurbel::num]];

                  If[!(Positive[N[R]]&&
                      Positive[N[L]] && Positive[N[Anzahl]]),
              Message[Schubkurbel::neg]];

                  If[!(N[L]>2N[R]),
              Message[Schubkurbel::tech, L, R]];

         ]/; !(Head[N[R]] === Real &&
 Head[N[L]] === Real && Head[N[Anzahl]] === Real && Positive[N[R]]&&
Positive[N[L]] && Positive[N[Anzahl]] && N[L]>2N[R])

Schubkurbel[x___/;Length[{x}] != 3] := Module[{},
          Message[Schubkurbel::argx,Length[{x}]]]

SetAttributes[Schubkurbel ,ReadProtected];
Protect[Schubkurbel]
```

```
End[]
EndPackage[]
```

Wir speichern unser Paket und testen es:

```
In[27]:=
<<test12.m

In[28]:=
Schubkurbel[1,2]
Out[28]=
Schubkurbel::argx:
   Schubkurbel mit 2
     Argumenten aufgerufen;
      3 Argumente werden erwartet.

In[29]:=
Schubkurbel[]
Out[29]=
Schubkurbel::argx:
   Schubkurbel mit 0
     Argumenten aufgerufen;
      3 Argumente werden erwartet.

In[30]:=
Schubkurbel[1,2,3,4]
Out[30]=
Schubkurbel::argx:
   Schubkurbel mit 4
     Argumenten aufgerufen;
      3 Argumente werden erwartet.
```

Neben dieser einfachsten Anwendung von Mustern werden Sie im Laufe der Zeit viele Einsatzmöglichkeiten für das Arbeiten mit Mustern erkennen. Es gibt einen eigenen Programmierstil („deklarative Programmierung"), der mit dieser Technik arbeitet. Bevor Sie sich an solche Methoden heranwagen, sollten Sie allerdings einige Erfahrungen gesammelt haben.

Oft ist es wichtig, zu wissen, wie die Mustererkennung überhaupt stattfindet. Wie man sich hier mit einem Trick helfen kann, zeigt das folgende Beispiel. Die Funktion `Hhh` erhält den Wert `buuu`, falls die Bedingung `Print[x,y,z]` wahr ist. Nun handelt es sich aber um gar keine Bedingung, die Funktion kann keinen Wert erhalten; andererseits werden bei einem Funktionsaufruf alle Versuche, das Muster mit der Argumentliste in Übereinstimmung zu bringen, durch die `Print`-Anweisung protokolliert.

```
In[31]:=
Hhh[x__,y__,z__] := buuu /;Print[{x},{y},{z}]

In[32]:=
Hhh[1,2,3,4,5]
Out[32]=
{1}{2}{3, 4, 5}
```

```
{1}{2, 3}{4, 5}
{1, 2}{3}{4, 5}
{1}{2, 3, 4}{5}
{1, 2}{3, 4}{5}
{1, 2, 3}{4}{5}
Hhh[1, 2, 3, 4, 5]
```

# 3 Problemlösen

Es gibt leider kein allgemein gültiges Verfahren, wie man von einem Problem zu seiner Lösung kommt. Ziel dieses Kapitels soll es daher sein, anhand von Beispielen auf mögliche Fehlerquellen hinzuweisen und Ihre Wahrnehmung zu schärfen. Wir haben hier bewußt versucht, auch Irrwege zu behandeln, weil man nach unserer Überzeugung aus Fehlern weit mehr lernen kann als aus einem glatten Text, der die Lösung sofort präsentiert. Die mathematischen und/oder physikalischen Überlegungen, die wir hierbei anstellen, sollten Sie auf keinen Fall überspringen, sondern gründlich durchdenken.

## 3.1 Eine einfache Extremwertaufgabe

Einem geraden Kreiskegel der Höhe H und Grundkreisradius R soll ein gerader Kreiszylinder maximalen Volumens einbeschrieben werden. Es handelt sich um eine jener Extremwertaufgaben, die am Ende des 1. Semesters von jedem Studenten technischer Studiengänge prinzipiell gelöst werden können. Ihrem Gedächtnis oder einer Formelsammlung entnehmen Sie die Formel zur Volumenbestimmung eines Kreiszylinders mit Radius r und Höhe h

$$V = \pi \cdot r^2 \cdot h$$

Diese Funktion zweier Variablen r und h ist zu maximieren unter der Nebenbedingung, daß der Zylinder in dem vorgegebenen Kegel liegt. Die Nebenbedingung ergibt üblicherweise eine Beziehung zwischen den auftretenden Variablen, so daß die zu maximierende Funktion nur noch von einer Veränderlichen abhängt. Um diesen Zusammenhang zu finden, empfiehlt es sich meist, eine Skizze zu machen (Bild 3.1). Das Bild bringt uns sofort auf die Idee, daß sich h zu H so verhält wie r zu R, so daß der gesuchte Zusammenhang $h = \frac{r}{R} \cdot H$ lautet. Wir setzen ein und erhalten für das gesuchte Volumen

$$V(r) = \pi \cdot r^3 \cdot \frac{H}{R}$$

Diese Funktion hat die Ableitung

$$V'(r) = 3 \cdot \pi \cdot r^2 \cdot \frac{H}{R}$$

so daß der einzige Kandidat für ein Extremum der Zylinder mit Grundkreisradius 0 ist. Dieser hat jedoch das Volumen 0. Gibt es also vielleicht gar keinen Zylinder maximalen Volumens?

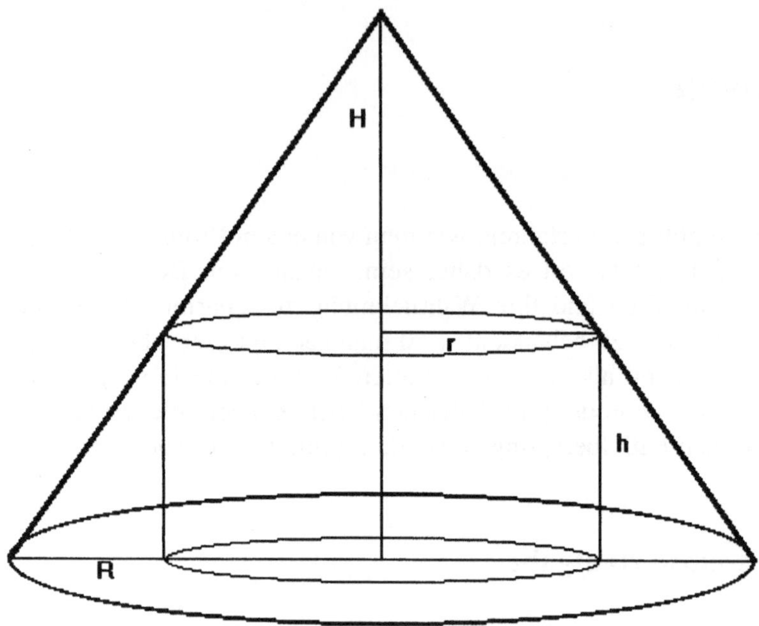


**Bild 3.1** Einem Kreiskegel einbeschriebener Zylinder

**Wenn das Ergebnis Ihrer Rechnung den Eindruck erweckt, daß es gar keine Lösung gibt, müssen Sie unbedingt klären, ob dies zutrifft oder ob das Problem in irgendeiner Weise vielleicht falsch gestellt ist. Erst wenn Sie sich Gewißheit verschafft haben, daß es eine Lösung geben muß, macht es Sinn, den Fehler in Ihrer Rechnung zu suchen.**

Das Volumen ist proportional zu $r^2$ und $h$, hängt also differenzierbar vom Radius ab, und dieser kann nur zwischen 0 und $R$ variieren, da der Zylinder im Kegel liegen soll. Also gilt, unabhängig davon, ob der von uns gefundene Zusammenhang zwischen $r$ und $h$ richtig ist, auf jeden Fall, wenn wir das Volumen als Funktion des Radius' auffassen:

$$V(0) = 0$$

$$V(R) = 0$$

$$V(r) \geq 0 \text{ für alle } r \in [0, R]$$

Wenn also $h$ eine differenzierbare Funktion von $r$ ist, so muß (nach dem Mittelwertsatz) $V(r)$ im offenen Intervall $(0, R)$ ein Maximum besitzen im Gegensatz zu unserem Ergebnis. Ist aber $h$ keine differenzierbare Funktion von $r$, so muß der von uns gefundene Zusammenhang $h = r \cdot \frac{H}{R}$ zwischen diesen Größen ebenfalls falsch sein, da er differenzierbar ist. Damit ist nun eindeutig klar, daß wir einen Fehler gemacht haben. Um ihn zu finden, ist es günstig, eine neue Skizze 3.2 zu fertigen, bei der ein anderer Kreiszylinder eingezeichnet ist. Mit bloßem Auge sehen Sie, daß $h$ ungefähr $\frac{2}{3}$ der Länge von $H$ hat, während der Radius des Zylinders nur etwa $\frac{1}{3}$ des Kegelradius beträgt.

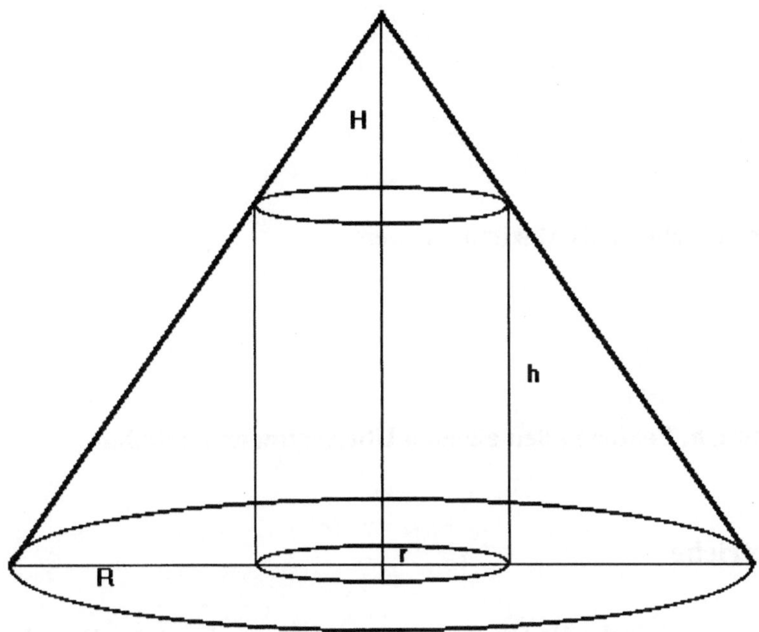


**Bild 3.2** Einem Kreiskegel einbeschriebener Zylinder

**Die erste Skizze hat uns dazu verleitet, nicht genau hinzuschauen und den Strahlensatz falsch anzuwenden.**

Korrekt muß es heißen

$$\frac{r}{R} = \frac{H-h}{H}$$

da in jedem Fall ab dem Schnittpunkt der beiden Strahlen zu messen ist. Hieraus ergibt sich für $h$ in Abhängigkeit von $r$

```
In[1]:=
Solve[r/R==(H-h)/H,h]
Out[1]=
            H (r - R)
{{h -> -(---------)}}
                R
```

und daher durch Einsetzen das Volumen als Funktion von $r$

```
In[2]:=
V=Pi r^2 h /.Flatten[%]
Out[2]=
          2
  H Pi r  (r - R)
-(---------------)
         R
```

Sie finden nun ohne Schwierigkeiten die Kandidaten für das gesuchte Maximum

```
In[3]:=
Solve[D[V,r]==0,r]
Out[3]=
                        2 R
{{r -> 0}, {r -> ---}}
                         3
```

von denen sich der zweite tatsächlich als Maximum erweist.

```
In[4]:=
D[V,{r,2}] /. %[[2]]
Out[4]=
-2 H Pi
```

**Es ist nicht immer so einfach, Fehler in den eigenen Überlegungen zu finden.**

## 3.2 Das Webladengetriebe

Als Ingenieur werden Sie häufig bestehende Objekte variieren müssen. Um teure Einzelanfertigungen einzusparen, geht man zunehmend dazu über, am Rechner eine Simulation zu entwerfen, bei der dann der Einfluß bestimmter Parameter studiert werden kann. Eine solche Simulation wird häufig das Erstellen einer Animation enthalten. Deswegen haben wir das folgende Beispiel eines einfachen Webladens ausgewählt, an dem wir oft auftretende Fehler demonstrieren können. Wir wollen die vom obersten Punkt beschriebene Kurve in Abhängigkeit von der Drehung der Kurbel berechnen und zeichnen lassen. Hierbei sollen die auftretenden Dreh- und Trägheitsmomente vernachlässigt werden, d. h. wir interessieren uns nur für die Kinematik dieses Getriebebauteils. Anstelle der Winkelgeschwindigkeit wählen wir der Einfachheit halber den Drehwinkel $t$ als Parameter, da wir später natürlich auch $t$ als Funktion der Zeit angeben könnten. Wenn Sie vor einem solchen Problem stehen, ist es empfehlenswert, zunächst einmal wie in Bild

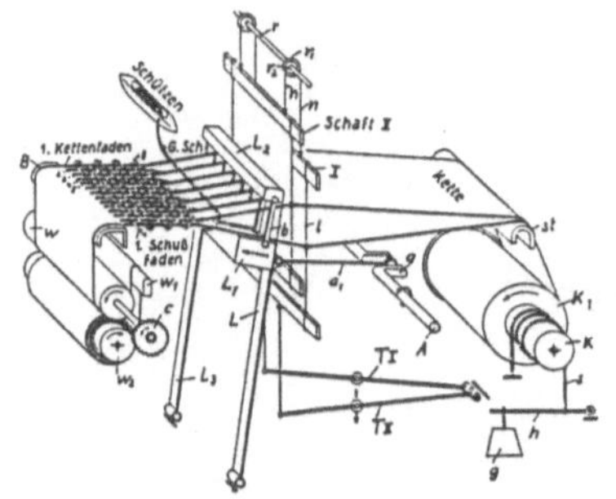


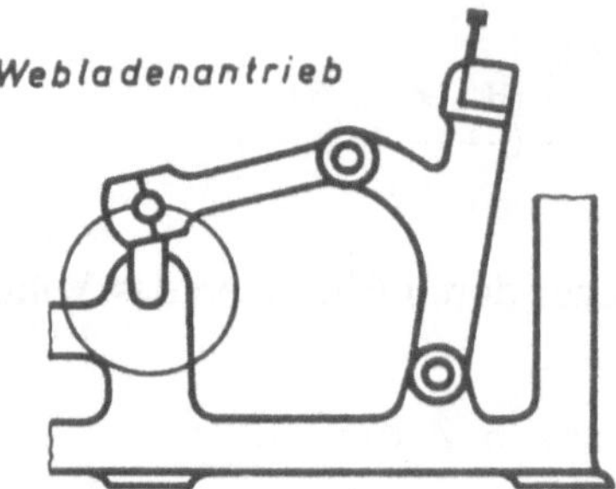


**Bild 3.3** Webladengetriebe: (a) vollständiges Modell nach H. Repenning [7], (b) auf Kurbelschwinge reduziertes Modell nach L. Hagedorn [8]

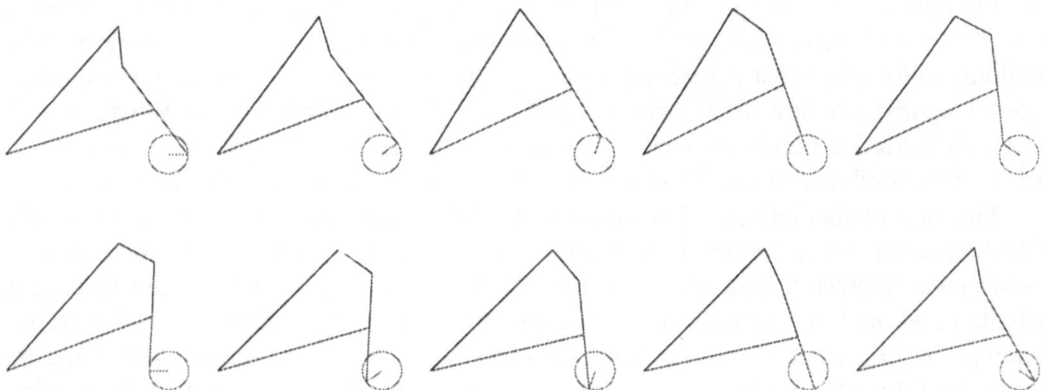

**Bild 3.4** Webladengetriebemodell in verschiedenen Stellungen

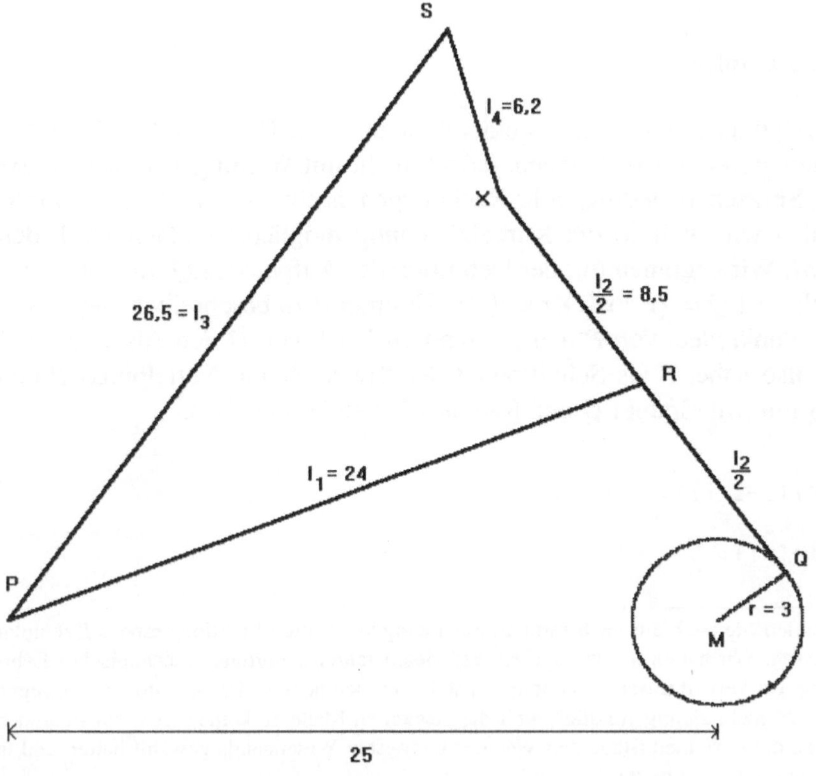


**Bild 3.5** Vollständig beschriftetes Webladenmodell

3.5 eine möglichst große Skizze eines funktionierenden Exemplars zu fertigen[1], in der Sie alle auftretenden Winkel eintragen (insbesondere also auch mit Namen versehen), alle relevanten Punkte benennen[2] und alle bekannten Größen einzeichnen. Die gewählte Stellung sollte möglichst keinen irgendwie gearteten Sonderfall beschreiben, wie etwa einen Totpunkt (in dem die Geschwindigkeit ihre Richtung ändert) oder Winkel von $\frac{\pi}{4}$ o.dgl. Falls Sie im Laufe Ihrer Überlegungen feststellen, daß die gewählte Lage Ihnen bei der Beschreibung Schwierigkeiten bereitet, sollten Sie eine neue Skizze zeichnen.

Für eine mathematische Beschreibung benötigen Sie nun ein Koordinatensystem; natürlich haben Sie schon im 1. Semester gelernt, daß alle Koordinatensysteme gleichwertig sind. Trotzdem kann eine günstige Wahl dazu beitragen, daß Sie die Übersicht behalten und die Rechnungen nicht zu aufwendig werden. Es ist sinnvoll, als Koordinatenursprung einen der Fixpunkte Ihres Objektes zu wählen[3], Sie werden allerdings im Laufe der folgenden beiden Abschnitte sehen, daß trotz allem noch, je nach Wahl, eine Lösung leichter oder schwieriger zu finden ist. Dies hängt damit zusammen, daß diese Wahl bereits unsere Gedanken zur Lösung mit beeinflußt. Wie die Lage des Koordinatensystems im Verhältnis zur Zeichnung zu wählen ist, wird vom Einzelfall abhängen. In unserem Fall ist es wohl am einfachsten, die $x$-Achse parallel zum Erdboden (vgl. Bild3.3(b) zu legen.

### 3.2.1 Vergebliche Bemühungen

Die folgenden Überlegungen stammen aus einer studentischen Hausarbeit und wurden von uns mit Kommentaren und Erklärungen, jedoch nicht mit Wertungen versehen. Sie sollten anhand der Skizzen unbedingt alle Rechnungen nachvollziehen! Als Koordinatenursprung wählen wir, weil so die Kurbelgleichung möglichst einfach wird, den Kurbelmittelpunkt $M$. Wir beginnen mit der Definition des Aufpunktes $Q$. In Abhängigkeit des Drehwinkels $t$ ist $Q = \{r\cos(t), r\sin(t)\}$. Um nun $R$ zu beschreiben, sehen wir im Bild, daß dieser Punkt stets von $P$ den Abstand 24 [LE], von $Q$ den Abstand $17/2$ [LE] hat[4]. Es liegt also nahe, $R$ als Schnittpunkt der Kreise $K_1$ mit Mittelpunkt $P$ und Radius 24 sowie $K_2$ mit Mittelpunkt $Q$ und Radius $17/2$ zu beschreiben.

```
In[1]:=
r=3;xp=-25;l1=24;l2=17;l3=26.5;l4=6.2;

Q={r Cos[t],r Sin[t]};
```

[1] Schlimmstenfalls können Sie auch ein nach Ihrer Einschätzung vermutlich funktionierendes Exemplar zeichnen und vermessen. Wir hatten als Vorlage ein vor vielen Jahren gefertigtes mechanisches Lehrmodell zur Verfügung. Im Verlauf unserer Rechnungen stellte es sich heraus, daß das Modell deswegen verbogen war und nicht mehr richtig rundlief, weil die gewählten Maße zu keinem real existierenden Modell paßten, so daß die einzelnen Stäbe den Weg des geringsten Widerstands gewählt hatten und in die dritte Dimension ausgewichen waren.

[2] Fixpunkte, in denen das Objekt fest mit anderen Teilen verbunden ist, Gelenke, Endpunkte von Strecken etc.

[3] Dies kann also auch einer der Totpunkte sein.

[4] Im folgenden werden wir die Einheiten weglassen, da sie sich aus dem Zusammenhang ergeben.

```
Rhilf=Solve[(x-xp)^2+y^2==l1^2&&
           (x-Q[[1]])^2+(y-Q[[2]])^2==(l2/2)^2,{x,y}];
```

Wir haben die Lösung hier nicht ausgeben lassen - sie füllt einige Bildschirmseiten. Damit Sie sehen, auf welches Problem wir stoßen, lassen wir sie für einen speziellen Winkel, nämlich $t = \pi/6$, einmal ausgeben.

```
In[2]:=
N[Rhilf/.t->Pi/4]
Out[2]=
{{y -> -5.50163, x -> -1.63909},

 {y -> 9.06689, x -> -2.77858}}
```

Auf die Idee, daß wir zwei Lösungen für $R$ erhalten, hätten wir natürlich auch schon vorher kommen können. Schließlich muß es stets wenigstens 1 Lösung geben, da unser Modell real existiert; genau eine Lösung aber gäbe es nur dann, wenn sich die beiden Kreise berührten, der Abstand von $Q$ zum Punkt $P$ gerade 32.5 betrüge. Der Abstand dieser beiden Punkte variiert jedoch zwischen 22 und 33.5, so daß es fast immer zwei potentielle Stellungen für $R$ geben muß. Wir müssen uns also entscheiden, welche der beiden Lösungen die richtige ist. Ein Blick auf die Skizze (oder auch auf Bild 3.4) zeigt, daß es die Lösung mit positiver $y$-Koordinate sein muß. Wir entscheiden uns also für die 2. Lösung

```
In[3]:=
R={x,y}/.Rhilf[[2]];
```

Auch hier lassen wir die Ausgabe weg; damit Sie sich von der Richtigkeit unserer Auswahl überzeugen können, lassen wir $R$ für den Winkel $\pi/4$ ausgeben

```
In[4]:=
N[R/t->Pi/4]
Out[4]=
 {-2.77858, 9.06689}
```

Nun bestimmen wir $X$. Dieser Punkt liegt auf der Geraden durch $Q$ und $R$ im Abstand 8.5 von $R$; also berechnen wir zunächst die Gerade durch die beiden Punkte

```
In[5]:=
g1={x,y}==Q+s(R-Q);
```

den Kreis um $R$ mit Radius 8.5

```
In[6]:=
K3=(x-R[[1]])^2+(y-R[[2]])^2==8.5^2;
```

und bringen die beiden zum Schnitt. Wahrscheinlich werden Sie ziemlich lange auf das Ende der Rechnung warten müssen, selbst wenn Sie, wie wir hier, die Ausgabe des Ergebnisses unterdrücken; in $R$ stecken die allgemeinen Koordinaten des Kurbelpunktes $Q$, was die Rechnung sehr langsam macht. Unser Rechner jedenfalls, ein mit 133 MHz getakteter Pentium, der über 32 RAM Hauptspeicher verfügt, ließ sich auch nach einer Stunde noch keine Antwort entlocken. In einer solchen Situation liegt es nahe, einen anderen Weg zur Berechnung zu suchen.

Vielleicht erinnern Sie sich noch an das, was Sie über Geraden und Vektoren gelernt haben. Setzen wir in die Geradengleichung nämlich für $s$ den Wert 1 ein, so erhalten wir $R$, setzen wir den Wert 2 ein, so ergibt sich $X$ ganz schnell und mühelos.

```
In[7]:=
X=Q+2(R-Q);
```

Vorsichtshalber lassen wir uns den konkreten Punkt, der sich für den Winkel $\pi/4$ ergibt, berechnen:

```
In[8]:=
N[X/.t->Pi/4]
Out[8]=
{-7.67848, 16.0125}
```

Um nun also den Punkt $S$ zu berechnen, müssen wir den Kreis um P vom Radius 26.5 mit dem Kreis um X vom Radius 6.2 schneiden. Mit dieser Definition haben wir aber dasselbe Problem wie eben, nur das sich eine andere Berechnungsmethode jetzt nicht so einfach anbietet. Wenn wir aber bedenken, daß wir eigentlich eine Animation erstellen wollen, d. h. nur für einige Werte von $t$ die Lage der Hilfspunkte benötigen, so bietet es sich an, bereits jetzt zu beschließen, für welche Werte von $t$ der Webladen berechnet werden soll und einfach unter Verzicht auf die allgemeine Lösung eine Tabelle dieser speziellen Lösungen anfertigen zu lassen.

```
In[9]:=
Werte=Timing[Table[Solve[{N[(x-X[[1]])^2+
     (y-X[[2]])^2==14^2 /.t->2Pi/10 i],
     N[(x-xp)^2+y^2==13^2/.t->2Pi/10 i]},{x,y}],
        {i,0,10}]]
Out[9]=
Infinity::indet:
   Indeterminate expression
    0 ComplexInfinity
    ----------------- encountered.
          24
Solve::svars:
   Warning: Equations may not give
     solutions for all "solve"
     variables.
Infinity::indet:
   Indeterminate expression
    0 ComplexInfinity
    ----------------- encountered.
          24
Solve::svars:
   Warning: Equations may not give
     solutions for all "solve"
     variables.
Infinity::indet:
   Indeterminate expression
    0 ComplexInfinity
    ----------------- encountered.
          24
```

```
General::stop:
   Further output of Infinity::indet
     will be suppressed during this
     calculation.
Solve::svars:
   Warning: Equations may not give
     solutions for all "solve"
     variables.
General::stop:
   Further output of Solve::svars
     will be suppressed during this
     calculation.
                                                      2
{15. Second, {{{y -> -0.5 Sqrt[309. - 200. x - 4. x ]},
                                               2
    {y ->       0.5 Sqrt[309. - 200. x - 4. x ]}},

  {{y -> 13.0339, x -> -1.92688},    {y -> 21.4151, x -> -9.39087}},

  {{y -> 13.9775, x -> -2.48604},    {y -> 22.6099, x -> -11.1783}},

  {{y -> 14.0626, x -> -2.53908},    {y -> 22.68, x -> -11.2935}},

  {{y -> 12.9125, x -> -1.85875},    {y -> 21.5805, x -> -9.62035}},

  {{y ->

                                      2
     -0.5 Sqrt[309. - 200. x - 4. x ]},

   {y ->

                                     2
     0.5 Sqrt[309. - 200. x - 4. x ]}},

  {{y -> -21.5805, x -> -9.62035},    {y -> -12.9125, x ->
-1.85875}},

  {{y -> -22.68, x -> -11.2935},    {y -> -14.0626, x -> -2.53908}},

  {{y -> -22.6099, x -> -11.1783},    {y -> -13.9775, x -> -2.48604}},

  {{y -> -21.4151, x -> -9.39087},    {y -> -13.0339, x -> -1.92688}},

  {{y ->

                                      2
     -0.5 Sqrt[309. - 200. x - 4. x ]},

   {y ->

                                     2
     0.5 Sqrt[309. - 200. x - 4. x ]}}}}
```

Die Rechenzeit sinkt durch diese Vorgehensweise drastisch; daß es jeweils zwei Lösungen gibt, von denen wir uns eine aussuchen müssen, war uns vorher schon klar. Woher aber kommen die Fehlermeldungen, die den Bildschirm überfluten? Wenn Sie sich die ausgegebenen Werte näher ansehen, stellen Sie fest, daß für $t \in \{0,\pi,2\pi\}$ keine Lösung gefunden wurde. Wir müssen also als erstes feststellen, woran dies liegt. Dazu greifen wir uns den Wert $t = 0$ aus dieser Ausnahmemenge heraus und arbeiten uns Schritt für Schritt in unserer Rechnung zurück, um festzustellen, wo der Fehler auftritt. Wir lassen zunächst noch einmal das Gleichungssystem für $t = 0$ einzeln lösen.

```
In[10]:=
Solve[{N[(x-X[[1]])^2+
     (y-X[[2]])^2==l4^2 /.t->2Pi/10 0],
     N[(x-xp)^2+y^2==l3^2/.t->2Pi/10 0]},{x,y}]
Out[10]=
Infinity::indet:
                                  0 ComplexInfinity
   Indeterminate expression -----------------
                                          24
     encountered.
Solve::svars:
   Warning: Equations may not give solutions for all
     "solve" variables.
```

An der Fehlermeldungsflut ändert sich nichts – vielleicht hat das Gleichungssystem für $t = 0$ gar keine Lösung? Um dies zu überprüfen, lassen wir uns die numerische Fassung des Kreises um $X$ ausgeben:

```
In[11]:=
N[(x-X[[1]])^2+
     (y-X[[2]])^2==l4^2 /.t->2Pi/10 0]
Out[11]=
Infinity::indet:
                                  0 ComplexInfinity
   Indeterminate expression -----------------
                                          24
     encountered.
Indeterminate == 38.44
```

Hier war eigentlich nichts zu berechnen – trotzdem erscheint die merkwürdige Fehlermeldung, daß ein unbestimmter Ausdruck auftritt. Da es sich bei $l4$ um eine Konstante handelt, kann das Problem nur bei $x,y$ oder $X$ liegen. Wir lassen uns diese daher der Reihe nach ausgeben.

```
In[12]:=
x
Out[12]=
x

In[13]:=
y
```

```
Out[13]=
y

In[14]:=
X[[1]]/.t->0
Out[14]=
  785
-(---)
  112

In[15]:=
X[[2]]/.t->0
Out[15]=
Infinity::indet:
                                   0 ComplexInfinity
   Indeterminate expression -----------------
                                          24
     encountered.
Indeterminate
```

Damit ist der Übeltäter lokalisiert. Tritt das Problem schon früher auf?

```
In[16]:=
N[Rhilf/.t->0]
Out[16]=
Infinity::indet:
                                   0 ComplexInfinity
   Indeterminate expression -----------------
                                          24
     encountered.
Infinity::indet:
                                   0 ComplexInfinity
   Indeterminate expression -----------------
                                          24
     encountered.
{{y -> Indeterminate, x -> -2.00446},

 {y -> Indeterminate, x -> -2.00446}}
```

$R_{\text{hilf}}$ ist als Schnittpunkt zweier Kreise definiert, so daß es ein naheliegender Gedanke ist, daß es für $t = 0$ vielleicht gar keinen Schnittpunkt gibt. Dies kann aber nicht eingetreten sein: für $t = 0$ haben die beiden Kreismittelpunkte den Abstand 28, die Radiensumme beträgt aber 32.5. Wir lassen daher konkret die Schnittpunkte ermitteln:

```
In[17]:=
Solve[(x-xp)^2+y^2==11^2&&(x-3)^2+y^2==(12/2)^2,{x,y}]
Out[17]=
       -165 Sqrt[87]         449
{{y -> -------------, x -> -(---)},
           224               224

       165 Sqrt[87]         449
 {y -> ------------, x -> -(---)}}
          224               224
```

Es gibt also eine konkrete Lösung bei direkter Rechnung, jedoch eine Fehlermeldung, wenn in die allgemeine Lösung der Wert $t = 0$ eingesetzt wird. Um dies zu verstehen, lassen wir uns eine Kurzfassung von $R_{\text{hilf}}$ ausgeben:

```
In[18]:=
Rhilf2=Short[Rhilf,2]

Out[18]=
       Csc[t] (-485 + <<11>>)
{{y -> ----------------------,
                24

        -194000 + <<5>> + Sqrt[<<1>>]
  x -> -------------------------------}, <<1>>}
                                    2
       2 (40000 + <<2>> + 576 Sin[t] )
```

Sie sehen, daß für die Berechnung von $y$ hier der Cosecans verwendet wird. Diese Funktion haben Sie vielleicht noch nicht oft verwendet, es handelt sich um den Kehrwert der Sinusfunktion. Nun ist aber $\sin 0 = 0$, und die Fehlermeldung ist erklärt. Daß es in Wahrheit doch eine Lösung gibt, spiegelt sich darin wieder, daß für $t \to \infty$ der Grenzwert von $y$ existiert und gleich dem Wert der von uns konkret ermittelten Lösung ist:

```
In[19]:=
Limit[y/.Rhilf[[1]],t->0]
Out[19]=
-165 Sqrt[87]
-------------
     224
```

Dies ist eine absolut unbefriedigende Situation: Nicht nur, daß wir jeweils noch den richtigen der beiden Schnittpunkte herausfinden müssen, nein, an wenigstens zwei Stellen ist die Lösung nur über den Umweg `Limit` korrekt bestimmbar. Ein solches Verfahren aber ist völlig unbrauchbar für eine automatisierte Simulation, wie wir sie nach der Entwicklung des Prototyps anstreben.

Wir suchen also einen völlig neuen Ansatz. Wenn wir nicht mit sich schneidenden Kreisen arbeiten wollen, bleibt uns nur die Möglichkeit, die auftretenden Winkel zu verwenden. Wir ergänzen also unsere ursprüngliche Skizze ein wenig (Bild 3.6): Nach dem Kosinussatz beträgt die Länge der Strecke $\overline{PQ}$ gerade

$$\overline{PQ} = \sqrt{x_p^2 + r^2 + 2x_p r \cos(\pi - t)}$$

Damit läßt sich der Winkel $\angle$ MQP nach dem Sinussatz berechnen

$$\sin \varepsilon_1 = |\, x_p \,| \quad \frac{\sin(\pi - t)}{\overline{PQ}}$$

Da im Dreieck $\triangle PQR$ alle Seiten bekannt sind, läßt sich der Winkel $\angle PQR$ durch den Kosinussatz berechnen:

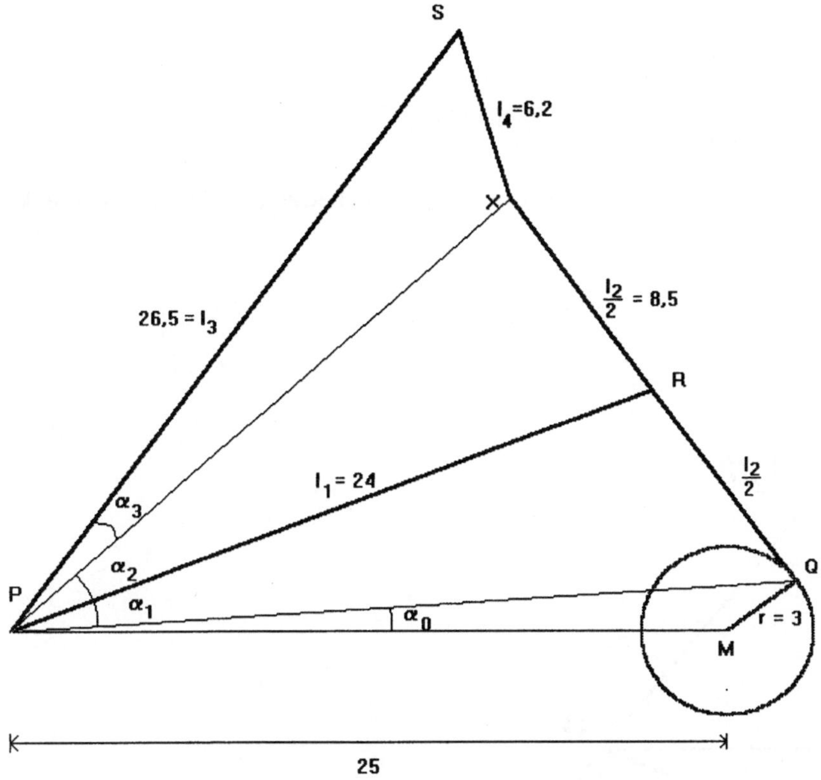


**Bild 3.6** Ergänztes Webladenmodell

$$l_1^2 = \overline{PQ}^2 + \frac{l_2}{2}^2 - 2\overline{PQ} \quad \frac{l_2}{2} \quad \cos(\varepsilon_2)$$

oder aufgelöst:

$$\cos(\varepsilon_2) = \frac{\overline{PQ}^2 + \frac{l_2}{2}^2 - l_1^2}{\overline{PQ} \quad l_2}$$

Damit kennen wir den Winkel $\angle MQR = \varepsilon_1 + \varepsilon_2$, also auch den Winkel

$$\angle MQT = \pi - MQR = \pi - (\varepsilon_1 + \varepsilon_2)$$

und damit den dritten Winkel im Dreieck $\triangle PQT$, nämlich

$$\angle PTQ = \pi - MQT - t = \pi - (\pi - (\varepsilon_1 + \varepsilon_2)) - t = \varepsilon_1 + \varepsilon_2 - t$$

Damit ist der Steigungswinkel der Geraden durch $Q, R$ und $X$ gerade

$$\angle\omega = \pi - PTQ = \pi - (\varepsilon_1 + \varepsilon_2 - t)$$

und unsere ersten *Mathematica*-Befehle lauten

```
In[20]:=
PQ=N[Sqrt[xp^2+R^2+2xp R Cos[Pi-t]]];
eps1=N[ArcSin[Abs[xp] Sin[Pi-t]/PQ]];
eps2=N[ArcCos[(l2^2/4+PQ^2-l1^2)/(l2 PQ)]];
omega=N[Pi-(-t+eps1+eps2)];
```

Nun wollen wir die Koordinaten von $R$ bestimmen. Dazu betrachten wir das Dreieck $\triangle RQR_{\text{hilf}}$

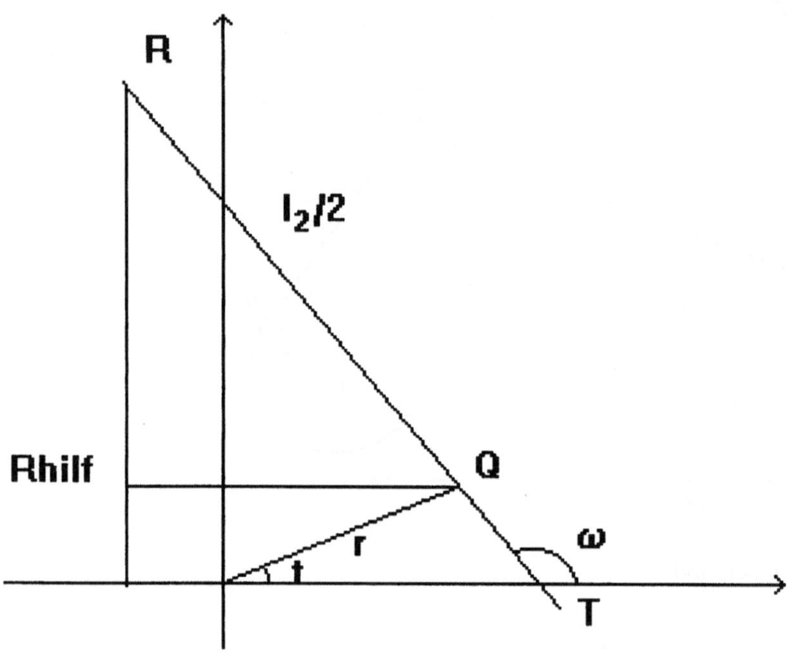


**Bild 3.7** Teilansicht des Webladens

Bezeichnen wir zur Abkürzung die Strecke $\overline{R_{\text{hilf}}Q}$ mit $x_1$ und die Strecke $\overline{RR_{\text{hilf}}}$ mit $y_1$, so gilt wegen $\tan(\pi-\omega)=\tan(\omega)=\frac{y_1}{x_1}$ oder $y_1=x_1\tan(\omega)$ nach Pythagoras

$$x_1^2+x_1^2\tan^2(\omega)=\left(\frac{l_2}{2}\right)^2$$

und damit erhalten wir die Koordinaten von R als $x_R=r\cos(t)-x_1$, $y_R=r\sin(t)+y_1$ Wir lassen also zunächst $x_R$ berechnen.

```
In[21]:=
loes1=Solve[(xR-R Cos[t])^2 (1+Tan[omega]^2) ==
            (l2/2)^2,xR];
```

Da diese quadratische Gleichung zwei Lösungen hat, erhalten diese verschiedene Namen:

```
In[22]:=
koordx1=xR/.loes1[[1]];
koordx2=xR/.loes1[[2]];
```

Die $y$-Koordinate von R erhalten wir durch Einsetzen dieser Lösungen in die Gleichung für $y_R$:

```
In[23]:=
koordy1=N[Tan[winkel] (xR-r Cos[t])+r Sin[t]] /.loes1[[1]];
koordy2=N[Tan[winkel] (xR-r Cos[t])+r Sin[t]] /.loes1[[2]];
R1={koordx1,koordy1};
R2={koordx2,koordy2};
```

Welchen Wert sollen wir nun wählen? Eine Möglichkeit besteht darin, dies durch theoretische Überlegungen herauszufinden. Das ist bereits in diesem einfachen Fall gar nicht so leicht, weswegen wir Ihnen die zweite Möglichkeit ans Herz legen wollen: Versuchen Sie, den bisher berechneten Teil des Modells zu animieren, da Sie so am besten sehen, welche Lösung zu wählen ist.

```
In[24]:=
Needs["Graphics`Animation`"]
Animate[Graphics[{Point[{12,12}],Point[{12,-12}],
             Line[{{0,0},{r Cos[t], r Sin[t]}}],
 GrayLevel[0.3], Line[{{r Cos[t], r Sin[t]}, R1,
                       {xp,0}}],
 GrayLevel[0.7], Line[{{r Cos[t], r Sin[t]}, R2,
                       {xp,0}}]}],

{t,0,2Pi-2Pi/10,2Pi/10},AspectRatio->Automatic]
```

Wenn Sie sich das Ergebnis am Bildschirm oder auch in Bild 3.8 genau betrachten, so stellen Sie fest, daß in den ersten vier Bildern offenbar immer die Lösung zu wählen ist, bei der die $x$-Koordinate kleiner ist. Spätestens jedoch, wenn Sie sich das 5. Bild ansehen, so stellen Sie fest, daß trotz allem hier etwas nicht stimmt.

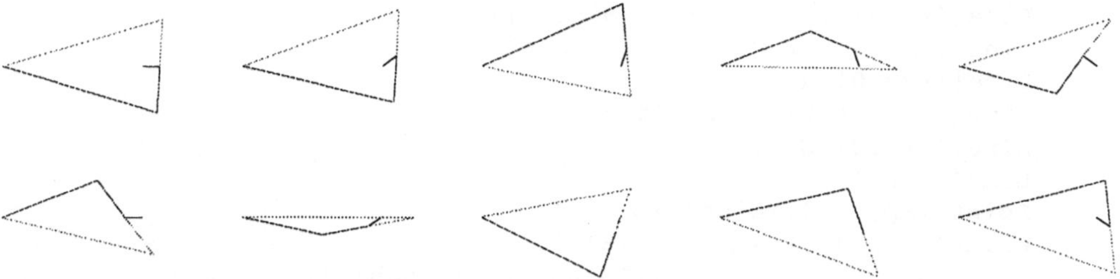

**Bild 3.8** Zur Bestimmung von $R$

Unsere Studenten haben es noch mit zahlreichen Fallunterscheidungen versucht, kamen jedoch zu keinem vollständig funktionierenden Modell. Am Ende war ihre Simulation so unübersichtlich, daß eine Fehlersuche fast unmöglich war. Falls Sie versuchen wollen, den Fehler zu finden - hier ist die fehlerhafte Simulation:

```
In[25]:=
i=1;t=Pi/4;Do[PQ=N[Sqrt[xp^2+r^2+2xp r Cos[Pi-t]]];
eps1=N[ArcSin[Abs[xp] Sin[Pi-t]/PQ]];
eps2=N[ArcCos[(l2^2/4+PQ^2-l1^2)/(l2 PQ)]];
```

```
omega=N[Pi-(-t+eps1+eps2)];
loes1=Solve[(xR-r Cos[t])^2 (1+Tan[omega]^2) ==
            (l2/2)^2,xR];
koordx1=xR/.loes1[[1]];
koordx2=xR/.loes1[[2]];
koordy1=N[Tan[omega] (xR-r Cos[t])+r Sin[t]]  /.loes1[[1]];
koordy2=N[Tan[omega] (xR-r Cos[t])+r Sin[t]] /.loes1[[2]];
If[N[koordx1]<N[koordx2],
   R={koordx1,koordy1},
   R={koordx2,koordy2}];
loes2=Solve[(x-r Cos[t])^2 (1+Tan[winkel]^2) ==l2^2,x];
koordy1=Tan[winkel] x+r(Sin[t]-Tan[winkel] Cos[t])/.loes2[[1]];
koordy2=Tan[winkel] x+r(Sin[t]-Tan[winkel] Cos[t])/.loes2[[2]];
If[N[koordy1]>N[koordy2],
   X={x,N[Tan[winkel] x+r(Sin[t]-Tan[winkel] Cos[t])]}/.loes2[[1]],
   X={x,N[Tan[winkel] x+r(Sin[t]-Tan[winkel] Cos[t])]}/.loes2[[2]]];
PX=Sqrt[(xp-X[[1]])^2+X[[2]]^2];
winkelPXR=ArcCos[(PX^2+l2^2/4-l1^2)/(PX l2)];
WinkelPXS=ArcCos[(PX^2+l4^2-l3^2)/(2PX l4)];
psi=2Pi-winkelPXR-WinkelPXS;
Steigung=Tan[psi-Pi+omega];
b=X[[2]]-Steigung X[[1]];
loes3=Solve[(x-X[[1]])^2 +
            (Steigung x +b -X[[2]])^2==l4^2,x];
koordx1=x/.loes3[[1]];
koordx2=x/.loes3[[2]];
koordy1=Steigung x +b /.loes3[[1]];
koordy2=Steigung x +b /.loes3[[2]];
If[N[koordx1]<N[koordx2],
   S={x,N[Steigung x +b]} /.loes3[[1]],
   S={x,N[Steigung x +b]} /.loes3[[2]]];
bild1[i]={Circle[{0,0},R],Line[{{0,0},{xp,0}}],
         Line[{{0,0},{r Cos[t], r Sin[t]}}],
         Line[{{xp,0},{r Cos[t], r Sin[t]}}],
         Line[{{xp,0},R}],
         Line[{{r Cos[t], r Sin[t]},X}],
         Line[{{xp,0},S}],
         Line[{S,X}],
         Point[{xp,l3}],Point[{xp,-l3}],
         Point[{r,l3}],Point[{r,-l3}]};
              i=i+1,{t,0,2Pi-2Pi/Anzahl,2Pi/Anzahl}];
Animate[Graphics[bild1[[i]],
                AspectRatio->Automatic],
               {i,1,Anzahl}]
```

Wir wollen versuchen, eine Lösung zu finden, die einfach und übersichtlich ist, also nicht schon von vornherein Auswahlmöglichkeiten enthält. Deswegen variieren wir unsere Skizze ein wenig, indem wir alle sich ergebenden Dreiecke, die P als einen Eckpunkt haben, einzeichnen. Im folgenden werden wir konsequent den Kosinussatz verwenden:

$$c^2 = a^2 + b^2 - 2ab\cos(\gamma)$$

wobei $\gamma$ der der Seite $c$ gegenüberliegende Winkel ist, und zwar entweder zur Berechnung von $c$, wenn $\gamma$ bekannt ist, also

$$c = \sqrt{a^2 + b^2 - 2ab\cos(\gamma)}$$

oder zur Berechnung des Winkels $\gamma$, wenn alle drei Seiten bekannt sind:

$$\cos(\gamma) = \frac{a^2 + b^2 - c^2}{2ab}$$

Als erstes berechnen wir die Strecke

$$\overline{PQ} = \sqrt{x_p^2 + r^2 + 2x_p r\cos(\pi - t)}$$

Der Winkel $\alpha_0$ ergibt sich aus

$$\cos(\alpha_0) = \frac{\overline{PQ}^2 + x_p^2 - r^2}{2\overline{PQ}x_p}$$

und analog für $\alpha_1$

$$\cos(\alpha_1) = \frac{l_1^2 + \overline{PQ}^2 - (l_2/2)^2}{2l_1\overline{PQ}}$$

Der Punkt $R$ hat von $P$ den Abstand $l_1$ und bildet mit der $x$-Achse den Winkel $\alpha_0 + \alpha_1$, so daß gilt:

$$R = \{x_p + l_1\cos(\alpha_0 + \alpha_1), l_1\sin(\alpha_0 + \alpha_1)\}$$

Als nächstes bestimmen wir $X$: Dieser Punkt liegt auf der Geraden durch $Q = \{r\cos(t), r\sin(t)\}$ und hat von $R$ denselben Abstand wie $R$ von $Q$. Setzen wir in der parametrisierten Geradengleichung also für den Parameter $s = 2$ ein, so erhalten wir $X$. Um nun den Winkel $\alpha_2$ bestimmen zu können, benötigen wir die Strecke $\overline{PX} = \sqrt{(x_p - X_1)^2 + X_2^2}$ und erhalten damit

$$\cos(\alpha_2) = \frac{\overline{PX}^2 + l_1^2 - (l_2/2)^2}{2\ \overline{PX}\ l_1}$$

Der verbleibende Winkel $\alpha_3$ wird nach demselben Verfahren berechnet:

$$\cos(\alpha_3) = \frac{\overline{PX}^2 + l_3^2 - l_4^2}{2\overline{PX}\,l_3}$$

sodaß mit $\alpha = \alpha_0 + \alpha_1 + \alpha_2 + \alpha_3$ auch der Punkt $S$ eindeutig bestimmt ist, $S = \{x_p + l_3\cos(\alpha), l_3\sin(\alpha)\}$ Damit haben wir alle für die Animation erforderlichen Anweisungen beisammen:

```
In[26]:=
r=3;xp=-25;l1=24;l2=17;l3=26.5;l4=6.2;
PQ=N[Sqrt[xp^2+r^2-2 Abs[xp] r Cos[Pi-t]]];
alpha0=ArcCos[(PQ^2+xp^2-r^2)/(2 PQ Abs[xp])];
alpha1=ArcCos[(l1^2+PQ^2-(l2/2)^2)/(2 l1 PQ)];
R={xp+l1 Cos[alpha0+alpha1],l1 Sin[alpha0+alpha1]};
Q={r Cos[t],r Sin[t]};
g1=Q+s(R-Q);
X=g1 /.s->2;
PX=Sqrt[(xp-X[[1]])^2+X[[2]]^2];
alpha2=ArcCos[(PX^2+l1^2-(l2/2)^2)/(2 PX l1)];
alpha3=ArcCos[(l3^2+PX^2-l4^2)/(2 PX l3)];
alpha=alpha0+alpha1+alpha2+alpha3;
S={xp+l3 Cos[alpha], l3 Sin[alpha]};
Animate[Graphics[{Point[{5,r+l2+l4}],
                  Point[{5,-(r+l2+l4)}],
RGBColor[1,0,0],Line[{{xp,0},S}],
RGBColor[0,1,0],Line[{S,X}],
RGBColor[0,0,1],Line[{X,R}],
RGBColor[1,1,0],Line[{{xp,0},R}],
RGBColor[1,0,1],Line[{R,Q}],
RGBColor[0,1,1],Line[{Q,{0,0}}],
Circle[{0,0},r]}],
    {t,0,2Pi-2Pi/10,2Pi/10},AspectRatio->Automatic]
```

Wenn Sie diese Animation an Ihrem Rechner laufen lassen (oder Bild 3.9 ganz genau betrachten), sehen Sie, daß noch immer ein Fehler vorhanden ist: die Strecke $\overline{SX}$ scheint in ihrer Länge zu schwanken, was natürlich nicht sein darf. Um Gewißheit zu erlangen, lassen wir uns einfach den Abstand dieser beiden Punkte als Funktion des Parameters $t$ zeichnen

```
In[27]:=
Plot[Sqrt[(S[[1]]-X[[1]])^2+(S[[2]]-X[[2]])^2],{t,0,2Pi}]
```

Offenbar tritt also bei 0 und bei $\pi$ ein Fehler auf; dies prüfen wir noch einmal direkt nach: für den zufällig gewählten Wert $t = \pi/5$ erhalten wir korrekt

```
In[28]:=
N[Sqrt[(S[[1]]-X[[1]])^2+(S[[2]]-X[[2]])^2]/.t->Pi/5]
Out[28]=
6.2
```

für $t = 0$ dagegen den völlig falschen Wert

```
In[29]:=
(S[[1]]-X[[1]])^2+(S[[2]]-X[[2]])^2/.t->0
Out[29]=
38.44
```

Was ist geschehen? Wir haben nirgendwo eine Auswahl getroffen, unsere Anweisungen sind klar und überschaubar – trotz allem ist ein schwerwiegender Fehler aufgetreten Um diesen Fehler zu orten, sollten Sie darüber nachdenken, warum er ausgerechnet für

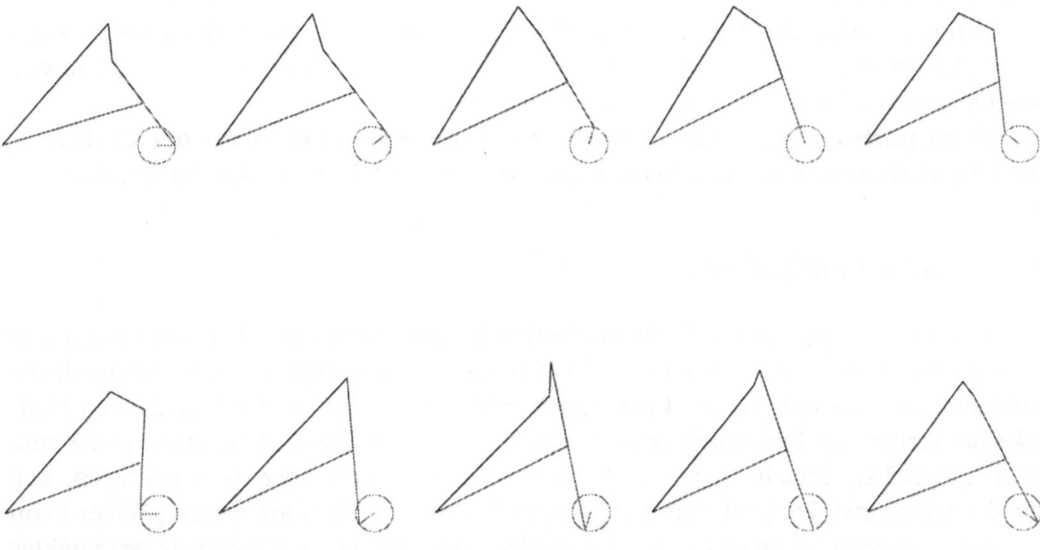

**Bild 3.9** Nicht ganz richtige Simulation des Webladens

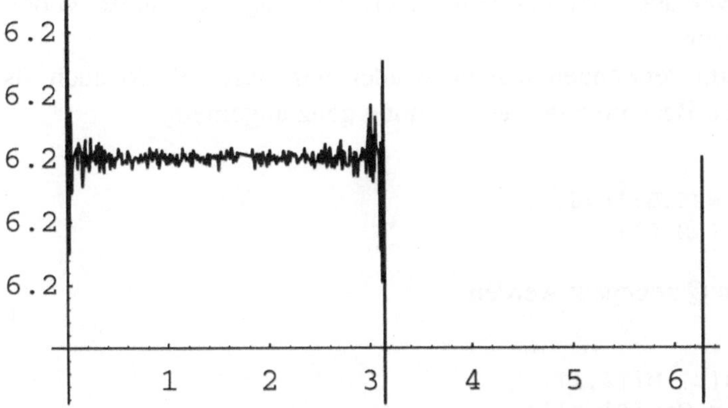


**Bild 3.10** Der Abstand der Punkte *S* und *X* voneinander

$t = 0$ und $t = \pi$ auftritt. Welche wesentliche Veränderung erfährt der Webladen beim Durchgang durch diese Werte? Bevor Sie weiterlesen, sollten Sie sich noch einmal die verschiedenen Stellungen des Webladens in Bild 3.4 ansehen – vielleicht kommen Sie selbst auf die Lösung.

Offenbar ändert das Dreieck $\triangle MQP$ in $t = 0$ und $t = \pi$ seine Orientierung! Wenn $t$ zwischen $\pi$ und $2\pi$ liegt, ist der Winkel $\alpha_0$ nach unten anzutragen, so daß unsere Berechnung von $S$ entsprechend zu variieren wäre.

**Es ist nach unserer Erfahrung einer der häufigsten Fehler bei der Erstellung von Simulationen, daß Orientierungsänderungen nicht berücksichtigt werden.**

### 3.2.2 Und so funktioniert's

Wir haben bereits gesehen, daß die eindeutige Beschreibung aller Punkte dann am einfachsten ist, wenn wir jeweils Dreiecke betrachten. Allerdings müssen wir durch die Hinzunahme eines geeigneten Hilfspunktes erreichen, daß keines der betrachteten Dreiecke im Verlauf der Bewegung seine Orientierung ändert. Dieser Hilfspunkt sollte zum einen möglichst einfache Koordinaten haben, zum anderen aber dazu beitragen, daß wir den Gesamtwinkel jetzt richtig berechnen können. Da der Orientierungsfehler beim Dreieck $\triangle PQM$ aufgetreten ist, müssen wir hier ansetzen. Die $y$-Koordinate des Punktes $Q$ beträgt mindestens $-r$, also darf die $y$-Koordinate unseres Hilfspunktes höchstens $-r$ sein. Um nun zu klären, ob wir $H_{\text{ilfsp}}$ unterhalb von $P$ oder von $M$ einzeichnen sollen, überlegen wir, wie es hinterher weitergeht. Im letzten Versuch konnten wir $R$ durch Angabe seines Abstands von $P$ und den Winkel, den $\overline{PQ}$ mit der $x$-Achse bildet, definieren. Eine solche horizontale Gerade steht uns jetzt nicht mehr zur Verfügung. Wählen wir unseren Hilfspunkt jedoch senkrecht unter $P$, so erhalten wir eine vertikale Linie, die wir durch Drehung um den richtigen Winkel zur Bestimmung von $R$ weiterverwenden können. Würden wir ihn unter $M$ einzeichnen, so würde unsere Rechnung komplizierter.

Nun zeichnen wir den Webladen noch einmal, indem wir $H_{\text{ilfsp}}$, alle auftretenden Hilfsseiten und Winkel eintragen.

Da wir $P$ als Drehzentrum verwenden wollen, wählen wir diesen Punkt auch als Nullpunkt – dies erleichtert die Beschreibung der Drehung ganz ungemein.

```
In[1]:=
r=3;xM=25;l1=24;l2=17;l3=26.5;l4=6.2;
P={0,0};Hilfsp={0,-r};M={xM,0};
```

Damit muß die Definition von $Q$ angepaßt werden.

```
In[2]:=
Q={r Cos[t]+M[[1]],r Sin[t]+M[[2]]};
PQ=N[Sqrt[xM^2+r^2-2 xM r Cos[Pi-t]]];
```

Für die Berechnung von $\alpha_0$ benötigen wir den Abstand des Hilfspunktes zu $Q$:

```
In[3]:=
HilfspQ=Sqrt[(xM+r Cos[t])^2+(r+r Sin[t])^2];
```

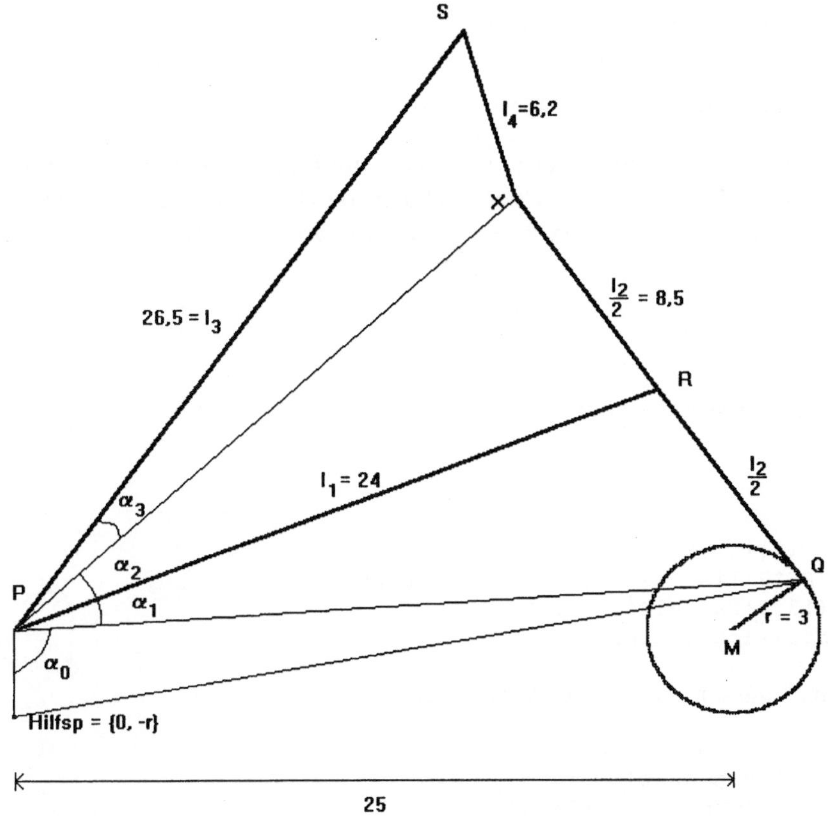


**Bild 3.11** Endgültiges beschriftetes Webladenmodell

Nun berechnen wir $\alpha_0$ und $\alpha_1$:

```
In[4]:=
alpha0=ArcCos[(r^2+PQ^2-HilfspQ^2)/(2r PQ)];
alpha1=ArcCos[(l1^2+PQ^2-(l2/2)^2)/(2 l1 PQ)];
```

Der Punkt $R$ liegt auf der Geraden durch $P$, die mit der Strecke $\overline{PH_{\text{ilfsp}}}$ den Winkel $\alpha_0 + \alpha_1$ bildet. Diese Gerade erhalten wir am einfachsten, indem wir ihren Richtungsvektor bestimmen. Dazu berechnen wir das Bild von $H_{\text{ilfsp}}$ unter der Drehung um den Winkel $\alpha_0 + \alpha_1$. Jede Drehung wird durch eine Matrix beschrieben, und Sie müssen in solchen Fällen nur darauf achten, die richtige Drehmatrix zu verwenden. In unserem Beispiel drehen wir die Ebene um den Nullpunkt; daher gilt:[5]

```
In[5]:=
al01=alpha0+alpha1;
DrehHilfspumalpha0plus1=
              {{N[Cos[al01]],N[-Sin[al01]]},
               {N[Sin[al01]],N[Cos[al01]]}}.Hilfsp;
```

[5] Die numerische Auswertung erzwingen wir lediglich, um die benötigte Speicherkapazität zu verringern; dies bewirkt zusätzlich auch eine kürzere Rechenzeit.

Nun können wir die Geradengleichung aufstellen.

```
In[6]:=
g1=N[P+s1(DrehHilfspumalpha0plus1-P)];
```

Welchen Wert müssen wir für den Parameter $s_1$ einsetzen, um $R$ zu erhalten? Für $s_1 = 1$ erhalten wir das Bild des Hilfspunktes unter der Drehung; da Drehungen Längen nicht verändern, hat es den Abstand $r$ von $P$. Da $R$ den Abstand $l_1$ von $P$ haben soll, müssen wir also $s_1 = \frac{l_1}{r}$ setzen:

```
In[7]:=
R=N[g1 /. s1->l1/r];
```

Nun fahren wir fort wie in unserem letzten Versuch:

```
In[8]:=
g2=Q+s2(R-Q);
X=N[g2 /.s2->2];
PX=N[Sqrt[X[[1]]^2+X[[2]]^2]];
alpha2=N[ArcCos[(PX^2+l1^2-(l2/2)^2)/(2 PX l1)]];
alpha3=N[ArcCos[(l3^2+PX^2-l4^2)/(2 PX l3)]];
alpha=alpha0+alpha1+alpha2+alpha3;
```

Zur Bestimmung von $S$ müssen wir wie bei $R$ vorgehen:

```
In[9]:=
DrehHilfspumalpha0plus1plus2plus3=
            N[{{Cos[alpha],-Sin[alpha]},
               {Sin[alpha],Cos[alpha]}}.Hilfsp];
g3=P+s3(DrehHilfspumalpha0plus1plus2plus3-P);
S=N[g3 /.s3->l3/r];
Needs["Graphics`Animation`"]
Animate[Graphics[{GrayLevel[1],Point[{5,r+l2+l4}],

GrayLevel[0.1],Line[{P,S}],
GrayLevel[0.2],Line[{S,X}],
GrayLevel[0.3],Line[{X,R}],
GrayLevel[0.4],Line[{P,R}],
GrayLevel[0.5],Line[{R,Q}],
GrayLevel[0.6],Line[{Q,M}],
Circle[M,r]}],
    {t,0,2Pi-2Pi/10,2Pi/10},AspectRatio->Automatic]
```

und nun endlich sehen Sie am Bildschirm die verschiedenen Stellungen des Webladens genauso, wie in Bild 3.4 vorweggenommen. Wir fassen jetzt alle Anweisungen zusammen und erhalten das gewünschte Simulationsprogramm.

```
In[10]:=
Webladen[r_,xM_,l1_,l2_,l3_l4_]:=Module[
{P,Hilfsp,M,Q,PQ,HilfspQ,alpha0,alpha1,alpha2,alpha3,
al01,DrehHilfspumalpha0plus1,g1,s1,R,g2,s2,X,PX,
DrehHilfspumalpha0plus1plus2plus3,g3,s3,S,t},
```

```
P={0,0};Hilfsp={0,-r};M={xM,0};
Q={r Cos[t]+M[[1]],r Sin[t]+M[[2]]};
PQ=N[Sqrt[xM^2+r^2-2 xM r Cos[Pi-t]]];
HilfspQ=Sqrt[(xM+r Cos[t])^2+(r+r Sin[t])^2];
alpha0=ArcCos[(r^2+PQ^2-HilfspQ^2)/(2r PQ)];
alpha1=ArcCos[(l1^2+PQ^2-(l2/2)^2)/(2 l1 PQ)];
al01=alpha0+alpha1;
DrehHilfspumalpha0plus1=
                    {{N[Cos[al01]],N[-Sin[al01]]},
                     {N[Sin[al01]],N[Cos[al01]]}}.Hilfsp;
g1=N[P+s1(DrehHilfspumalpha0plus1-P)];
R=N[g1 /. s1->l1/r];
g2=Q+s2(R-Q);
X=N[g2 /.s2->2];
PX=N[Sqrt[X[[1]]^2+X[[2]]^2]];
alpha2=N[ArcCos[(PX^2+l1^2-(l2/2)^2)/(2 PX l1)]];
alpha3=N[ArcCos[(l3^2+PX^2-l4^2)/(2 PX l3)]];
alpha=alpha0+alpha1+alpha2+alpha3;
DrehHilfspumalpha0plus1plus2plus3=
                 N[{{Cos[alpha],-Sin[alpha]},
                    {Sin[alpha],Cos[alpha]}}.Hilfsp];
g3=P+s3(DrehHilfspumalpha0plus1plus2plus3-P);
S=N[g3 /.s3->l3/r];

Needs["Graphics`Animation`"]
Animate[Graphics[{GrayLevel[1],Point[{5,r+l2+l4}],

GrayLevel[0.1],Line[{P,S}],
GrayLevel[0.2],Line[{S,X}],
GrayLevel[0.3],Line[{X,R}],
GrayLevel[0.4],Line[{P,R}],
GrayLevel[0.5],Line[{R,Q}],
GrayLevel[0.6],Line[{Q,M}],
Circle[M,r]}],
     {t,0,2Pi-2Pi/10,2Pi/10},AspectRatio->Automatic]]
```

### 3.2.3 Zusammenfassung

- Punkte als Schnitt von Kreisen oder über Gleichungen noch höheren Grades zu definieren, ist grundsätzlich ungünstig, wenn Sie nicht sämtliche dieser Schnittpunkte benötigen.[6] Sie benötigen mehr Rechenaufwand und Speicherplatz als erforderlich, was sich vor allem dann auswirkt, wenn der Punkt in Folgerechnungen weiterverwendet werden soll, und haben außerdem das Problem, anschließend den „richtigen" Punkt auswählen zu müssen. Bedenken Sie vor allem, daß wir ein sehr einfaches Beispiel gewählt haben; in der Praxis kann es auch sein, daß manchmal einige Lösungen zusammenfallen, was eine automatisierte Auswahl des gewünschten Wertes

[6] Beachten Sie: Zwei Kurven, die jeweils durch eine polynomiale Gleichung vom Grad $n$ bzw. $m$ definiert sind, haben im Prinzip (d.h. bei Berücksichtigung komplexer Werte und Vielfachheiten von Lösungen sowie Hinzunahme unendlich ferner Punkte) $n \cdot m$ Schnittpunkte.

weiter erschwert. Suchen Sie also grundsätzlich andere Konstruktionsmöglichkeiten.

- Vermeiden Sie überhaupt, so weit es geht, Fallunterscheidungen; sie machen Ihre Berechnungen unübersichtlich, vor allem halten sie Sie davon ab, die einfachste und klarste Lösung zu finden.

- Versuchen Sie, soweit möglich, bei gleichen Situationen einheitlich vorzugehen, also möglichst wenig verschiedene mathematische Formeln zu benutzen – dies erleichtert Ihnen die Fehlersuche. Es ist viel einfacher, systematisch die korrekte Anwendung des Kosinussatzes zu überprüfen, als die Winkelbestimmung einmal mit dem Kosinussatz und ein andermal mit dem Sinussatz kontrollieren zu müssen.

  Schreiben Sie die auftretenden mathematischen Formeln in Ihre Dokumentation, und zwar sowohl in der allgemeinen Form wie auch in der speziellen Anwendung.

- Gerade bei der Verwendung von Winkeln und, damit verbunden, Dreiecken müssen Sie darauf achten, daß keine Orientierungsänderungen auftreten können. Jede solche Änderung bedeutet, daß in der Berechnung der entsprechende Winkel sein Vorzeichen ändert, Ihr Programm also eine Fallunterscheidung treffen muß. Gegebenenfalls müssen Sie geeignete Hilfspunkte definieren.

- Wenn bei Ihrer Berechnung Fehler auftreten, die Sie erst in der Animation sehen, lassen Sie sich von *Mathematica* systematisch helfen. Dies geschieht am besten durch graphische Ausgabe, z.B. indem Sie den Winkel als Funktion des Parameters oder der Koordinaten der benötigten Punkte auftragen lassen. Eine weitere Kontrollmöglichkeit besteht darin, daß Sie für den Parameter spezielle Werte einsetzen, bei denen Sie das Ergebnis leicht überprüfen können.

## 3.3 Das Propellerblatt

### 3.3.1 Die Aufgabenstellung

Aus einer Studienarbeit des 5. Semesters stammt das folgende Problem, das zwar einfach zu formulieren, aber gar nicht so einfach zu lösen ist. Es ging darum, daß von der oberen Hälfte eines (zur $x$-Achse symmetrischen) Schaufelquerschnitts 5 Punkte bekannt sein sollten, wobei der mittlere Punkt der sein sollte, bei dem der Abstand zur (waagerecht gedachten) Mittellinie am größten ist (s. Skizze 3.12). In den Punkten P und R sollte der Kreisbogen, dessen Radius implizit vorgegeben war, in die Tangente übergehen. Aus Normierungsgründen sollte die Länge des Profils 1 betragen. Selbstverständlich sollte das Propellerblatt keine Ecken haben, sondern möglichst glatt geformt sein.

Mathematisch gesprochen, ist also durch fünf Punkte $O = (0,0), P = (x_0,y_0), Q = (x_1,y_1), R = (x_2,y_2), S = (1,0)$ der Ebene (mit $0 < x_0 < x_1 < x_2 < 1$) eine hinreichend oft differenzierbare Kurve zu legen, so daß im mittleren Punkt ein Maximum vorliegt, das im Intervall $[x_0,x_2]$ das einzige Extremum ist. Welche Funktionen dabei im Intervall

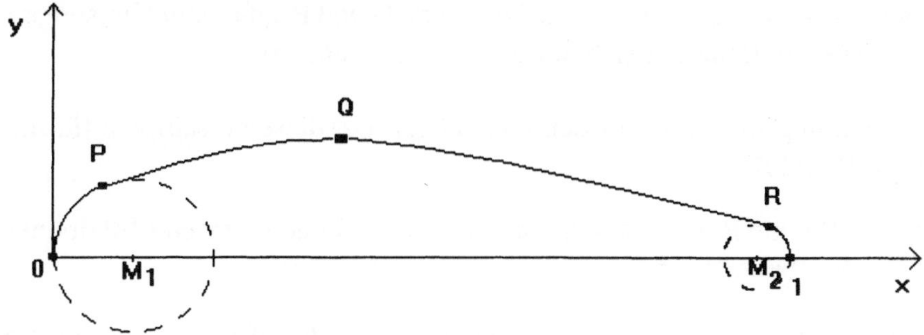


**Bild 3.12** Rotorblattquerschnitt durch drei vorgegebene Punkte

$[x_0,x_2]$ benutzt wurden, galt als unwichtig. Als erstes wollen wir uns überlegen, wieviele Bedingungen an die geheimnisvolle Funktion f(x) gestellt werden, damit ihr Graph die gesuchte Kurve ist.

1. Die Kurve muß durch den Punkt P verlaufen:

$$f(x_0) = y_0$$

2. Auch der Punkt Q muß auf ihr liegen:

$$f(x_1) = y_1$$

3. Das gleiche gilt für den dritten Punkt:

$$f(x_2) = y_2$$

4. Schließlich soll in Q ein Maximum sein. Dies ist (weil die Kurve glatt sein soll) nur der Fall, wenn die 1. Ableitung in diesem Punkt Null ist:

$$f'(x_1) = 0$$

5. Daß es sich tatsächlich um ein Maximum handelt, und im betrachteten Intervall kein weiteres Maximum existiert, kann auf verschiedene Weise ausgedrückt werden, z.B. darf die erste Ableitung im betrachteten Intervall nur im Punkt Q verschwinden und ihr Vorzeichen muß in Q von Plus nach Minus wechseln:

$$\{x : f'(x) = 0\} \cap [x_0,x_2] = \{x_1\}$$

und $f'(x) > 0$ in $[x_0,x_1]$, $f'(x) < 0$ in $[x_1,x_2]$ Eine andere Formulierung besteht darin, daß eine solche Kurve im gesamten Intervall rechtsgekrümmt sein muß: $f''(x) < 0$ für $x \in [x_0,x_2]$

6. Nicht zu vergessen ist die Bedingung, daß die Punkte O und P auf einem Kreisbogen liegen sollen, dessen Mittelpunkt sich auf der $x$-Achse befindet.

7. Die Tangentenrichtung in P muß für den Kreisbogen $\overset{\frown}{OP}$ dieselbe sein wie für die Kurve zwischen P und R.

8. Ebenso sollen die Punkte R und S auf einem Kreisbogen liegen, dessen Mittelpunkt sich auf der $x$-Achse befindet und

9. die Tangentenrichtung in R muß für den Kreisbogen $\overset{\frown}{RS}$ dieselbe sein wie für die Kurve zwischen P und R.

Wenn wir davon absehen, daß auch die Differenzierbarkeit eine Forderung ist, handelt es sich also um 9 Bedingungen, die die gesuchte Funktion erfüllen muß. Aufgaben dieser Art sind umso schwieriger zu lösen, je weniger Stützpunkte bekannt sind. Bei einer hohen Zahl von Stützpunkten greifen meistens numerische Verfahren.

### 3.3.2 Vergebliche Versuche

*Der naive Ansatz*

Beim Betrachten der Skizze kommt man auf den naheliegenden Gedanken, das Intervall $[x_0,x_2]$ in die Teilintervalle $[x_0,x_1]$ und $[x_1,x_2]$ zu zerlegen und in diesen getrennte Lösungen zu suchen, die dann „nur noch" im mittleren Punkt zusammenpassen müssen. Die Kreisbögen in den Intervallen $[0,x_0]$ und $[x_2,1]$ kann man schließlich hinterher noch leicht einzeichnen! Der betroffene Student dachte genauso und fand eine ganz einfache „Lösung", da ihn die Kurventeile jeweils an einen Parabelast erinnerten. Er setzte an:

$$f(x) = \begin{cases} f_1(x) & \text{für } x \in [x_0,x_1] \\ f_2(x) & \text{für } x \in [x_1,x_2] \end{cases} \begin{cases} = a_2x^2 + a_1x + a_0 & \text{für } x \in [x_0,x_1] \\ b_2x^2 + b_1x + b_0 & \text{für } x \in [x_1,x_2] \end{cases}$$

wobei gelten müßte

$$f_1(x_0) = y_0$$
$$f_1(x_1) = y_1 = f_2(x_1)$$
$$f_2(x_2) = y_2$$
$$f_1'(x_1) = f_2'(x_1) = 0$$

Wir lassen dieses Gleichungssystem natürlich von *Mathematica* lösen. Da es sich später um ein Programm handeln soll, in dem P, Q und R jeweils eingegeben werden können, wählen wir zunächst Testdaten.

$$P = \{0.02,0.03\}; Q = \{0.1,0.4\}; R = \{0.98,0.03\}$$

Diese und die stückweise Definition von $f(x)$ sowie (der Einfachheit halber) von $f'(x)$[7] geben wir nun ein und lassen die Gleichungen lösen:

```
In[1]:=
x0=0.02;y0=0.03;x1=0.4;y1=0.1;x2=0.98;y2=0.03;

f1[x_]:=a2 x^2 + a1 x + a0;
f2[x_]:=b2 x^2 + b1 x + b0;

f1str[x_]:=Evaluate[D[f1[x],x]];
f2str[x_]:=Evaluate[D[f2[x],x]];

Simplify[Solve[f1[x0]==y0&&
      f1[x1]==y1&&
      f2[x1]==y1&&
      f2[x2]==y2&&
      f1str[x1]==0&&
      f2str[x1]==0,{a0,a1,a2,b0,b1,b2}]]

Out[1]=
{{a0 -> -0.178125, a1 -> 11.5625, a2 -> -57.8125,

  b0 -> 0.395222, b1 -> 0.0955579, b2 -> -0.477789}}
```

Um eine Skizze zu erhalten, lassen wir die gefundenen Werte in die Definitionen von $f_1(x)$ und $f_2(x)$ einsetzen

```
In[2]:=
F1=a2 x^2 + a1 x + a0 /.Flatten[%]
Out[2]=
                                   2
-0.178125 + 11.5625 x - 57.8125 x

In[3]:=
F2=b2 x^2 + b1 x + b0 /.Flatten[%%]
Out[3]=
                                     2
0.395222 + 0.0955579 x - 0.477789 x
```

Damit ist die gesuchte Funktion zwischen P und R bekannt:

```
In[4]:=
F[x_]:=F1 /;x0<=x&&x<=x1
F[x_]:=F2/;x1<=x&&x<=x2
```

Wir benötigen noch den Kreisbogen zwischen (0,0) und P sowie zwischen R und (1,0). Da wir die Bestimmung der Kreisbögen im nächsten Abschnitt ausführlich darstellen, benutzen wir hier nur das Ergebnis der Überlegungen und setzen ein. Für den linken Kreisbogen ergibt sich als Radius:

[7] Beachten Sie, daß ohne die Verwendung von `Evaluate` beim folgenden Befehl ein Fehler auftritt, da dann aufgrund einer anderen Auswertungsreihenfolge der Versuch unternommen wird, die Funktionen nach der Konstante $x_1$ abzuleiten.

```
In[5]:=
r1= (x0^2+y0^2)/(2x0)
Out[5]=
0.0325
```

für den rechten

```
In[6]:=
r2 = 1-(x2^2+y2^2-1)/(2x2-2)
Out[6]=
0.0325
```

Damit lauten die Gleichungen der Kreisbögen

$$y = \sqrt{r_1^2 - (x - r_1)^2} \qquad 0 \leq x \leq x_0$$

für den Bogen $\widehat{OP}$ und

$$y = \sqrt{r_2^2 - (x - (1 - r_2))^2} \qquad x_2 \leq x \leq 1$$

für den Bogen $\widehat{RS}$. Diese Definitionen setzen wir noch ein:

```
In[7]:=
F[x_]:=Sqrt[r1^2-(x-r1)^2] /;0<=x&&x<=x0
F[x_]:=Sqrt[r2^2-(x-(1-r2))^2]/;x2<=x&&x<=1
```

Wenn wir nun in P die Tangentensteigung bestimmen, so sehen Sie, daß sich bei Annäherung von links

```
In[8]:=
g1=D[Sqrt[r1^2-(x-r1)^2],x] /.x->x0
Out[8]=
0.416667
```

ergibt, bei Annäherung von rechts dagegen

```
In[9]:=
g2=D[F1,x]/.x->x0
Out[9]=
9.25
```

Falls Sie es nicht glauben sollten, wird Sie das Bild überzeugen:

```
In[10]:=
Plot[F[x],{x,0,0.2},PlotRange->{0,0.45}]
```

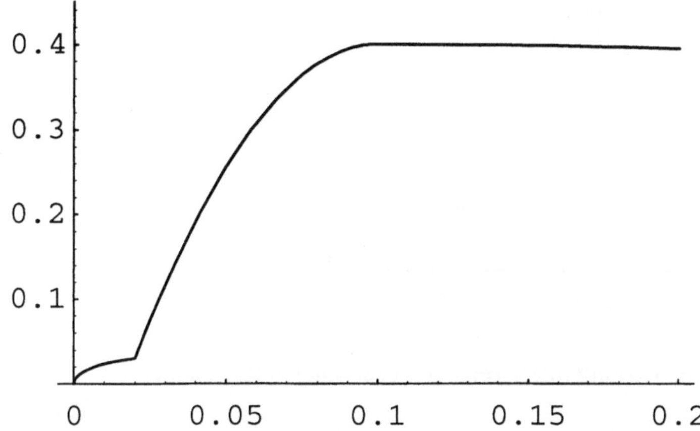


**Bild 3.13** Verunglückter Ansatz für Rotorblattquerschnitt durch drei vorgegebene Punkte

Offenbar ist dies keine Lösung des Problems geworden. Wenn Sie sich noch einmal die gewünschten Eigenschaften der Funktion anschauen, stellen Sie fest, daß wir einen Ansatz mit 6 Unbekannten (nämlich $a_0, a_1, a_2, b_0, b_1, b_2$) gewählt haben, obwohl wir 9 Eigenschaften erfüllen sollten. Es wäre wirklich ein großer Zufall gewesen, wenn diese Rechnung aufgegangen wäre. Hätten wir statt der Parabeläste kubische Splines gewählt, so hätten sich hieraus 8 Unbekannte ergeben, also immer noch zu wenig zur allgemeinen Lösung unserer Aufgabe. Splines höherer Ordnung bieten zwar mehr Freiheitsgrade, haben aber, falls die beteiligten Punkte zu weit auseinanderliegen, unter Umständen zwischen diesen Punkten weitere Extremstellen, so daß unser Rotorblatt auf einmal wellenförmig würde. Der betroffene Student stand unter Zeitdruck und beschloß daher, ein festes Verhältnis der $x$- und $y$-Komponente von P und R vorzugeben. Wir wollen das Problem genauer betrachten.

*Genauere Analyse*

Wenn Sie sich noch an die Extremwertaufgabe aus dem ersten Abschnitt erinnern, werden Sie vielleicht auf die Idee kommen, sich zu fragen, ob dieses Problem überhaupt immer lösbar ist. Wir empfehlen Ihnen, jetzt erst einmal mit Papier und Bleistift ein paar Skizzen verschiedener möglicher Punktekonfigurationen anzufertigen und freihändig eine möglichst glatte Kurve durch sie hindurchzulegen, bevor Sie mit der Lektüre fortfahren.

Es ist unmittelbar ersichtlich, daß es bei einer Punktekonstellation wie in Bild 3.14 unmöglich ist, eine Kurve mit den gewünschten Eigenschaften durch die Punkte hindurchzulegen. Als erstes sollten wir also überlegen, unter welchen Bedingungen überhaupt nur auf eine Lösung zu hoffen ist. Aus der Formulierung „unmittelbar ersichtlich" müssen wir Formeln gewinnen, die im allgemeinen Fall ohne weitere Zeichnungen zeigen, ob es gar keine Lösung geben kann. Wir haben die Kreisbögen bereits in Bild 3.14 eingezeichnet, damit Sie leichter sehen, was hier geschehen ist. Die Bögen sind jeweils länger

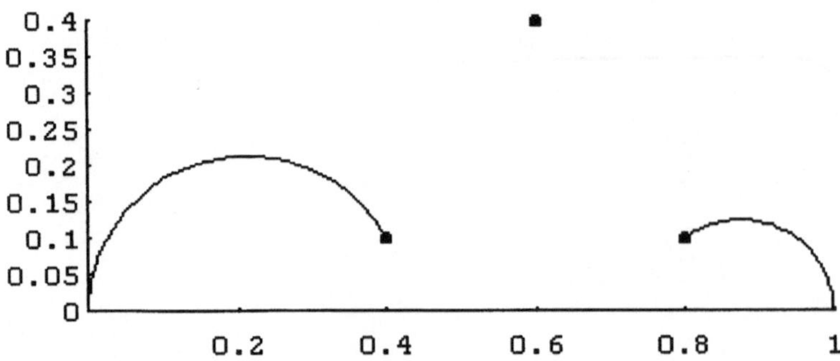


**Bild 3.14** Punktekonstellation ohne Lösung mit bereits eingezeichneten Kreisbögen

als ein Viertelkreis, so daß es zwischen $P$ und $Q$ sowie zwischen $Q$ und $R$ unweigerlich ein Minimum geben muß im Widerspruch zu unserer Forderung, daß zwischen $P$ und $R$ insgesamt nur ein Extremum, nämlich ein Maximum in $Q$, existieren soll. Damit die Kreisbögen nicht größer als ein Viertelkreis werden, muß der Kreismittelpunkt rechts von $P$ bzw. links von $R$ liegen. Wir berechnen also die Lage der Kreismittelpunkte $M_1$ und $M_2$.[8]

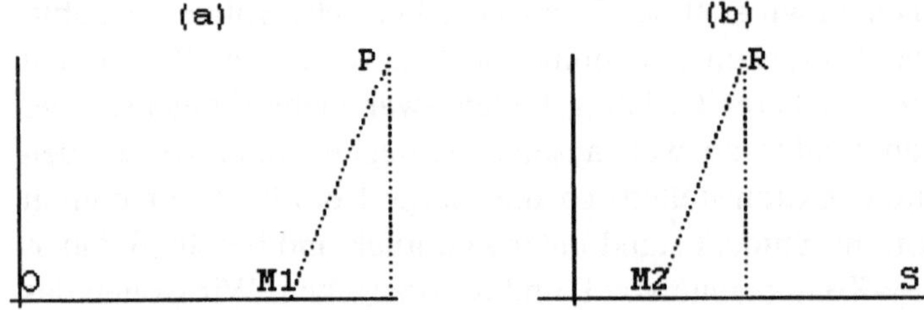


**Bild 3.15** Zur Bestimmung des Mittelpunktes von Kreisbogen (a) $\widehat{OP}$ (b) $\widehat{RS}$

Wegen der Symmetrie des Rotorblatts zur $x$-Achse müssen beide auf der $x$-Achse liegen. Die Strecken $\overline{OM_1}$ und $\overline{PM_1}$ müssen gleich lang sein; dasselbe gilt für die Strecken $\overline{SM_2}$ und $\overline{RM_2}$, daraus ergeben sich die Gleichungen (Pythagoras!) $\sqrt{(m_1-x_0)^2+y_0^2} = m_1$ bzw. $\sqrt{(x_2-m_2)^2+y_2^2} = 1-m_2$, die wir von *Mathematica* lösen lassen. Damit ergibt sich für die $x$-Komponente von $M_1$

```
In[1]:=
Solve[Sqrt[(m1-x0)^2+y0^2]==m1,m1]
Out[1]=
             2      2
          x0   + y0
{{m1 -> ---------}}
           2 x0
```

[8] Natürlich können Sie beide Rechnungen zusammenfassen, indem Sie statt $O$ und $S$ einen allgemeinen Punkt auf der $x$-Achse verwenden.

```
In[2]:=
m1=(m1 /.Flatten[%])
Out[2]=
  2     2
x0  + y0
---------
  2 x0
```

und für die von $M_2$ entsprechend

```
In[3]:=
Solve[Sqrt[(x2-m2)^2+y2^2]==1-m2,m2]
Out[3]=
                    2     2
           -1 + x2   + y2
{{m2 -> --------------}}
            2 (-1 + x2)

In[4]:=
m2=(m2 /.Flatten[%])
Out[4]=
         2     2
-1 + x2   + y2
--------------
 2 (-1 + x2)
```

Das Problem ist also sicherlich nicht lösbar, wenn $M_1$ links von $P$ oder $M_2$ rechts von $R$ liegt, d.h. falls $m_1 < x_0$ oder $m_2 > x_2$ ist[9]. Die Kreisradien sind übrigens $r_1 = m_1$ und $r_2 = 1 - m_2$. Wir formulieren also die Definition der gesuchten Funktion noch einmal, indem wir alle bereits berechneten Größen einsetzen. Für die Tangentenrichtung in P und R rechnen wir vorher noch die Ableitung der Kreisbogenfunktionen aus[10]:

```
In[5]:=
y1=Sqrt[m1^2-(x-m1)^2];
ystr1=D[y1,x];
tangi1=Simplify[PowerExpand[Simplify[ystr1 /.x->x0]]]
Out[5]=
-x0     y0
---- + ----
2 y0   2 x0

In[6]:=
y2=Sqrt[(1-m2)^2-(x-m2)^2];
ystr2=D[y2,x];
```

[9] Wir könnten noch weitere Fälle suchen, in denen es keine Lösung geben kann, wollen dies aber erst im nächsten Abschnitt tun, weil es dabei um die qualitative Forderung der Rechtskrümmung gehen soll.

[10] Diese Berechnung sieht so kompliziert aus, weil wir erzwingen wollen, daß zum einen die Wurzel aus $y_0^2$ und $y_2^2$ gezogen wird - schließlich sind nach Voraussetzung $y_0$ und $y_2$ positiv - und zum anderen der so entstehende Ausdruck als einfacher Bruch geschrieben wird.

```
tangi2=PowerExpand[Simplify[ystr2 /.x->x2]]
Out[6]=
                2      2
-(1 - 2 x2 + x2   - y2 )
------------------------
    2 (-1 + x2) y2
```

Damit suchen wir eine differenzierbare Funktion $f(x)$ mit folgenden Eigenschaften:

$$f(x) = \begin{cases} +\sqrt{m_1^2 - (x - m_1^2)} & \text{für } x \in [0, x_0] \\ f_1(x) & \text{für } x \in [x_0, x_1] \\ f_2(x) & \text{für } x \in [x_1, x_2] \\ +\sqrt{(1 - m_2)^2 - (x - m_2)^2} & \text{für } x \in [x_2, 1] \end{cases}$$

wobei gelten muß

$$m_1 = \frac{x_0{}^2 + y_0{}^2}{2x_0} \qquad \text{mit } m_1 \geq x_0$$

$$m_2 = \frac{-1 + x_2{}^2 + y_2{}^2}{2\,(-1 + x_2)} \qquad \text{mit } m_2 \leq x_2$$

$$\begin{aligned} f_1(x_0) &= y_0 \\ f_1(x_1) &= y_1 \\ f_2(x_1) &= y_1 \\ f_2(x_2) &= y_2 \\ f_1'(x_0) &= -\frac{x_0}{2y_0} + \frac{y_0}{2x_0} \\ f_1'(x_1) &= 0 \\ f_2'(x_1) &= 0 \\ f_2'(x_2) &= \frac{y_2^2 - x_2^2 + 2x_2 - 1}{2\,(x_2 - 1)\,y_2} \\ f_1''(x_1) &< 0 \\ f_2''(x_1) &< 0 \end{aligned}$$

Wenn Sie noch einmal kurz über die Frage nach dem Übergang von einer Funktion zur anderen in den Punkten P, Q und R nachdenken und bedenken, daß ein Objekt umso strömungsgünstiger ist je glatter es ist, werden Sie vielleicht wie wir der Meinung sein, daß die gewünschte Funktion sogar zweimal differenzierbar ist; die Krümmung muß dann auf ganz $[x_0, x_2]$ negativ sein. Da die Krümmung eines Kreises gerade der Kehrwert seines Radius' ist, erhalten wir als zusätzliche Bedingungen[11]

[11] Falls Sie es vergessen haben sollten, die Krümmung wird nach der Formel $\frac{f''(x)}{\sqrt{1+[f'(x)]^2}^3}$ berechnet.

$$\begin{aligned}
\frac{f_1''(x_0)}{\sqrt{1+[f_1'(x_0)]^2}^3} &= \frac{1}{m_1} \\
\frac{f_1''(x_1)}{\sqrt{1+[f_1'(x_1)]^2}^3} &= \frac{f_2''(x_1)}{\sqrt{1+[f_2'(x_1)]^2}^3} \\
\frac{f_2''(x_2)}{\sqrt{1+[f_2'(x_2)]^2}^3} &= \frac{1}{1-m_2}
\end{aligned}$$

oder nach Einsetzen der Werte der 1. Ableitungen

$$\begin{aligned}
f_1''(x_0) &= -\frac{(x_0^2+y_0^2)^2}{4x_0^2y_0^3} \\
f_1''(x_1) &= f_2''(x_1) \\
f_2''(x_2) &= -\frac{(x_2^2-2x_2+1+y_2^2)^2}{4(x_2-1)^2y_2^3} \\
f_1''(x) &< 0 \qquad \text{für } x \in [x_0,x_1] \\
f_2''(x) &< 0 \qquad \text{für } x \in [x_1,x_2]
\end{aligned}$$

Daß diese Bedingungen an das Krümmungsverhalten sinnvoll sind, sehen Sie im folgenden Bild, das mit den Punkten $P = (0.1,0.2); Q = (0.3,0.6); R = (0.95,0.1)$ und einem (wegen der 8 quantitativen Bedingungen) kubischen Splineansatz ohne Berücksichtigung der Krümmungsbedingungen entstand.

```
In[7]:=
x0=0.1;y0=0.2;x1=0.3;y1=0.6;x2=0.95;y2=0.1;
m1
Out[7]=
0.25

In[8]:=
r1=m1
Out[8]=
0.25

In[9]:=
m2
Out[9]=
0.875

In[10]:=
r2=1-m2
Out[10]=
0.125

In[11]:=
Solve[f1[x0] == y0                          &&
```

```
f1[x1]==y1                                    &&
f2[x1]==y1                                    &&
f2[x2]==y2                                    &&
f1'[x0]==-x0/(2y0) + y0/(2x0)                 &&
f1'[x1]==0                                    &&
f2'[x1]==0                                    &&
f2'[x2]== (y2^2-x2^2+2x2-1)/(2(x2 + 1)y2),
{a0,a1,a2,a3,b0,b1,b2,b3}]
Out[11]=
{{a0 -> 0.43125, a1 -> -6.1875, a2 -> 46.875,

  a3 -> -81.25, b0 -> 0.178266, b1 -> 3.14338,

  b2 -> -6.89804, b3 -> 3.68685}}
```

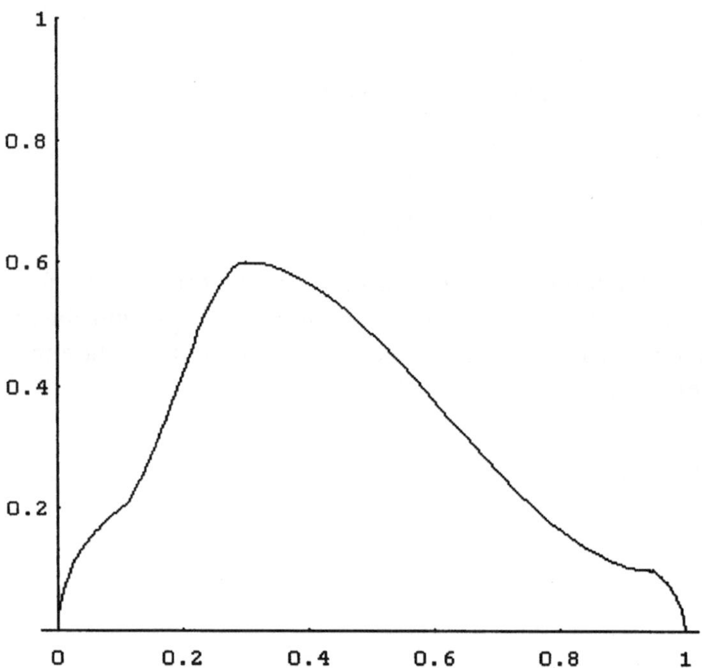


**Bild 3.16** Wegen der Vernachlässigung der Krümmungsbedingungen verunglücktes Rotorblatt

Damit haben wir 11 quantitative und zwei qualitative Bedingungen an $f_1(x)$ und $f_2(x)$ gestellt und sehen als erstes, daß wir für einen Splineansatz, bei dem beide Funktionen vom gleichen Grad sind, entweder eine Bedingung zuviel oder zuwenig haben. Im nächsten Abschnitt wollen wir untersuchen, ob ein solcher Ansatz trotzdem zum Erfolg führen kann. Daneben wollen wir den anderen Ansatz, die Funktion nur in drei Teildefinitionen aufzuteilen, ebenfalls betrachten. Wenn wir die bereits gefundenen Formeln einsetzen, ergeben sich für diesen Ansatz die Bedingungen

$$f(x) = \begin{cases} +\sqrt{m_1^2 - (x - m_1^2)} & \text{für } x \in [0,x_0] \\ f_1(x) & \text{für } x \in [x_0,x_2] \\ +\sqrt{(1-m_2)^2 - (x-m_2)^2} & \text{für } x \in [x_2,1] \end{cases}$$

wobei gelten muß

$$m_1 = \frac{x_0{}^2 + y_0{}^2}{2x_0} \qquad \text{mit } m_1 \geq x_0$$

$$m_2 = \frac{-1 + x_2{}^2 + y_2{}^2}{2\,(-1+x_2)} \qquad \text{mit } m_2 \leq x_2$$

$$\begin{aligned} f(x_0) &= y_0 \\ f(x_1) &= y_1 \\ f(x_2) &= y_2 \\ f'(x_0) &= -\frac{x_0}{2y_0} + \frac{y_0}{2x_0} \\ f'(x_1) &= 0 \\ f'(x_2) &= \frac{y_2^2 - x_2^2 + 2x_2 - 1}{2\,(x_2+1)\,y_2} \\ f''(x_0) &= -\frac{(x_0^2 + y_0^2)^2}{4x_0^2 y_0^3} \\ f''(x_2) &= -\frac{(x_2^2 - 2x_2 + 1 + y_2^2)^2}{4\,(x_2-1)^2 y_2^3} \\ f''(x) &< 0 \qquad \text{für } x \in [x_0,x_2] \end{aligned}$$

*Suche nach einer Spline-Funktion*

Um sicherzugehen, daß es eine Lösung gibt, die alle quantitativen Forderungen erfüllt, wählen wir einen Splineansatz mit Funktionen vom Grad 5, so daß insgesamt 12 Parameter zu bestimmen sind. Da wir 11 quantitative Bedingungen haben, gibt es einen freien Parameter, und wir hoffen natürlich, daß dieser so gewählt werden kann, daß die qualitative Forderung nach negativer Krümmung im gesamten Intervall $[x_0,x_2]$ erfüllt wird. Das folgende Beispiel soll Ihnen zeigen, daß dies nicht immer der Fall sein muß. Wir diskutieren es deswegen so ausführlich, damit Sie sehen, wie man überhaupt bei solchen Fragen vorgehen kann.

```
In[12]:=
x0=0.1;y0=0.2;x1=0.3;y1=0.6;x2=0.95;y2=0.1;
r1=(x0^2+y0^2)/(2x0);
m1=r1;
m2=(x2^2+y2^2-1)/(2(x2-1));
r2=1-m2;
```

```
(* Steigung in x0:       *)
tangi0=-x0/(2y0)+y0/(2x0);

(* f1'' in x0:   *)
ka0=-(x0^2+y0^2)^2/(4x0^2 y0^3);

(* Steigung in x2:       *)
tangi2=-(1-2x2+x2^2-y2^2)/(2(-1+x2)y2);

(* f2'' in x2:   *)
ka2=-(1-2x2+x2^2-y2^2)^2/(4(-1+x2)^2 y2^3);

(* Definition von f1 und f2:                  *)
f1[x_]:=a0+a1 x+a2 x^2+a3 x^3+a4 x^4 +a5 x^5;
f2[x_]:=b0 + b1 x + b2 x^2 +b3 x^3+b4 x^4+b5 x^5;

Simplify[Solve[f1[x0] == y0                     &&
f1[x1]==y1                                      &&
f2[x1]==y1                                      &&
f2[x2]==y2                                      &&
f1'[x0]==-x0/(2y0) + y0/(2x0)                   &&
f1'[x1]==0                                      &&
f2'[x1]==0                                      &&
f2'[x2]== (y2^2-x2^2+2x2-1)/(2(x2 + 1)y2)       &&
f1''[x0]==ka0                                   &&
f1''[x1]==f2''[x1]                              &&
f2''[x2]==ka2,
{a0,a1,a2,a3,a4,a5,b0,b1,b2,b3,b4,b5}]]
Out[12]=
{{a0 -> -0.642753 + 0.00308953 b5,

  a1 -> 27.2512 - 0.113283 b5,

  a2 -> -343.622 + 1.57909 b5,

  a3 -> 2046.42 - 10.2984 b5,

  a4 -> -5458.78 + 30.8953 b5,

  a5 -> 5331.8 - 34.3281 b5,

  b0 -> -1.05635 - 0.0771637 b5,

  b1 -> 13.9733 + 0.7581 b5,

  b2 -> -39.3119 - 2.73837 b5,

  b3 -> 41.6867 + 4.5075 b5, b4 -> -15.1999 - 3.45 b5}

  }
```

Anstelle der Verwendung von `Evaluate` haben wir die Ableitungen durch die Eingabe eines `'` bestimmen lassen – auch dies ist eine zulässige Möglichkeit. Die gefundenen Werte lassen wir nun einsetzen

```
In[13]:=
F11=f1[x] /. Flatten[%]
Out[13]=
-0.642753 + 0.00308953 b5 +

 (27.2512 - 0.113283 b5) x +

                                2
 (-343.622 + 1.57909 b5) x  +

                              3
 (2046.42 - 10.2984 b5) x  +

                                4                           5
 (-5458.78 + 30.8953 b5) x  + (5331.8 - 34.3281 b5) x

In[14]:=
F12=f2[x] /. Flatten[%%]
Out[14]=
-1.05635 - 0.0771637 b5 + (13.9733 + 0.7581 b5) x +

                                2
 (-39.3119 - 2.73837 b5) x  +

                              3                          4
 (41.6867 + 4.5075 b5) x  + (-15.1999 - 3.45 b5) x  +

       5
 b5 x
```

und suchen nun nach einem Wert für $b_5$, bei dem die Krümmung bzw. die 2. Ableitung im gesamten Intervall $[x_0,x_2]$ negativ ist. Wir betrachten zunächst nur $f_1(x)$ und lassen seine 2. Ableitung berechnen.

```
In[15]:=
F112str=D[F11,{x,2}]
Out[15]=
2 (-343.622 + 1.57909 b5) +

 6 (2046.42 - 10.2984 b5) x +

                                   2
 12 (-5458.78 + 30.8953 b5) x  +

                                3
 20 (5331.8 - 34.3281 b5) x
```

Wenn Sie nun auf der Suche nach einem Wert von $b_5$, für den dieses Polynom im Intervall $[x_0,x_1]$ nur negative Werte annimmt, ein paar Skizzen für verschiedene $b_5$ anfertigen lassen, werden Sie feststellen, daß diese sich alle überraschend ähnlich sind.

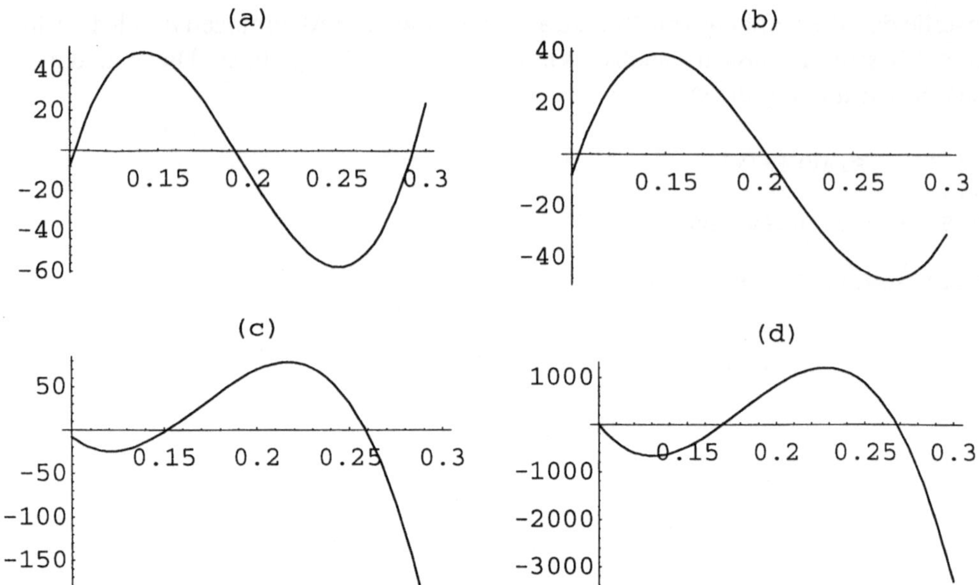


**Bild 3.17** Die 2. Ableitung von $f_1(x)$ im Intervall $[x_0,x_1]$ für (a) $b_5 = -80$, (b) $b_5 = 20$, (c) $b_5 = 500$, (d) $b_5 = 6000$

Es sieht so aus, als lägen die Nullstellen von $f_1''(x)$ für jeden Wert von $b_5$ im Intervall $[x_0,x_1]$, so daß sich die Frage erhebt, wie man dies überprüfen kann. Wahrscheinlich werden Sie als erstes auf die Idee kommen, doch mithilfe von *Mathematica* einfach die Nullstellen von $f_1''(x)$ allgemein bestimmen zu lassen. Vorsichthalber lassen wir nur die ersten 3 Ergebniszeilen ausgeben.

```
In[16]:=
Short[Solve[F112str==0,x],3]
Out[17]=
                                  64               62
        -0.333333 (4.43168 10    - 2.50822 10   b5)
{{x -> ----------------------------------------- +
                             64               62
             -7.21432 10    + 4.64485 10   b5

    <<2>>}, <<1>>, {x ->

                             64
   -0.333333 (4.43168 10    + <<1>>)
   ------------------------------- + <<2>>}}
                         64
        -7.21432 10    + <<1>>
```

Diese Lösung ist so unübersichtlich, daß es nicht möglich ist, unsere Idee zu überprüfen; wir müssen also einen anderen Weg finden.

Wenn Sie sich $f_1''(x)$ noch einmal anschauen, werden Sie feststellen, daß es von der Form ist $p(x)+b_5\,q(x)$. Wir betrachten der größeren Übersichtlichkeit wegen zunächst $p(x)$ und $q(x)$ einzeln,

```
In[18]:=
Expand[F112str]
Out[18]=
-687.244 + 3.15819 b5 + 12278.5 x - 61.7906 b5 x -

                2                 2                3
 65505.3 x  + 370.744 b5 x  + 106636. x  -

                  3
 686.562 b5 x

In[19]:=
q = Coefficient[%,b5]
Out[19]=
                                   2              3
3.15819 - 61.7906 x + 370.744 x  - 686.562 x

In[20]:=
p=Coefficient[%%,b5,0]
Out[20]=
                                    2               3
-687.244 + 12278.5 x - 65505.3 x  + 106636. x;
```

lassen alle Nullstellen finden und die beiden Polynome $p(x)$ und $q(x)$ zeichnen.

```
In[21]:=
Solve[p==0,x]
Out[21]=
{{x -> 0.103453}, {x -> 0.20118}, {x -> 0.309656}}

In[22]:=
Solve[q==0,x]
Out[22]=
{{x -> 0.100001}, {x -> 0.171007}, {x -> 0.268993}}
```

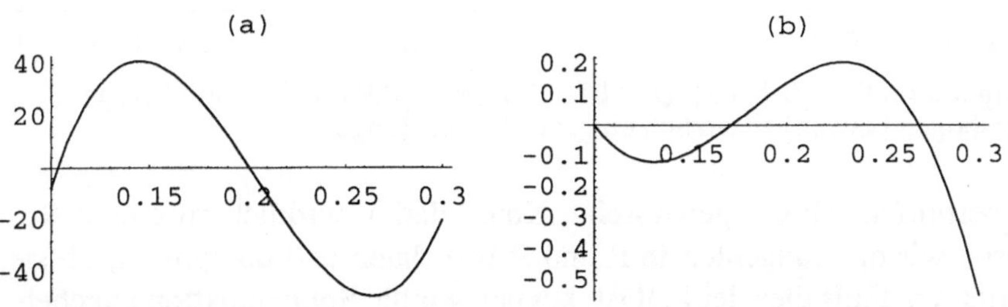


**Bild 3.18** Darstellung der Polynome (a) $p(x)$ und (b) $q(x)$ des Ausdrucks $p(x)+b_5\,q(x)$

Mit diesem Bild ist die weitere Argumentation nun ganz einfach. Da im Intervall

$$[\text{mittlere Nullstelle von } q(x), \text{ mittlere Nullstelle von } p(x)] = [0.171007, 0.20118]$$

beide Polynome positiv sind, kann der Ausdruck $p(x) + b_5\, q(x)$ hier nur negativ werden, wenn $b_5$ negativ ist. Wählen wir aber $b_5$ negativ, so ist im Intervall $[0.100001, 0.171007]$ der Ausdruck $b_5\, q(x)$ positiv und daher auch $p(x) + b_5\, q(x)$ im Gegensatz zu unserer Absicht, daß das Ergebnis negativ sein soll. Es gibt also keine Lösung der gewünschten Art!

Um festzustellen, woran dies liegt, schauen wir uns das Bild der gewählten Punktekonfiguration noch einmal an, wobei wir die Kreisbögen bereits einzeichnen lassen. Wenn Sie versuchen, zwischen den Kreisbögen eine Linie einzuzeichnen, die durch den mittleren Punkt verläuft, werden Sie feststellen, daß dies nur geht, wenn dabei die Krümmung irgendwo positiv wird. Wie kann im allgemeinen Fall überprüft werden, ob eine solche Konstellation vorliegt? Sie sollten versuchen, diese Frage zu beantworten, bevor Sie weiterlesen.

Im Bild 3.19(b) haben wir die Tangenten an die Kreisbögen in $P$ und $R$ eingezeichnet, und Sie sehen, daß der Punkt $Q$ oberhalb der beiden Tangenten liegt. Dies ist nun tatsächlich[12] die richtige Bedingung, die auch leicht überprüfbar ist. Wir stellen also die Gleichung der Tangenten in $P$ und $R$ auf. Die Punkt-Richtungsgleichung einer Geraden durch den Punkt $(a,b)$ mit Steigung $m$ lautet

$$y - b = m \cdot (x - a)$$

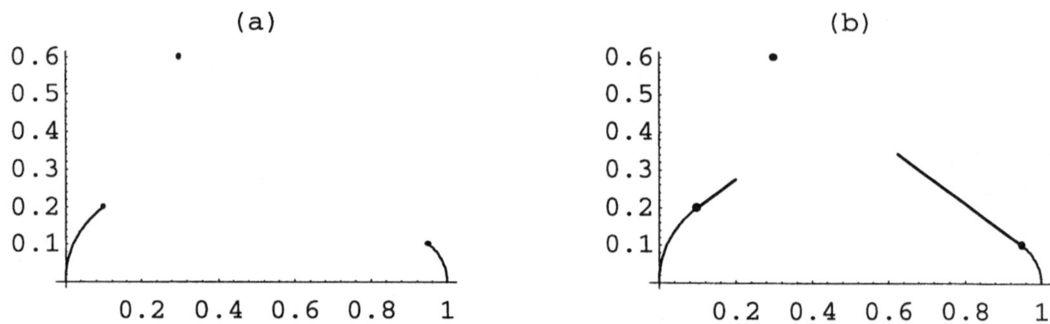


**Bild 3.19** Die Konfiguration $P = \{0.1, 0.2\}, Q = \{0.3, 0.6\}, R = \{0.95, 0.1\}$ (a) mit bereits eingezeichneten Kreisbögen bzw. (b) zusätzlich eingezeichneten Tangenten

Um also zu überprüfen, ob die gewünschte Konstellation wirklich zu einem Rotorblatt führt, müssen wir die Tangenten in P und R berechnen und überprüfen, ob sie oberhalb von Q verlaufen. Falls dies der Fall ist, können wir die Splinefunktion angeben. In unserem konkreten Fall haben wir die Steigungen in $P$ und $R$ bereits berechnet; sie tragen die Namen tangi0 und tangi2.

[12] für stetig differenzierbare Funktionen - dies ist aber hier der Fall

```
In[23]:=
tangi0
Out[23]=
0.75

In[24]:=
tangi2
Out[24]=
-0.75
```

Nun lassen wir die Steigungen der Strecken $\overline{PQ}$ und $\overline{QR}$ bestimmen:

```
In[25]:=
SteigungPQ=(y1-y0)/(x1-x0)
Out[25]=
2.

In[26]:=
SteigungQR=(y2-y1)/(x2-x1)
Out[26]=
-0.769231
```

Damit ist klar, daß wir keine Lösung finden können.
**Unsere fehlgeschlagenen Lösungsversuche haben also dazu beigetragen, Bedingungen für die Lösbarkeit zu finden**, nämlich

1.
$$m_1 = \frac{{x_0}^2 + {y_0}^2}{2x_0} > x_0$$
oder aufgelöst
$$y_0 > x_0$$

2.
$$m_2 = \frac{-1 + {x_2}^2 + {y_2}^2}{2\,(-1 + x_2)} < x_2$$
oder aufgelöst
$$y_2 < 1 - x_2$$

3.
$$SteigungPQ < f'(x_0)$$
oder eingesetzt
$$\frac{y_1 - y_0}{x_1 - x_0} < -\frac{x_0}{2y_0} + \frac{y_0}{2x_0}$$

4.
$$SteigungQR > f'(x_2)$$
oder eingesetzt
$$\frac{y_2 - y_1}{x_2 - x_1} < -\frac{1 - 2x_2 + x_2^2 - y_2^2}{2(-1 + x_2)\,y_2}$$

Wenn Sie sich jetzt frohgemut daran machen, nach Überprüfen dieser Bedingungen die Lösung suchen zu lassen, werden Sie allerdings nochmals eine Enttäuschung erleben

```
In[27]:=
x0=0.02;y0=0.05;x1=0.3;y1=0.1;x2=0.95;y2=0.02;
r1=(x0^2+y0^2)/(2x0)
Out[27]=
0.0725

In[28]:=
m1=r1;
m2=(x2^2+y2^2-1)/(2(x2-1))
Out[28]=
0.9275

In[29]:=
r2=1-m2;

In[30]:=
m1>x0
Out[30]=
True

In[31]:=
m2<x2
Out[31]=
True

In[32]:=
(y1-y0)/(x1-x0)<-x0/(2y0)+y0/(2x0)
Out[32]=
True

In[33]:=
(y2-y1)/(x2-x1)>-(1-2x2+x2^2-y2^2)/(2(x2-1)y2)
Out[33]=
True
```

Es sind also alle Bedingungen erfüllt, trotzdem entspricht das Bild 3.20 nicht unseren Erwartungen.

Ohne noch einmal durchzuprüfen, ob es wirklich keinen Wert für den freien Parameter gibt, so daß das Bild einem Propellerblatt halbwegs ähnlich wird, wollen wir

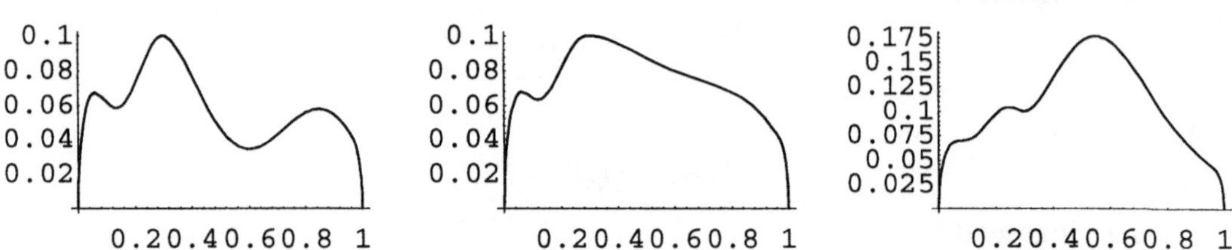


**Bild 3.20** Die Konfiguration $P = \{0.02,0.05\}, Q = \{0.3,0.1\}, R = \{0.95,0.02\}$ mit Splinefunktion vom Grad 5 für (a) $b_5 = 10$, (b) $b_5 = 0$, (c) $b_5 = -20$

klären, warum wir immer noch nicht erfolgreich sind. Wenn Sie versuchen, von Hand eine Kurve der gewünschten Art durch die 5 Punkte zu zeichnen, haben Sie keine Mühe – aber wer sagt Ihnen, daß die von Ihnen gezeichnete Kurve ein Spline vom Grad 5 ist?! Es liegt also auch an der speziellen Wahl von Funktionen, ob das Ergebnis Ihren Erwartungen entspricht, und Funktionen vom Grad 5 haben i.a. 5 Nullstellen und damit bis zu 4 Extrema. Wo diese liegen, ist nicht leicht vorhersagbar. Am einfachsten ist es wohl, jetzt (aber aus guten Gründen) wieder zur ursprünglichen Idee zurückzukehren. Wenn nämlich schon klar ist, daß die Steigung in $P$ und $R$ nicht zu groß wird, ist die Differenz zwischen dem Wunschwert für mathematische Glätte der Funktion und dem real auftretenden Wert bei Verwendung von Parabelästen i.a. gering genug, um eine vernünftige Form des Propellerblattes zu garantieren. Dies zeigt das folgende Beispiel. Als erstes überprüfen wir, ob die Konfiguration eine Lösung zuläßt.

```
In[34]:=
P={0.02,0.03};Q={0.4,0.1};R={0.98,0.03};
xm1=(P[[1]]^2+P[[2]]^2)/(2 P[[1]])
Out[34]=
0.0325

In[35]:=
xm2=(-1+R[[1]]^2+R[[2]]^2)/(2(-1+R[[1]]))
Out[35]=
0.9675

In[36]:=
xm>P[[1]]
Out[36]=
True

In[37]:=
xm2<R[[1]]
Out[37]=
True

In[38]:=
steigPQ=(Q[[2]]-P[[2]])/(Q[[1]]-P[[1]])
Out[38]=
0.184211

In[39]:=
K1=Sqrt[xm1^2-(x-xm1)^2]
Out[39]=
                                    2
Sqrt[0.00105625 - (-0.0325 + x) ]

In[40]:=
steigK1=D[K1,x]/.{x->P[[1]]}
Out[40]=
0.416667

In[41]:=
```

```
steigPQ<steigK1
Out[41]=
True

In[42]:=
K2=Sqrt[(1-xm2)^2-(x-xm2)^2]
Out[42]=
                                   2
Sqrt[0.00105625 - (-0.9675 + x) ]

In[43]:=
steigK2=D[K2,x]/.{x->R[[1]]}
Out[43]=
-0.416667

In[44]:=
steigQR=(R[[2]]-Q[[2]])/(R[[1]]-Q[[1]])
Out[44]=
-0.12069

In[45]:=
steigQR>steigK2
Out[45]=
True
```

Da dies der Fall ist, suchen wir zwei quadratische Funktionen, die durch die Punkte $P, Q$ und $R$ verlaufen.

```
In[46]:=
f1[x_]:=a2 x^2 + a1 x + a0;
f2[x_]:=b2 x^2 + b1 x + b0;

f1str[x_]:=Evaluate[D[f1[x],x]];
f2str[x_]:=Evaluate[D[f2[x],x]];
loes=Simplify[Solve[f1[P[[1]]]==P[[2]]        &&
      f1[Q[[1]]]==Q[[2]]                      &&
      f2[Q[[1]]]==Q[[2]]                      &&
      f2[R[[1]]]==R[[2]]                      &&
      f1str[Q[[1]]]==0                        &&
      f2str[Q[[1]]]==0,{a0,a1,a2,b0,b1,b2}]]
Out[46]=
{{a0 -> 0.0224377, a1 -> 0.387812,

  a2 -> -0.484765, b0 -> 0.0667063,

  b1 -> 0.166468, b2 -> -0.208086}}

In[47]:=
g1[x]:=f1[x] /.Flatten[loes];
g2[x]:=f2[x] /.Flatten[loes];
G1[x_]:=Evaluate[g1[x]];
G2[x_]:=Evaluate[g2[x]];
G1str[x_]:=Evaluate[D[G1[x],x]];
```

Die Abweichung der Steigungen vom gewünschten Wert ist nicht allzu groß:

```
In[47]:=
steigModellP=G1str[P[[1]]]
Out[47]=
0.368421
```

Dies entspricht einer Winkeldifferenz

```
In[48]:=
ArcTan[Abs[steigK1-steigModellP]]/Pi 180 //N
Out[48]=
2.76213
```

von weniger als 3°. Im Punkt $R$ ist die Winkeldifferenz etwas größer.

```
In[49]:=
G2str[x_]:=Evaluate[D[G2[x],x]]

In[50]:=
steigModellR=G2str[R[[1]]]
Out[50]=
-0.241379

In[51]:=
ArcTan[Abs[steigK2-steigModellR]]/Pi 180 //N
Out[51]=
9.94222
```

Das Bild zeigt, daß ein akzeptables Bauteil entstanden ist.

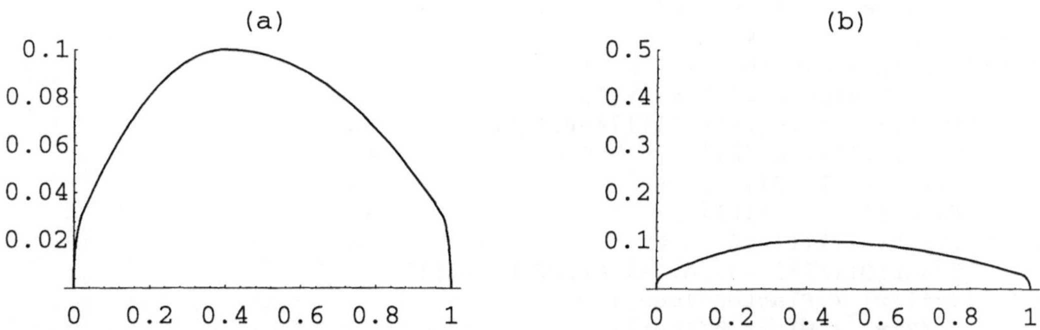


**Bild 3.21** Die Konfiguration $P = \{0.02, 0.03\}, Q = \{0.4, 0.1\}, R = \{0.98, 0.03\}$ liefert bei Verwendung von Parabelästen ein realistisches Propellerblatt: (a) Ansicht mit extrem verschiedenen Skalierungen, (b) Ansicht mit ähnlichen Skalierungen

```
In[52]:=
p1=Plot[G1[x],{x,P[[1]],Q[[1]]},
                    PlotRange->{0,0.1}]

p2=Plot[K1,{x,0,P[[1]]}]

p3=Plot[G2[x],{x,Q[[1]],R[[1]]},
```

```
                    PlotRange->{0,0.1}]

p4=Plot[K3,{x,R[[1]],1}]

q=Show[{p1,p2,p3,p4}]
```

Nun können wir unsere Anweisungen zu einem Programm zusammenfassen.

```
In[53]:=
Rotor[P_,Q_,R_]:=Module[{f1,f2,f1str,f2str,loes,a2,a1,a0,
b2,b1,b0g1,g2,G1,G2,G1str,steig1,G2str,steig2,xPm, KP,KP1,
p1,p2,p,steigR1,steigR2,p3,p4,q,xRm,KR,KR1},

SteigungPQ=(Q[[2]]-P[[2]])/(Q[[1]]-P[[1]]);
Print[SteigungPQ];
xPm=(P[[1]]^2+P[[2]]^2)/(2 P[[1]]);
KP=(x-xPm)^2+y^2==xPm^2;
KP1=Sqrt[xPm^2-(x-xPm)^2];
SteiguninP=D[KP1,x]/.{x->P[[1]]};
Print[SteiguninP];
SteigungQR=(R[[2]]-Q[[2]])/(R[[1]]-Q[[1]]);
Print[SteigungQR];
xm2=(-1+R[[1]]^2+R[[2]]^2)/(2(-1+R[[1]]));
KR=(x-xm2)^2+y^2;
KR1=Sqrt[(1-xm2)^2-(x-xm2)^2];
SteiguninR=D[KR1,x]/.{x->R[[1]]};
Print[SteiguninR];

If[N[SteigungPQ]<N[SteiguninP] &&
   N[SteigungQR]>N[SteiguninR],
{f1[x_]:=a2 x^2 + a1 x + a0;
f2[x_]:=b2 x^2 + b1 x + b0;
f1str[x_]:=Evaluate[D[f1[x],x]];
f2str[x_]:=Evaluate[D[f2[x],x]];
loes=Simplify[Solve[f1[P[[1]]]==P[[2]]        &&
       f1[Q[[1]]]==Q[[2]]                      &&
       f2[Q[[1]]]==Q[[2]]                      &&
       f2[R[[1]]]==R[[2]]                      &&
       f1str[Q[[1]]]==0                        &&
       f2str[Q[[1]]]==0,{a0,a1,a2,b0,b1,b2}]];
g1[x_]:=f1[x] /.Flatten[loes];
g2[x_]:=f2[x] /.Flatten[loes];
G1[x_]:=Evaluate[g1[x]];
G2[x_]:=Evaluate[g2[x]];?G2;
p2=Plot[KP1,{x,0,P[[1]]}];
p1=Plot[G1[x],{x,P[[1]],Q[[1]]},PlotRange->{0,Q[[2]]}];
p3=Plot[G2[x],{x,Q[[1]],R[[1]]},PlotRange->{0,Q[[2]]}];
p4=Plot[KR1,{x,R[[1]],1}];
q=Show[{p1,p2,p3,p4}];
q1=Show[{Plot[KP1,{x,0,P[[1]]},PlotRange->{0,1/2}],
Plot[G1[x],{x,P[[1]],Q[[1]]},PlotRange->{0,1/2}],
Plot[G2[x],{x,Q[[1]],R[[1]]},PlotRange->{0,1/2}],
Plot[KR1,{x,R[[1]],1},PlotRange->{0,1/2}]}]},
```

```
{Print["Das wird kein Rotorblatt"]}]

]
```

Wir testen unser Programm:

```
In[54]:=
Rotor[{0.02,0.03},{0.4,0.1},{0.98,0.03}]
Out[54]=
0.184211
0.416667
-0.12069
-0.416667

- Graphics -

In[55]:=
Rotor[{0.02,0.03},{0.4,.8},{0.98,0.03}]
Out[55]=
2.02632
0.416667
-1.32759
-0.416667
Das wird kein Rotorblatt
{Null}
```

*Alternative Suche*

Eine andere Möglichkeit der Suche nach einer geeigneten Funktion besteht darin, eine im gesamten Intervall $[x_0,x_2]$ definierte Funktion zu verwenden. Diese wird dann eine Kombination von Funktionen wie $\sin x, \tan x, \exp x$, etc. sein, wobei sich natürlich sofort die Frage erhebt, welche Art von Kombinationen man betrachten will. Die Standardantwort ist, daß man Linearkombinationen betrachtet, d.h. Funktionen der Art $a\sin(x) + b\tan(x) + c\exp(x) + \ldots$ mit reellen Zahlen $a,b,c,\ldots$, wobei anstelle des stets gleichen Arguments u.U. auch ein Ausdruck der Form $\alpha x + \beta$ denkbar wäre. Es gibt aber keinen Grund anzunehmen, daß es nicht viel besser wäre, auch die Multiplikation von Funktionen zuzulassen. Wir haben ein wenig mit Linearkombinationen herumprobiert, wobei es völlig unklar ist, welche Funktionen miteinbezogen werden sollen, und festgestellt, daß verschiedene Startwerte unterschiedliche Funktionen erfordern.
Wahrscheinlich sollte man hier einen genetischen Algorith us verwenden und auf diesem Weg zu vorgegebenen Punkten die jeweils richtigen Funktionen suchen. Eine solche Lösung würde den Rahmen dieses Buches jedoch bei weitem sprengen.

*Zusammenfassung*

1. Erst die Diskussion verschiedener Ansätze hat uns gezeigt, welche zunächst nicht offensichtlichen numerischen Bedingungen gelten müssen, damit überhaupt eine

Lösung möglich ist. Es war dabei hilfreich, maximale mathematische Forderungen an die Lösung zu stellen.

2. Aufgrund der gefundenen Zusatzbedingungen war es möglich, die ursprünglich aufgestellten mathematischen Bedingungen abzuschwächen und so eine einfache Lösung zu finden.

3. Diese Lösung entspricht zwar nicht vollständig den Idealvorstellungen eines Mathematikers, löst das Problem aber zufriedenstellend[13].

## 3.4 Übungen

Bei Extremwertaufgaben ist es häufig sinnvoll, dreidimensionale Probleme auf zweidimensionale zurückzuführen. Wenn Sie etwa den Materialverbrauch bei der Herstellung von Konservendosen minimieren wollen, werden Sie am einfachsten zum Ergebnis kommen, wenn Sie davon ausgehen, daß der Materialverbrauch proportional zur Oberfläche ist. Dies ist zwar nicht ganz richtig, die Abweichung ist jedoch gering.

Was halten Sie von folgender „Lösung“ der Extremwertaufgabe aus dem Paragraphen 3.1? Wir einfachen das Problem, indem wir nur den Querschnitt betrachten und unter allen dem gleichschenkligen Dreieck mit Grundseite $2 \cdot R$ und Höhe $H$ einbeschriebenen Rechtecken mit den Kanten $2 \cdot R$ und $h$ dasjenige mit größter Fläche suchen. Der Zylinder mit diesem Querschnitt wird dann maximales Volumen haben.

[13] Die seinerzeit benutzte studentische Lösung war ein Sonderfall unserer Überlegung.

# 4 Einführung in die objektorientierte Programmierung

Dies ist kein Buch über Informatik, insbesondere ersetzt es nicht die zahlreichen Bücher über objektorientiertes Programmieren. Wenn Sie eine ausführliche Darstellung dieses Themas suchen, verweisen wir Sie an die Literaturliste, die nur einen kleinen Ausschnitt von uns geschätzter Werke zu diesem Thema enthält. Ziel dieses Kapitels ist es, Sie mit den grundlegenden Ideen vertraut zu machen, indem wir in *Mathematica* zwei konkrete Beispiele schrittweise entwickeln. Wir setzen voraus, daß Sie mit den in diesem Buch bisher behandelten Themen vertraut sind.

## 4.1 Warum objektorientiert programmieren?

Wenn auch Sie zu den Menschen gehören, die nur ab und zu mit dem Computer zu tun haben und gezwungen sind, kleine oder auch größere Probleme mitttels eines Programms lösen zu müssen, werden Sie in den letzten Jahren immer wieder auf den Begriff „objektorientes Programmieren“, abgekürzt OOP, gestoßen sein. Er geistert durch Seminarankündigungen und Zeitschriften, und vielleicht haben Sie sich nach einiger Zeit gefragt, was das denn eigentlich ist. Um zu klären, ob es sich um die neueste Modeerscheinung handelt, von der in fünf Jahren niemand mehr spricht, oder ob vielleicht doch mehr dahinter steckt, haben Sie vielleicht auch schon versucht, nähere Informationen zu erhalten. Es würde uns nicht wundern, wenn Sie nach der Lektüre eines Einführungsbuches rasch Ihren Versuch aufgegeben haben, da viele Autoren umfangreiche Erfahrungen in der Software-Entwicklung, insbesondere großer Projekte, voraussetzen. Wir wollen also die Fragen: Was ist OOP? Warum macht man OOP? nicht bis zu Ihrer Erschöpf ng beantworten, zudem wir ja eigentlich das Lösen von Problemen mit *Mathematica* behandeln; trotzdem wollen wir eine zumindest die erste Neugier befriedigende Antwort finden. Beginnen wir mit der zweiten Frage nach den Gründen für die Verwendung von OOP und blicken in diesem Buch und auch in der Informatik zurück.

Warum sollen goto-Anweisungen vermieden und stattdessen strukturiert programmiert werden? Weil die Programme dadurch einfacher lesbar werden, weil Fehler eher gefunden werden bzw. leichter vermeidbar sind. Weil für ein neues, ähnliches Problem das alte, gut verstandene Programm oft nur ein wenig abgeändert werden muß.
Werden die Probleme jedoch schwieriger, so werden die Programme länger und auch bei noch so guter Strukturierung geht doch der Überblick verloren.

Also ist der nächste Schritt, das Programm zu zerschneiden in kleinere Einheiten, in Unterprogramme. Jedes Unterprogramm ist einzeln testbar, leicht überschaubar und bei Bedarf können Unterprogramme sogar ausgetauscht werden, wenn sich das Problem nur unwesentlich ändert.

Dabei tritt aber häufig ein Problem der Art auf, daß sich die Parameter in der Übergabe verändern, so daß noch in der vierzigsten Zeile der Typ geändert werden muß, in der sechzigsten Zeile ein Vorzeichen und ... und ... Vielleicht ist es doch besser, das ganze Programm neu zu schreiben. Die ganze Arbeit, die wir in das alte Programm hineingesteckt haben, war für die Katz, unser Wissen, daß es fehlerfrei war, nutzt uns nichts mehr, und auch die einhundertfünfundachtzig Testläufe dürfen wir getrost vergessen – alles vergebens. Wir müssen uns hinsetzen und das ganze Programm neu schreiben!

Das soll durch objektorientiertes Programmieren verhindert werden. Viele kleine Einheiten sollen nur noch einzelne Bausteine sein, die sich nach Belieben zusammensetzen lassen und dann, in einem Gerüst richtig zusammengefügt, das fertige Programm ergeben. Damit das „Aufschichten und Aufhäufeln" von verschiedenen Programmteilen auch wirklich etwas Sinnvolles ergibt, können die Programmteile miteinander „kommunizieren". Was heißt das genau, und welche Konsequenzen ergeben sich daraus?

Damit sind wir bei unserer ersten Frage, was ist objektorientiertes Programmieren. Viele Lehrbücher der Informatik beantworten diese Frage; obwohl sie in einzelnen Punkten verschiedene Meinungen vertreten, so gibt es doch eine gemeinsame Intention: Wenn Software dazu dienen soll, die Probleme der Wirklichkeit zu lösen, dann soll man beim Programmieren auch die Begriffe der Wirklichkeit benutzen können und nicht vor der Notwendigkeit stehen, völlig neue Begriffe einzuführen bzw. lernen müssen. Es hat sich z.B. bereits in den Anfängen der Informatik eingebürgert, anstatt der intern vom Rechner verwendeten Werte „0" und „1" zur Beschreibung von Wahrheitswerten die Booleschen Konstanten „true" und „false" zu benutzen. Sobald Ihre Programme jedoch etwas komplexer werden, müssen Sie die Wirklichkeit hinter Zahlen verstecken und in beigefügten Dokumentationen die Zuordnung dieser Zahlen zu Objekten der Wirklichkeit beschreiben. Und genau das soll mit OOP vermieden werden.

Zunächst einmal gibt es Objekte mit Eigenschaften. Ein Objekt steht im einfachsten Fall für etwas aus der realen Welt. Damit wir uns einig sind, worüber wir reden, wollen wir ein einfaches Beispiel betrachten: einen Stuhl. Sollten Sie gerade keinen Stuhl im Blickfeld haben, gehen Sie in Ihre Küche/ Ihr Eßzimmer und betrachten Sie den Stuhl, auf dem Sie beim Frühstück immer sitzen. Es ist ein Stuhl, den Sie von anderen Stühlen unterscheiden können, zum Beispiel von denen Ihres Nachbarn. Er hat nämlich Eigenschaften: er hat wahrscheinlich vier Beine, einen Bezug, die Rückenlehne hat eine bestimmte Form, das Gestell ist aus einem bestimmten Material, er hat eine Höhe, eine Breite und ein Gewicht. Diese Eigenschaften helfen Ihnen, ihn zu erkennen. Er hat aber auch Eigenschaften, die für Sie nicht so wichtig sind wie für andere Personen. Den Lieferrouten-Planer der Herstellerfirma wird weniger die Farbe des Bezugs interessieren als die Frage, wieviele derartige S ühle sich maximal in einem Möbeltransporter mit dem Volumen $2m \times 2m \times 8m$ stapeln lassen. Falls der Platz für die zu liefernden Stühle nicht reicht, ist vielleicht die Frage interessant, in wieviele Teile sich ein Exemplar maximal zerstörungsfrei zerlegen läßt. Oder, ganz anders: wie gut läßt sich festgetrocknetes Eigelb entfernen? Diese letzte Eigenschaft betrifft die Kommunikation des Objektes Stuhl mit dem Objekt, das Sie darstellen, wenn Sie den Fleck entfernen wollen, weil Sie gerade im Zustand „Hausputzen" sind[1]. Und wenn Sie sich gerade in diesem Zustand befinden, können Sie natürlich nicht nur den einen Stuhl putzen, sonndern auch einen anderen Stuhl, Ihren Fernsehsessel, den Schaukelstuhl oder Ihren Barhocker in der Kellerbar.

Was hat dies mit OOP zu tun? Alle aufgeführten Gegenstände sind Sitzgelegenheiten für eine Person, wir können auch sagen, sie gehören zu der Klasse „Sitzgelegenheiten für eine Person". Hätten wir auch noch Ihr Sofa und die Gartenbank aufgeführt, so gehörten alle diese Objekte zu der größeren Klasse „Sitzgelegenheiten für mehrere Personen", die die Unterklasse „Sitzgelegenheiten für eine Person" umfaßt. Hierin gibt es dann etwa die Unterklasse „Sitzgelegenheiten ohne Armlehnen für eine Person", zu der Ihr Frühstücksstuhl gehört. Ein Objekt einer untergeordneten Klasse besitzt automatisch alle Eigenschaften der Objekte der übergeordneten Klasse. Dieses Prinzip wird von den Informatikern als „Vererbung" bezeichnet. Wir wollen diese Ausführungen hier nicht vertiefen, sondern stattdessen auf die Literatur Coad [5] verweisen und Nagl [4] (S. 223) zitieren: „Die Objektorientierung kann als Fortsetzung der Datenabstraktion verstanden werden, da wir nur Klassen, d.h. Datentypmodule, betrachten und darauf Ähnlichkeitsbeziehungen festlegen. Es liegt hier insoweit eine besondere Betonung der Datenabstraktion vor, als die Bedeutung von Datenabstraktionsmodulen als allgemeinen Hilfsmitteln besonders hervorgehoben wird. Dieser Zusammenhang wird durch den Begriff „Objektorientiertheit" im Unterschied zu „Objektbasiertheit" zum Ausdruck gebracht."

## 4.2 Grundlagen von OOP in der normalen *Mathematica*-Benutzung

Im Paragraphen 2.5 des Kapitels 2 sind Ihnen bereits zwei Aspekte objektorientierten Programmierens begegnet, ohne daß wir Sie explizit darauf aufmerksam gemacht haben.

### 4.2.1 Modularisierung

Auf dem langen Weg vom ursprünglich üblichen „Basteln von Programmen" zum modernen „Software-Engineering" wurde die Herangehensweise an die programmtechnische Realisierung eines Projekts zunehmend abstrakter. Dies begann mit der Forderung nach strukturierten Programmen, deren Bauplan besser durchschaubar sein sollte als zur damaligen Zeit üblich, wobei die Idee, daß Programme aus kleineren Bausteinen zusammengesetzt werden sollten, schnell zur Einführung des Begriffs „Modul" führte.

Die folgende Definition entnehmen wir dem Buch „Objektorientierte Software-Konstruktion" von E. Horn und W. Schubert [6].

„Ein Modul ist eine relativ selbständige programmtechnische Einheit, die gewisse Eigenschaften besitzt und für die ein prinzipieller Modulaufbau ( ... ) angegeben werden kann.

[1] Dieses Beispiel stammt natürlich vom männlichen Part des Autorenteams.

1. Ein Modul ist eine logische Einheit mit einer klar abgegrenzten Aufgabe in einem Gesamtzusammenhang.
2. Ein Modul besteht aus Operationen und Daten, die eine enge Beziehung zueinander haben.
3. Ein Modul stellt Ressourcen nach außen zur Verfügung, die andere Moduln verwenden können. Diese Ressourcen sind in der Exportschnittstelle spezifiziert.
4. Die Interna eines Moduls sind in seinem Innern, dem Modulkörper, verborgen. Jeder Modul trennt sauber die Spezifikation (WAS) von der Implementation (WIE). Das **Was** ist an der Schnittstelle sichtbar. Das **Wie** ist im Modulkörper verborgen.

   Alle in der Exportschnittstelle eines Moduls spezifizierten Ressourcen müssen im Modulkörper realisiert werden.
5. Zur Realisierung seiner Aufgaben kann ein Modul Ressourcen anderer Moduln benötigen. Diese Ressourcen sind in der Importschnittstelle des Moduls benannt.
6. Die Kommunikation eines Moduls mit seiner Umgebung erfolgt ausschließlich über eine Schnittstelle. Es sind keine „Nebeneffekte“ zugelassen, d.h. es gibt keine Zugriffe auf den Modulkörper, die nicht in der Export-/Importschnittstelle sichtbar sind. Damit reicht die Kenntnis der Schnittstelle für die Benutzung des Moduls aus.
7. Ein Modul ist eine autonome Fertigungseinheit. Das schließt die Realisierung, die Prüfung, die Dokumentation ein. Die Moduln eines Programms können arbeitsteilig entwickelt werden.
8. Moduln sind bei Beibehaltung der Schnittstellen austauschbar.
9. Moduln sind Einheiten der Wiederverwendung, das heißt, sie können in anderen Zusammenhängen eingesetzt werden als in dem, in welchem sie entwickelt wurden.
10. Ein Modul muß überschaubar, planbar und kontrollierbar sein. ...

Der Unterschied zwischen der Modulschnittstelle und dem Modulkörper besteht darin, daß die *Schnittstelle sichtbar* und der *Körper nach außen verborgen ist.*

Das heißt nicht, daß der Modulkörper etwa durch einen anderen Programmierer nicht zu sehen ist. Es heißt vielmehr, daß von dem „Inneren“ des Modulkörpers kein Gebrauch gemacht werden kann, der nicht über die Schnittstelle erfolgt.“

Diese Beschreibung zeigt, daß ein *Mathematica*-`Module` nur eine Vorstufe zu einem Modul im Sinne des Software-Engineering ist, und dieser seine Analogie im `Package`-Konzept findet.

### 4.2.2 Polymorphismus

Um sicherzustellen, daß bei unsinnigen Werten für die Parameter der Schubkurbelanimation eine entsprechende Fehlermeldung ausgegeben wird, hatten wir eine Reihe weiterer Module geschrieben, die alle denselben Namen trugen wie das eigentliche Animationsprogramm und bei falschen Eingabewerten die passende Meldung produzierten.

Es ist also möglich, daß verschiedene Programme denselben Namen tragen, vorausgesetzt, das System kann bei einem konkreten Aufruf des Programms aufgrund der Eingabewerte entscheiden, welche der Varianten für die Rechnung benutzt werden soll. Dies machte für den Fall der Fehlermeldungen ganz offensichtlich Sinn, weil gerade in einem Fall fehlerhafter Parameterwerte der Benutzer natürlich gar nicht auf die Idee käme, einen anderen Programmnamen zu verwenden. Für den Programmierer bietet diese Vorgehensweise den Vorteil, daß er (oder sie) sich zunächst auf den Hauptteil des Problems konzentrieren kann und später, wenn dieser voll funktionstüchtig ist, die Kontrolle der Eingabewerte in getrennten Moduln, völlig losgelöst vom Kernprogramm, auflisten kann. In klassischen Programmiersprachen verheddert man sich hier sehr leicht, weil man entweder zu einem sehr frühen Zeitpunkt alle denkbaren Fehleingaben mitberücksichtigen muß und vor lauter Sonderfällen den Normalfall nicht mehr korrekt behandelt oder aber im Nachhinein versucht, die Behandlung der Fehleingaben einzubauen, und mit der Programmlogik in Konflikt gerät.

Dieses Konzept: verschiedene Programme tragen denselben Namen, weil sie inhaltlich zusammengehören, hat jedoch weitere Anwendungsmöglichkeiten, die aus den Gedanken der Objektorientierung stammen. Von Seiten des Benutzers ist es eigentlich unsinnig, daß Programme, die Vergleichbares leisten, ganz unterschiedliche Namen tragen[2]. Wenn Sie sich unser Programmpaket `Getriebe` noch einmal anschauen, werden Sie feststellen, daß die Programme `KolbenGeschwindigkeit` und `KolbenGeschwindigkeitBild` bzw. `KolbenBeschleunigung` und `KolbenBeschleunigungBild` jeweils dasselbe Problem bearbeiten und sich nur durch die Art ihrer Ausgabe unterscheiden. Für den enutzer dieser Programme, der von der internen Realisierung nichts weiß, ist es durchaus lästig, sich mehrere Namen für fast dasselbe Programm merken zu müssen, vor allem, wenn er keine Liste mit allen existierenden Namen neben sich zu liegen hat und gar nicht weiß, unter welchem Namen sich die Variante verstecken könnte[3].

Einer der Aspekte von OOP ist die Möglichkeit, in solchen Situationen mit einer „polymorphen Operation" zu arbeiten. Das heißt konkret für unser Beispiel `Kurbelgeschwindigkeit`, daß es zwei verschiedene Module dieses Namens gibt, die eine unterschiedliche bzw. unterschiedlich lange Listen von Parametern benötigen und entweder

---

[2] Denken Sie etwa an das Entfernen eines Eigelbflecks – es handelt sich im Prinzip immer um die gleiche Arbeit, egal, ob Sie den Fleck von Ihrem Fernsehsessel oder vom Küchenstuhl entfernen müssen, die nur leicht zu modifizieren ist, z.B. wegen unterschiedlichen Bezugsmaterials oder eines längeren Weges zum nächsten Wasserhahn.

[3] Deswegen hatten wir damals auch etwas vorgesorgt und zumindest Namen gewählt, die durch Verwendung der Wildcard „*" leicht gefunden werden können.

die Formel oder das Bild der Kurbelgeschwindigkeit liefern. Da in beiden Fällen der Radius $R$, die Pleuelstangenlänge $L$ und die konstante Kurbelgeschwindigkeit $\omega$ benötigt werden, sind die Parameterlisten zunächst nicht unterschiedlich[4]. Also müssen wir dafür sorgen, daß die Parameterlisten verschieden lang sind. Am einfachsten erreichen wir dies dadurch, daß wir für das Programm zur Formelberechnung die alte Definition beibehalten und die Variante zur Bilderzeugung mit einem Zusatzparameter versehen, der in diesem Fall eine Konstante ist.

```
In[1]:=
KolbenGeschwindigkeit[R_,L_,omega_, Bild]:=
          Plot[Evaluate[KolbenGeschwindigkeit[R,L,omega]],{t,0,2Pi}]
```

Natürlich müssen in unserem Paket jetzt noch `KolbenGeschwindigkeit::usage` sowie die Fehlermeldungsmodule angepaßt werden – aber dies ist eine einfache Übungsaufgabe.

## 4.3 Selbstdefinierte „Präklassen" als Einstieg ins OOP-Konzept

Als nächstes wollen wir versuchen, das Klassenkonzept schrittweise zu verstehen und einzuführen. Dazu benötigen wir zunächst ein geeignetes Beispiel. Unsere Studenten sind immer wieder in ihren Projekten auf das Problem gestoßen, mit stückweise definierten Funktionen arbeiten zu müssen, d.h. Nullstellen solcher Funktionen zu suchen oder sie gar abzuleiten oder zu integrieren. Dies funktioniert normalerweise nicht. Wenn wir etwa die einmal stetig differenzierbare Funktion

$$f(x) = \begin{cases} x^2 & \text{für } x \geq 0 \\ -x^2 & \text{für } x < 0 \end{cases}$$

betrachten und ihre Ableitung zeichnen lassen wollen, so erhalten wir zunächst keinen Hinweis auf ein Problem

```
In[1]:=
f[x_]:= x^2/;x>0;
f[x_]:=-x^2/;x<=0;

fstr[x_]:=Evaluate[D[f[x],x]]
```

werden jedoch beim Versuch, die Ableitung zeichnen zu lassen, mit Fehlermeldungen überschüttet und erhalten nur eine leere Graphik.

```
In[2]:=
Plot[fstr[x],{x,-3,3}]
```

[4] Sie wären etwa unterschiedlich, wenn einer der Parameter im einen Fall eine Zahl, im anderen eine Liste oder eine Zeichenkette wäre.

```
Out[2]=
Plot::plnr:
   CompiledFunction[{x}, <<2>>][x]
     is not a machine-size real number at x = -3..
Plot::plnr:
   CompiledFunction[{x}, <<2>>][x]
     is not a machine-size real number at x = -2.7
      5.
Plot::plnr:
   CompiledFunction[{x}, <<2>>][x]
     is not a machine-size real number at x = -2.5.
General::stop:
   Further output of Plot::plnr
     will be suppressed during this calculation.
```

Wenn wir uns einen konkreten Funktionswert ausgeben lassen, sehen wir, woher die Fehlermeldungen kommen: die Ableitung ist nur formal durchgeführt worden, aber nicht konkret.

```
In[3]:=
 fstr[2]

Out[3] =
 f'[2]
```

Dies war für uns der Anlaß, als Objekt unserer Betrachtungen in diesem und dem folgenden Paragraphen die stückweise stetigen Funktionen zu verwenden. Da die Treppenfunktionen (bei denen die Funktion intervallweise konstant ist) eine wichtige Teilmenge sind und der Name „stückweise_stetige_Funktionen" schrecklich lang ist, haben wir im folgenden als Namen „Treppenfunktionen" verwendet, obwohl unsere Funktionen allgemeiner sind. In diesem Paragraphen wollen wir zunächst versuchen, selbst den Datentyp `TreppenFunktion` definieren. In *Mathematica* gibt es die Möglichkeit, Regeln anzugeben, die mit einem Objekt assoziiert sind.

Als erstes müssen wir Regeln angeben, die dafür sorgen, daß eine Ausgabe dieser Funktionen möglich ist.

Dazu müssen wir festlegen, was für uns wesentlich an einer Treppenfunktion sein soll. Es gibt hier viele denkbare Möglichkeiten, und wir entscheiden uns dafür, daß eine elementare Treppenfunktion außerhalb eines gewissen Intervalls Null sein soll[5]; kompliziertere Exemplare lassen sich dann als Summe elementarer Treppenfunktionen erklären. Für eine solche elementare Treppenfunktion benötigen wir also 3 Angaben: die Intervallgrenzen, außerhalb derer die Funktion verschwindet, und die Funktion, die innerhalb dieses Intervalls unsere Treppenfunktion definiert. Um angeben zu können, welche Werte die Funktion annehemn soll, benötigen wir einen Variablennamen. Im Einklang mit dem mathematischen Brauch benutzen wir den Namen $x$.[6] Ein Aufruf muß also von der Form sein `TreppenFunktion[a_,b_,f_]`, wobei Sie natürlich

[5] Mathematisch gesprochen betrachten wir hier also Funktionen mit kompaktem Träger.

[6] Der Einbau der zusätzlichen Möglichkeit, der Variablen auch einen anderen Namen geben zu können, lenkt nach unserer Meinung hier nur vom Thema ab, so daß wir darauf verzichtet haben.

eine andere Reihenfolge der Parameter vorsehen können. Da wir mit diesen Funktionen rechnen und sie zeichnen wollen, geben wir als Regeln für die Ausgabe an, was der numerische Wert einer solchen Funktion in einem bestimmten Punkt ist, also

```
In[4]:=
TreppenFunktion /: N[
        TreppenFunktion[a_,b_,f_]]:=
                0 /;x<a
TreppenFunktion /: N[
        TreppenFunktion[a_,b_,f_]]:=
                f /; x>=a && x<=b
TreppenFunktion /: N[
        TreppenFunktion[a_,b_,f_]]:=
                0 /; x>b
```

Wenn Sie jetzt etwa die Funktion

$$f(x) = \begin{cases} x^2 & \text{für } x \in [1,3] \\ 0 & \text{sonst} \end{cases}$$

als Treppenfunktion definieren,

```
In[5]:=
f[x_]:=TreppenFunktion[1,3,x^2]
```

können Sie sich eine Zeichnung in einem beliebigen Intervall ausgeben lassen.

```
In[6]:=
Plot[f[x],{x,0,4}]
Out[6]=
-Graphics -
```

Um nun auch Funktionen mit mehreren Sprungstellen verwenden zu können, müssen wir imstande sein, Treppenfunktionen zu addieren. Nehmen wir an, daß die erste Funktion im Intervall $[a,b]$ nicht verschwindet und die zweite Funktion auf dem Intervall $[c,d]$ von Null verschieden ist, so müssen wir für alle möglichen Lagen der beiden Intervalle zueinander die Summe der Funktionen erklären. Welche Lagen sind denkbar? Versuchen Sie, sich anhand von Skizzen selbst alle Fälle zu überlegen, bevor Sie weiterlesen!

Das Intervall $[a,b]$ kann vollständig rechts oder links von $[c,d]$ liegen, dann gilt für die Intervallgrenzen

$$a \le b \le c \le d \qquad \text{oder} \qquad c \le d \le a \le b$$

Es kann $[c,d]$ vollständig enthalten oder in $[c,d]$ vollständig enthalten sein, also

$$a \le c \le d \le b \qquad \text{oder} \qquad c \le a \le b \le d$$

Es kann aber auch teilweise rechts oder links von $[c,d]$ liegen, so daß beide Intervalle Punkte gemeinsam haben

$$a \leq c \leq b \leq d \qquad \text{oder} \qquad c \leq a \leq d \leq b$$

Dies sind also sechs verschiedene Fälle, die wir berücksichtigen müssen. Dabei gilt für den Wert der Summe:

$$F(x)+G(x)=\begin{cases} f(x)+g(x) & \text{für } x \in [a,b] \cap [c,d] \\ f(x) & \text{für } x \in [a,b] \text{ und } x \notin [c,d] \\ g(x) & \text{für } x \in [c,d] \text{ und } x \notin [a,b] \\ 0 & \textit{sonst} \end{cases}$$

Um die folgenden Regeln zu verstehen, sollten Sie anhand von Bild 4.1 selbst versuchen, aufzuschreiben, wann der Wert der Summe $f(x)+g(x)$ ist. Für die anderen Fälle ist das Vorgehen dasselbe. Im übrigen machen wir hier von der Möglichkeit Gebrauch, auch bei der Definition von Regeln Bedingungen anzugeben, wann diese Regel angewandt werden soll.

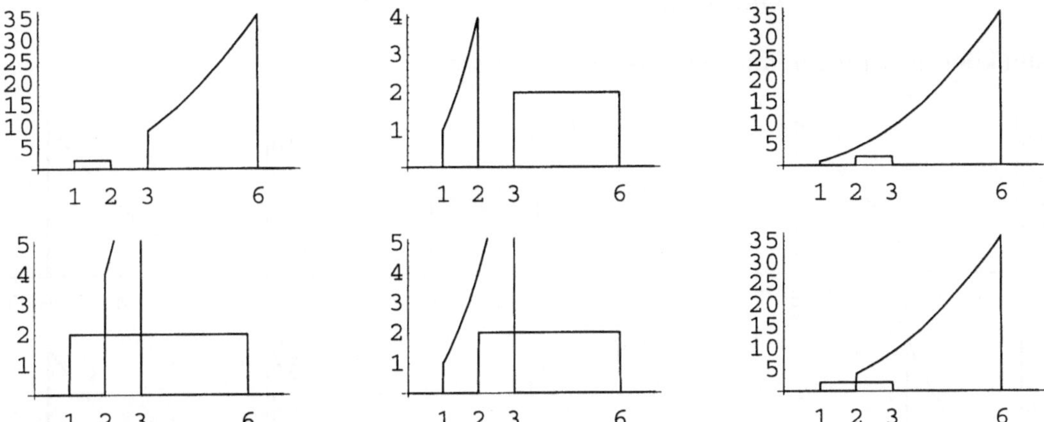


**Bild 4.1** Die Treppenfunktionen zu $f(x)=2$ und $g(x)=x^2$ über verschiedenen Intervallen

```
In[7]:=
TreppenFunktion/: TreppenFunktion[a_,b_,f_] +
        TreppenFunktion[c_,d_,g_]:=
        f+g /;(a<=c&&c<=b&&b<=d&&c<=x&&x<=b)||
               (c<=a&&b<=d&&a<=x&&x<=b)||
               (c<=a&&a<=d&&d<=b&&a<=x&&x<=d)||
               (a<=c&&d<=b&&c<=x&&x<=d);

TreppenFunktion/: TreppenFunktion[a_,b_,f_] +
        TreppenFunktion[c_,d_,g_]:=
                0/;(a<=c&&x<a)||
                   (c<=a&&x<c)||
                   (b<=c&&b<x&&x<c)||
                   (b<=d&&x>d)||
                   (d<=b&&x>b)||
                   (d<=a&&d<x&&x<a);
```

```
TreppenFunktion /: TreppenFunktion[a_,b_,f_] +
      TreppenFunktion[c_,d_,g_]:=
        f /;(b<=c&&a<=x&&x<=b)||
            (a<=c&&c<=b&&b<=d&&a<=x&&x<=c)||
            (c<=a&&a<=d&&d<=b&&d<=x&&x<=b)||
            (a<=c&&d<=b&&a<=x&&x<=c)||
            (a<=c&&d<=b&&d<=x&&x<=b)||
            (d<=a&&a<=x&&x<=b)

TreppenFunktion /:TreppenFunktion[a_,b_,f_] +
      TreppenFunktion[c_,d_,g_]:=
         g /;(b<=c&&c<=x&&x<=d)||
             (a<=c&&c<=b&&b<=x&&x<=d)||
             (c<=a&&b<=d&&c<=x&&x<=a)||
             (c<=a&&b<=d&&b<=x&&x<=d)||
             (c<=a&&a<=d&&d<=b&&c<=x&&x<=a)||
             (d<=a&&c<=x&&x<=d)
```

Nun können wir die Summe jeweils zeichnen lassen.

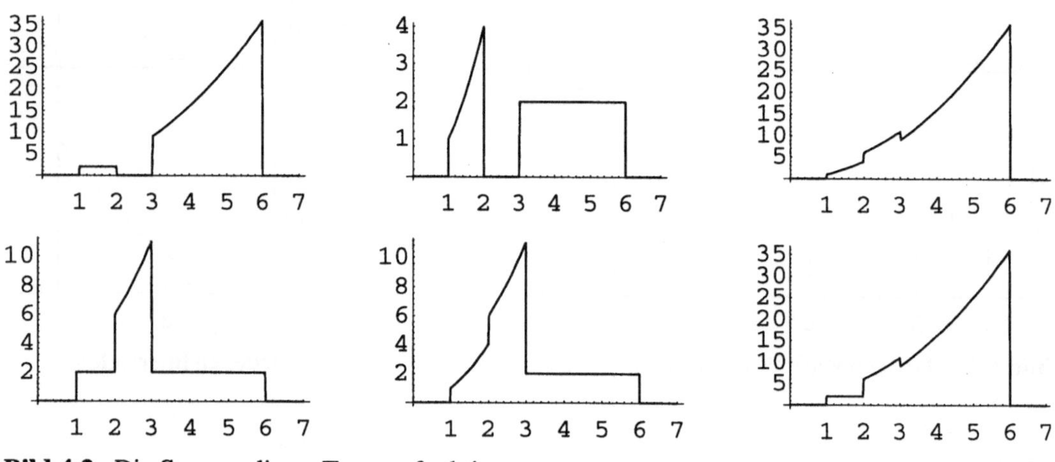

**Bild 4.2** Die Summe dieser Treppenfunktionen

Warum können wir jetzt jede beliebige Treppenfunktion betrachten? Die Tatsache, daß *Mathematica* Definitionen und Regeln solange anwendet, bis es nicht mehr möglich ist, eine weitere Regel zu verwenden, führt dazu, daß immer wieder zwei Summanden zusammengefaßt werden.

Falls Sie das nicht glauben, probieren Sie es doch einfach aus:

```
In[8]:=
h1=TreppenFunktion[3,6,2]+TreppenFunktion[1,2,x^2]


Out[8]=
                                    2
TreppenFunktion[1, 2, x ] + TreppenFunktion[3, 6, 2]
```

```
In[9]:=
h2=TreppenFunktion[-1,2,5]+TreppenFunktion[2,4,Sin[x]]
Out[9]=
TreppenFunktion[-1, 2, 5] +

 TreppenFunktion[2, 4, Sin[x]]

In[10]:=
Plot[h1+h2,{x,-2,7}]
Out[10]=
-Graphics -
```

Wenn Sie jetzt etwa definieren wollen, wie eine solche Treppenfunktion abzuleiten ist, können Sie dies für eine elementare Treppenfunktion tun

```
In[11]:=
TreppenFunktion /: D[
       TreppenFunktion[a_,b_,f_],x]:=
             TreppenFunktion[a,b,Evaluate[D[f,x]]]
```

Diesen Vorgang, einen Operator, dessen Wirkung auf gewisse Objekte bekannt ist (in unserem Fall benutzen wir den Operator Ableiten, der üblicherweise auf differenzierbare Funktionen wirkt) für eine neue „Klasse“ von Objekten zu definieren (in unserem Fall auf stückweise differenzierbare Funktionen), bezeichnen die Informatiker als „Überladen“ des Operators. Wir probieren unsere Definition aus:

```
In[12]:=
D[TreppenFunktion[1,3,x^2],x]

Out[12]=
TreppenFunktion[1, 3, 2 x]
```

Wenn Sie allerdings versuchen, jetzt eine zusammengesetzte Funktion ableiten zu lassen, geht dies nicht

```
In[13]:=
TreppenFunktion[1,2,2]+TreppenFunktion[3,6,x^2]


Out[13]=
                                                    2
TreppenFunktion[1, 2, 2] + TreppenFunktion[3, 6, x ]

In[14]:=
D[%,x]
Out[14]=
                   (0,0,1)       2
2 x TreppenFunktion       [3, 6, x ]

In[14]:=
Plot[%,{x,0,7}]
```

```
Out[14]=
Plot::plnr:
   CompiledFunction[{x}, <<1>>, <<13>>-][x]
     is not a machine-size real number at x = 0..
Plot::plnr:
   CompiledFunction[{x}, <<1>>, <<13>>-][x]
     is not a machine-size real number at x = 0.29166
     7.
Plot::plnr:
   CompiledFunction[{x}, <<1>>, <<13>>-][x]
     is not a machine-size real number at x = 0.58333
     3.
General::stop:
   Further output of Plot::plnr
     will be suppressed during this calculation.
-Graphics-
```

Sollten Sie nun auf die Idee kommen, eine eigene Linearitätsregel für das Ableiten von Treppenfunktionen zu definieren, so wird dies mit einer Fehlermeldung quittiert.

```
In[15]:=
TreppenFunktion /: D[
        TreppenFunktion[a_,b_,f_]+
        TreppenFunktion[c_,d_,g_],x]:=
         D[TreppenFunktion[a,b,f],x]+
         D[TreppenFunktion[c,d,g],x]
Out[15]=
TagSetDelayed::tagpos:
   Tag TreppenFunktion in D[<<2>>]
     is not in a valid position for assignment.
$Failed
```

Offenbar müßten wir raffinierter vorgehen, um die Arithmetik der Treppenfunktionen vollständig zu beschreiben, und anstatt zu versuchen, unseren Ableitungsoperator zu retten, wollen wir lieber auf die von *Mathematica* zur Verfügung gestellten Konzepte zur Realisierung objektorientierter Programmierung zurückgreifen.

## 4.4 Die Verwendung des Pakets `classes.m` I

### 4.4.1 Der erste Versuch

Als erstes wollen wir die Treppenfunktionen durch Klassen im Sinne von OOP beschreiben. Hierfür stellt uns *Mathematica* das Paket `classes.m` von R. Maeder zur Verfügung[7] .

[7] Dieses Paket ist nicht Bestandteil der Standardlieferung, aber Sie können sich die jeweils neueste Version über MathSource besorgen. Eine kurze Beschreibung des Pakets finden Sie im *Mathematica* Journal Bd.3 Heft 1, S. 23-31.

```
In[1]:=
<<classes.m
```

Wir werden die Konstruktion sukzessive aufbauen, damit Sie sie Schritt für Schritt verfolgen können und nicht von der vollständigen Konstruktion erschlagen werden, und werden daher mit dem absoluten Minimum an notwendigen Vereinbarungen anfangen, auch wenn diese kleinen Beispiele nicht - gerade wegen ihrer Kleinheit - für das Besondere der Philosophie des OOPs stehen können. Insbesondere werden wir versuchen, typische Fehler einzubauen, damit Sie diese bei eigenen Definitionen dann vermeiden können. Eine Klasse ist unter anderem auch eine Verallgemeinerung sogenannter zusammengesetzter Datentypen, d.h. insbesondere, daß jedes Objekt aus mehreren Komponenten besteht, die unterschiedlicher Art sein können (so enthalten die Objekte einer Adressendatei jeweils Informationen über Namen, Vornamen, Titel, Straßen, Hausnummern, etc.), wobei einige Komponenten Funktionen sein dürfen. Es gibt Unterklassen, deren Objekte alle auch Objekte der Oberklasse sind; das Prinzip der Vererbung besagt, daß sie alle Eigenschaften der Klasse, von der sie abstammen, erben.

Die Oberklasse wird häufig auch als Eltern-, die Unterklasse als Tochterklasse bezeichnet.

Also fangen wir an. Jede Klasse wird in *Mathematica* durch den Befehl

```
Class[ Name der jetzt definierten Klasse, Name der Elternklasse,
Liste der lokalen Variablen, Liste der Funktionen zur
"Kommunikation" der Klasse mit der Außenwelt]
```

vereinbart. In unserem Beispiel sollen die Objekte der Klasse `treppen` heißen. Wir haben bisher keine Klassen definiert, von denen wir Unterklassen betrachten können, also ist unsere Elternklasse die maximale Elternklasse[8]. Diese trägt in dem Paket `classes.m` den Namen `Objekt`. Da die Angabe einer Elternklasse zwingend vorgeschrieben ist, ist dies die für uns bequemste Lösung[9]. Die lokalen Variablen dienen dazu, daß Sie überhaupt[10] Funktionen auf die Objekte anwenden können. Dies werden wir gleich genauer erklären. Funktionen sind erforderlich, um mit den Objekten etwas machen zu können bzw. al Schnittstellen zur Kommunikation mit anderen Objekten (anderer) Klassen, da eine Klasse auch als Datenmodul aufgefaßt werden kann.

Welche Funktionen brauchen wir auf jeden Fall? Es muß eine Möglichkeit geben, dem System zu sagen, daß etwa der Name `tfunk001` sich auf eine Treppenfunktion, also ein Objekt der Klasse `treppen` beziehen soll. In objektorientierten Sprachen wie etwa C++ oder Smalltalk hat es sich aus verschiedenen Gründen eingebürgert, hierfür den Befehl `new` zu verwenden; die *Mathematica*-Bezeichnung lautet daher ebenfalls so. `new` soll ein Objekt des gewünschten Typs erzeugen. Wir vereinbaren, welche Eigenschaften ein Objekt der Elternklasse haben soll, um ein Objekt der Klasse `treppen` darzustellen.

---

[8] Diese Hierarchie können Sie sich so ähnlich wie bei der Dateien- und Verzeichnisstruktur Ihres Betriebssystems vorstellen.

[9] Natürlich ist es Ihnen unbenommen, sich die Definition von `Objekt` in `classes.m` als Vorlage zu nehmen und ihr Glück mit eigenen Definitionen zu versuchen.

[10] Nur in den ganz einfachsten Situationen könnte man auf lokale Variable verzichten.

Dazu müssen wir zunächst wissen, wie ein solches Objekt heißt. Offenbar der Einfachheit halber wurde der Name `super` gewählt, wie wir der Hilfe entnehmen können[11].

```
In[2]:=
?super
Out[2]=
super denotes the object as a member of its superclass.
```

Um vorsichtig mit dem Ausprobieren anzufangen, wollen wir zunächst nur vereinbaren, daß unsere Objekte zwei Komponenten haben sollen, nämlich zwei verschiedene Funktionen. Später werden wir dies um entsprechende Intervallangaben ergänzen. Um auf diese Komponenten allgemein zugreifen zu können, sollten sie tunlichst Namen haben[12]. Wir wollen sie `funk1` und `funk2` nennen. Um die Zuordnung 1. Komponente → `funk1` und 2. Komponente → `funk2` zu bewerkstelligen, benötigen wir das Konzept der sogenannten reinen Funktion, bei der die Variablen die Namen `#1`, `#2`, etc. tragen. Damit muß die Zeile, in der die Funktion `new` erklärt wird, gemäß den Definitionen von `classes.m` so aussehen:

```
new,  (new[super];funk1=#1;funk2=#2)&
```

Nach dem Funktionsnamen, hier speziell `new`, folgt ein Komma, dann werden die Mathematica-Anweisungen, für die `new` steht, hintereinandergeschrieben. Da es sich um eine reine Funktion handelt, ist dies durch ein „&" am Ende zu kennzeichnen, wegen der niedrigen Priorität ist alles in runde Klammern zu setzen. Um die Wirksamkeit unserer Definition überprüfen zu können, benötigen wir Befehle zur Ausgabe der beiden Komponenten. Es ist im wesentlichen genauso zu verfahren wie bei `new`. Mit `drucke1` soll die erste Komponente, mit `drucke2` die zweite Komponente ausgegeben werden. Damit sieht unsere Klassendefinition folgendermaßen aus:

```
In[3]:=
Class[treppen,Object,
      {funk1,funk2},
      {{new,        (new[super];funk1=#1;funk2=#2)&},
       {drucke1,    (Print[funk1])&},
       {drucke2,     Print[funk2]&}
      }
]
Out[3]=
treppen
```

Das Echo zeigt, daß die Klasse `treppen` vereinbart worden ist. Wir werden es im Folgenden stets durch Verwendung eines Semikolons unterdrücken.

Um zu sehen, was unsere Befehle leisten, müssen wir wissen, wie ein neues Objekt der Klasse mithilfe von `new` vereinbart wird. Hier ist als erster Parameter der Namen der Klasse anzugeben, zu der das Objekt gehören soll, als weitere Parameter die verschiedenen Komponenten, aus denen sich der Datentyp zusammensetzt..

[11] Statt Elternklasse wird im Englischen häufig die Bezeichnung superclass verwendet.

[12] Wir werden im nächsten Abschnitt klären, warum Sie hier nicht auf Namen verzichten sollten.

```
In[4]:=
tfunk001=new[treppen,x^2,1+1/(x+1)]
Out[4]=
-treppen-

In[5]:=
tfunk002=new[treppen,x,x+x^2]
Out[5]=
-treppen-
```

Das Bildschirmecho besagt, daß `tfunk001` und `tfunk002` tatsächlich Objekte der Klasse `treppen` sind. Mithilfe von `drucke1` und `drucke2` können wir uns die beiden Komponenten ausgeben lassen.

```
In[6]:=
drucke1[tfunk001]
Out[6]=
 2
x

In[7]:=
drucke2[tfunk001]
Out[7]=
       1
1 + -----
     1 + x
```

Falls Sie der 2. Komponente von `tfunk002` einen neuen Wert zuweisen,

```
In[8]:=
tfunk002[[2]]=3
Out[8]=
3
```

ersetzt dieser den alten.

```
In[9]:=
drucke2[tfunk002]
Out[9]=
3
```

Dieser direkte Eingriff in den Wert der Komponenten ist zulässig, im Gegensatz zu einer Veränderung der in der Klassendefinition verwendeten Variablen `funk1` und `funk2`, die Sie als lokale Variable ansehen sollten, die nicht direkt ausgebbar und beeinflußbar sind. Wenn Sie versuchen, den Wert der 1. Komponente ohne Verwenden von `drucke1` ausgeben zu lassen, so scheitern Sie:

```
In[10]:=
funk1
Out[10]=
funk1
```

In der Sprache von OOP heißt das: **Sie sollen die Kommunikationswege benutzen, die in der Klassendefinition vorgeschrieben sind**[13]. Wenn Sie gegen dieses Gebot verstoßen, kann Ihnen leicht folgendes passieren: Wir weisen der „lokalen Variablen", die die 2. Komponente beschreibt, einen neuen Wert zu.

```
In[11]:=
funk2=23
Out[11]=
23
```

```
In[12]:=
drucke2[tfunk002]
Out[12]=
23
```

Wenn wir jetzt noch einmal, genauso wie oben, der 2. Komponente von `tfunk002` einen Wert zuweisen, sieht es zunächst so aus, als ob das wirklich klappt:

```
In[13]:=
tfunk002[[2]]=3
Out[13]=
3
```

wenn Sie aber den offiziellen Ausgabeweg wählen, so sehen Sie, daß dies nicht stimmt.

```
In[14]:=
drucke2[tfunk002]
Out[14]=
23
```

Der Wert von `funk1` blockiert jetzt sogar die Definition eines neuen Objekts.

```
In[15]:=
cc=new[treppen,x^2-x,2-x]
Out[15]=
Unique::usym: 23 is not a symbol or a valid symbol name.
Unique::usym: 23 is not a symbol or a valid symbol name.
SetAttributes::sym:
   Argument Unique[{funk1, 23}] at position 1
      is expected to be a symbol.
Take::take: Cannot take positions -2 through -1 in Hold[{funk1, 23}].
Set::write: Tag Take in Take[Hold[{funk1, 23}], -2] is Protected.
-treppen-
```

Falls Sie sich trotz all dieser Fehlermeldungen trauen, den Wert der 2. Komponente abzufragen:

```
In[16]:=
drucke2[cc]
Out[16]=
Take::take: Cannot take positions -2 through -1 in Hold[{funk1, 23}].
2 - x
```

[13] Vergessen Sie nicht, daß Klassen auch als Datenmodule aufgefaßt werden können!

Wie immer, wenn wir Mathematica zu sehr verärgert haben, sollten wir eine neue Sitzung anfangen. Übrigens sollten Sie auch nicht auf die Idee kommen, die in der Klassendefinition verwendeten Namen als Namen von Objekten zu verwenden:

```
In[1]:=
<<classes.m

In[2]:=
funk1=new[treppen,2x,x^3]
Out[2]=
-treppen-

In[3]:=
drucke1[funk1]
Out[3]=
-treppen-

In[4]:=
drucke2[funk1]
Out[4]=
 3
x
```

### 4.4.2 Operationen, die zwei Objekte benötigen

In diesem Abschnitt wollen wir unsere Definition ein wenig erweitern. Da wir eigentlich stückweise stetige Funktionen betrachten wollen, müssen wir für unsere Klassendefinition gewisse Annahmen treffen.

Da sich das grundsätzliche Arbeiten mit Klassendefinitionen an den elementaren Funktionen des letzten Paragraphen nicht so gut demonstrieren läßt, fangen wir gleich mit dem nächstkomplizierten Fall an.

Wir wollen davon ausgehen, daß die Funktionen auf dem Intervall $(-\infty,a)$[14] gleich Null sind, auf dem Intervall $(a,b)$ stetig sind, bei $b$ eine Sprungstelle haben, von $b$ bis $c$ stetig sind und auf dem Intervall $(c,\infty)$ gleich Null sind. Der Einfachheit nehmen wir vorläufig an, daß $a=-3$, $b=0$ und $c=4$ ist – später werden wir uns hiervon lösen. Wir wollen solche Funktionen zeichnen können, fügen also zwei weitere Befehle in unsere Klassendefinition ein, die jeweils eine Komponente zeichnen[15]. Um unsere Definitionen verständlich zu halten, setzen wir voraus, daß die Variable stets $x$ heißt. Daran wird sich während des gesamten Kapitels nichts ändern.

```
{bild1,        Plot[funk1,{x,-3,0}]&},
{bild2,        Plot[funk2,{x,0,4}]&},
```

[14] Der Wert der Funktion an den Sprungstellen interessiert uns im Augenblick noch nicht; wir werden ihn später auf 0 festsetzen.

[15] Am Ende dieses Abschnitts werden wir noch darauf eingehen, wie die Funktion vollständig gezeichnet werden kann.

Wir wollen zwei Treppenfunktionen auch addieren können; der Aufruf soll dabei `add[tfunk001,tfunk002]` lauten. Um zu verstehen, wie diese Funktion zu definieren ist, sollten wir über die allgemeinen Ideen einer Klassendefinition nachdenken. In jeder Klassendefinition wird die Wirkung von Funktionen auf Objekte dieser Klasse beschrieben. Daher muß das erste Argument jeder Funktion ein Objekt dieser Klasse sein (wenn wir von Ausnahmen wie `new` absehen). Gemäß den Vereinbarungen von `new` können wir die erste Komponente dieses Objektes mit `funk1` und die zweite mit `funk2` ansprechen.

Um zu verstehen, wie wir auf das 2. Argument der Funktion zugreifen können, bedenken wir, daß Funktionen die Kommunikation von Objekten mit der Außenwelt beschreiben. Das Objekt, das das erste Argument einer Funktion darstellt, also etwa `tfunk001`, kommuniziert mit einem oder mehreren Strukturen (dies können andere Objekte derselben Klasse sein, aber auch einfache Zahlen, Zeichenketten, Objekte anderer Klassen, usw.). Diese werden, wie bei Argumenten reiner Funktionen üblich, mit #1, #2, usw. bezeichnet. Unsere Funktion `add` hat als zweites Argument wiederum ein Objekt der Klasse, das also aus zwei Komponenten besteht. Nach unseren Überlegungen müssen diese also `#1[[1]]` und `#1[[2]]` heißen. Um uns direkt vom Erfolg unserer Idee überzeugen zu können, lassen wir die Funktionen nicht wirklich addieren, sondern das Ergebnis der Addition am Bildschirm ausgeben. Die neue Klassendefinition erhält auch einen neuen Namen, `treppen1`.

```
In[1]:=
<<classes.m
In[2]:=
Class[treppen1,Object,
      {funk1,funk2},
      {{new,        (new[super];funk1=#1;funk2=#2)&},
       {bild1,       Plot[funk1,{x,-3,0}]&},
       {bild2,       Plot[funk2,{x,0,4}]&},
       {add,         Print[funk1+#1[[1]],",",
                            funk2+#1[[2]]]&},
       {drucke1,    (Print[funk1])&},
       {drucke2,     Print[funk2]&}
      }
];
```

Wir probieren die neuen Funktionen aus:

```
In[3]:=
tfunk001=new[treppen1,x^2,1+1/(x+1)]
Out[3]=
-treppen1-

In[4]:=
tfunk002=new[treppen1,x,x+x^2]
Out[4]=
-treppen1-

In[5]:=
```

```
bild1[tfunk001]
Out[5]=
-Graphics-

In[6]:=
bild2[tfunk002]
Out[6]=
-Graphics-
```

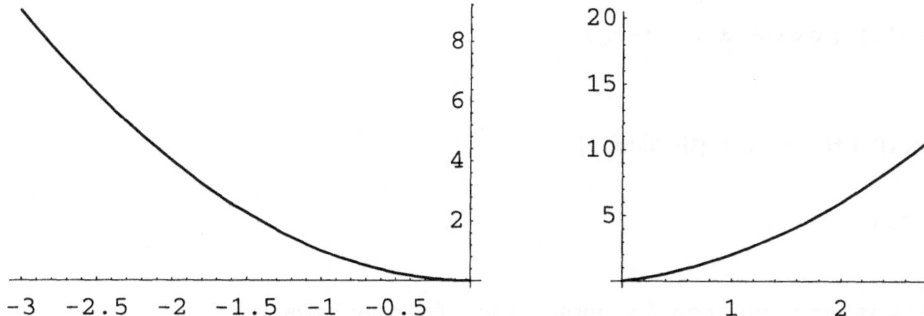


**Bild 4.3** Die Bilderzeigen den linken bzw. rechten Zweig verschiedener Treppenfunktionen

Nun probieren wir die Funktion add aus:

```
In[7]:=
add[tfunk001,tfunk002]
\begin{verbatim}
In[7]:=
add[tfunk001,tfunk002]
Out[7]=
     2            2     1
x + x ,1 + x + x   + -----
                     1 + x
```

Die Funktion leistet genau das Gewünschte, beide Treppenfunktionen werden addiert und die Summe wird ausgegeben. Das Ergebnis ist allerdings noch kein Objekt der Klasse treppen1.

Wünschenswert ist es, wenn die Treppenfunktion nicht stückweise, sondern im ganzen in einem Bild dargestellt würde. Wir fügen daher in der Klassendefinition folgenden Befehl ein:

```
        {bild,         Show[{bild1,bild2}]&},
```

Danach geben wir der Klasse einen neuen Namen,

```
In[8]:=
Class[treppen1a,Object,
     {funk1,funk2},
      {{new,         (new[super];funk1=#1;funk2=#2)&},
       {bild1,        Plot[funk1,{x,-3,0}]&},
```

```
        {bild2,         Plot[funk2,{x,0,4}]&},
        {bild,          Show[{bild1,bild2}]&},
        {add,           Print[funk1+#1[[1]],",",
                                funk2+#1[[2]]]&},
        {drucke1,      (Print[funk1])&},
        {drucke2,       Print[funk2]&}
       }
];
```

lesen tfunk001 neu ein

```
In[9]:=
tfunk001=new[treppen1a,x^2,-3x+2]
Out[9]=
-treppen1a-
```

und versuchen den Befehl bild[tfunk001]

```
In[10]:=
bild[tfunk001]
Out[10]=
Show::gcomb:
   An error was encountered in combining the graphics
      objects in Show[{bild1, bild2}].
Show[{bild1, bild2}]
```

Die Fehlermeldung ist ein Hinweis darauf, daß *Mathematica* `bild1` und `bild2` hier nicht richtig erkennt. Eine mögliche Lösung besteht darin, das Gesamtbild direkt erzeugen zu lassen, also:

```
In[11]:=
Class[treppen2,Object,
       {funk1,funk2},
       {{new,          (new[super];funk1=#1;funk2=#2)&},
        {bild,          Show[{Plot[funk1,{x,-3,0}],
                                Plot[funk2,{x,0,4}]}]&},
        {add,           Print[funk1+#1[[1]],",",
                                funk2+#1[[2]]]&},
        {drucke1,      (Print[funk1])&},
        {drucke2,       Print[funk2]&}
       }
];
```

Der Einfachheit halber verzichten wir darauf, die Einzelbilder, die zuerst ausgegeben werden, zu unterdrücken.

```
In[12]:=
tfunk001=new[treppen2,x^2,1+1/(x+1)]
Out[12]=
-treppen2-

In[13]:=
bild[tfunk001]
Out[13]=
-Graphics-
```

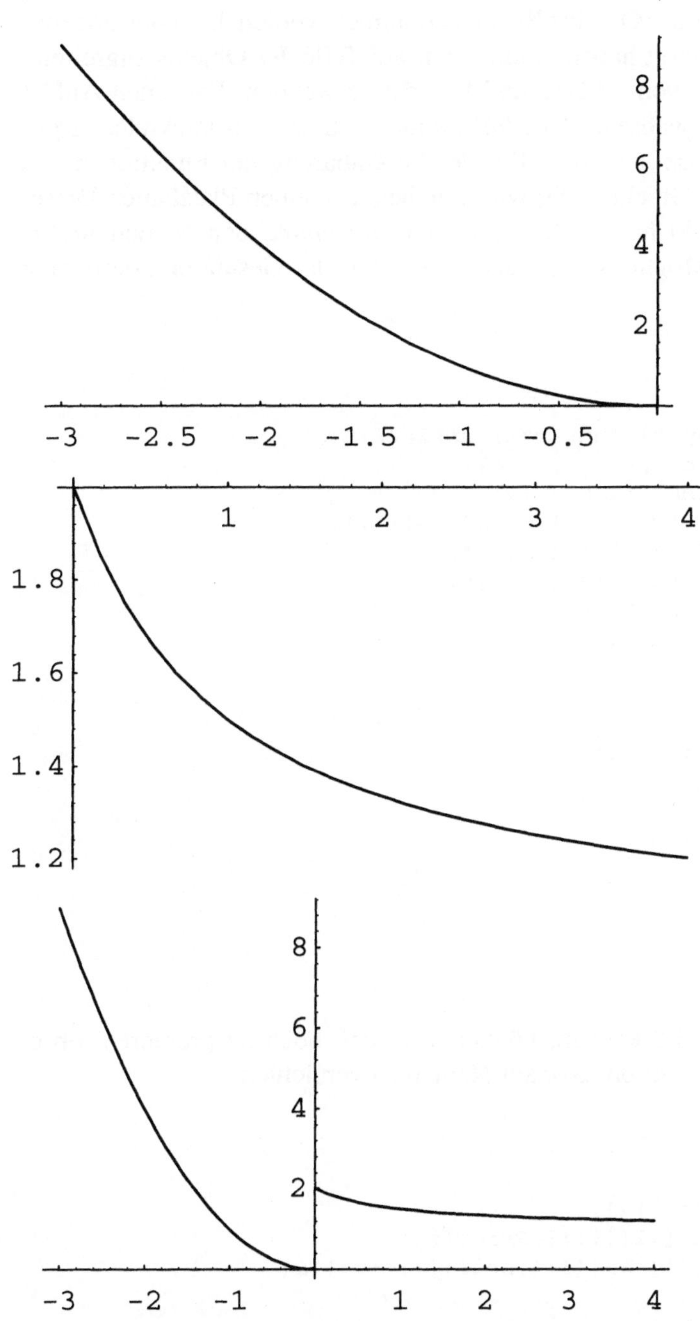


**Bild 4.4** Das Gesamtbild einer Treppenfunktion erscheint nach den Einzelbildern

Warum funktionierte unsere 1. Fassung nicht? Jede Funktion gibt an, wie ein Objekt der Klasse mit der Außenwelt kommuniziert, daher muß in der Funktionsbeschreibung immer auf das Objekt bzw. Teile des Objekts Bezug genommen werden. Bei allen anderen Funktionen, die wir bisher definiert haben, mußten wir auf Teile des Objekts zugreifen.

`bild` wollte das Ergebnis von `bild1` und `bild2` verwenden. Für einen Aufruf dieser Funktionen müssen wir während der *Mathematica*-Sitzung ein konkretes Argument, also ein Objekt der Klasse, angeben. Bei der Vereinbarung der Funktion `bild` wissen wir noch nicht, wie das Objekt heißt, wir brauchen also einen Platzhalter. Dieser Platzhalter für das ganze Objekt hat in *MathematicaMathematica* den Namen `self`. Damit haben wir eine andere Möglichkeit gefunden, wie wir das Gesamtbild definieren können:

```
In[14]:=
Class[treppen1b,Object,
      {funk1,funk2},
      {{new,       (new[super];funk1=#1;funk2=#2)&},
       {bild1,     Plot[funk1,{x,-3,0}]&},
       {bild2,     Plot[funk2,{x,0,4}]&},
       {bild,      Show[{bild1[self],bild2[self]}]&},
       {add,       Print[funk1+#1[[1]],",",
                         funk2+#1[[2]]]&},
       {drucke1,   (Print[funk1])&},
       {drucke2,   Print[funk2]&}
      }
];
In[15]:=
tfunk003=new[treppen1b,x^2,-3x+2]
Out[15]=
-treppen1b-

In[16]:=
bild[tfunk003]
Out[16]=
-Graphics-
```

Anmerkung: Nachdem wir `self` kennen, können wir auch noch ausprobieren, ob es eine Möglichkeit gibt, in der Funktion `new` auf Namen zu verzichten.

```
In[17]:=
Class[dada,Object,
     {},
     {{new,        (new[super])&},
      {auswerten ,    (Print[#1[[1]]];Print[#1];
               Print[self[[1]],#1[[1]],self[[1]]+#1])&}
}]
Out[17]=
dada
```

Die Funktion `auswerten` benötigt 2 Klassenobjekte als Argumente. Nach dem bisher Gesagten müßte das 1. Objekt mit `self` ansprechbar sein, das zweite mit #1. Dies ist jedoch nicht der Fall:

```
In[18]:=
t01=new[dada,1,2,3]
Out[18]=
-dada-

In[19]:=
t02=new[dada,3,4,5]
Out[19]=
-dada-

In[20]:=
auswerten[t01,t02]
Out[20]=
Part::partw: Part 1 of -dada- does not exist.
-dada-[[1]]
-dada-
Part::partw: Part 1 of -dada- does not exist.
Part::partw: Part 1 of -dada- does not exist.
General::stop:
   Further output of Part::partw
     will be suppressed during this calculation.
-dada-[[1]]-dada-[[1]]-dada- + -dada-[[1]]
```

Also: **Die Funktion** `new` **muß grundsätzlich Namen für die Teile eines jeden Objektes enthalten.**

### 4.4.3 Auswerten der Funktion

Nun können wir zwar die Treppenfunktion zeichnen, aber wir würden sie auch gerne an bestimmten Stellen auswerten. Dies ist nicht ganz so einfach. Wir denken daher erst einmal darüber nach, was wir wollen. Wir suchen eine Funktion mit dem Namen `auswerten`, die als ersten Parameter ein Objekt unserer Klasse hat, also z.B. `tfunk001` oder `tfunk002`, und als zweiten Parameter eine Zahl, d. h. unser Objekt kommmuniziert nicht mit einem anderen Objekt der Klasse, sondern einer Zahl, also einem sehr einfachen Datentyp. Diese Zahl müssen wir also in der Deklaration der Funktion `auswerten` mit #1 ansprechen. Also probieren wir unsere Überlegung aus, wobei wir zunächst nur den Fall betrachten, daß die Auswertung irgendwo im Intervall (−3,0) stattfinden soll. Da `funk1` diesen Funktionszweig bezeichnet und Auswerten eines Ausdrucks (wir haben die Treppen„funktionen" aus Sicht von *Mathematica* gar nicht als Funktionen, sondern als algebraische Ausdrücke definiert) durch die Angabe ein r entsprechenden Ersetzungsregel geschieht, fügen wir folgende Zeile in die Klassendeklaration ein

```
{auswerten,  (funk1/.x->#1)&},
```

geben der Klasse einen neuen Namen, erklären `tfunk001` als Objekt dieser Klasse

```
In[22]:=
tfunk001=new[treppen2a,x^2,1+1/(x+1)]
```

und rufen die Funktion auf:

```
In[23]:=
auswerten[tfunk001,2]
Out[23]=
4
```

Wie Sie selbst leicht ausrechnen können, ist das Ergebnis richtig und falsch zugleich; richtig, weil die Definition des 1. Funktionsstücks $x^2$ lautet und $2^2 = 4$ ist, falsch, weil 2 nicht im zugehörigen Definitionsintervall $(-3,0)$ liegt. Jeder Aufruf mit einem Argument im Intervall $(-3,0)$ liefert aber tatsächlich die richtige Antwort.

Wir benötigen also für die verschiedenen Stücke unserer Treppenfunktionen eine Abfrage, um die Zahl in das jeweils richtige Stück der Treppenfunktion einzusetzen. Hierfür verwenden wir zwei If-Abfragen, um genau auf die beiden Intervall $(-3,0)$ und $(0,4)$ abfragen zu können. Wir ersetzen also die bisherige Funktion `auswerten` durch

```
{auswerten,   (If[(-3<#1)&&(#1<0),funk1/.x->#1];
               If[(0<#1)&&(#1<4),funk2/.x->#1]
                  )&},
```

geben der Klasse einen neuen Namen, erklären `tfunk001` als Objekt dieser Klasse und machen den Aufruf

```
In[25]:=
auswerten[tfunk001,2]
Out[25]=
4
-
3
```

was offenbar richtig ist; der Aufruf

```
In[26]:=
auswerten[tfunk001,-2]
```

entlockt *Mathematica* dagegen keine Antwort. Wenn Sie sich die Definition von `auswerten` noch einmal genau ansehen, finden Sie auch die Ursache für dieses Verhalten.

Jeder Modul liefert als Ergebnis das Resultat des letzten *Mathematica*-Befehls an das Hauptprogramm zurück. Geben wir eine negative Zahl als 2. Argument ein, wird zwar bei der ersten Abfrage korrekt `funk1`, also der 1. Abschnitt der Treppenfunktion, an der angegebenen Stelle ausgewertet, da sich jedoch eine 2. Anweisung anschließt, die hier nichts bewirkt, so daß es also zu keiner Ausgabe kommt. Da der ausgewerteten Funktion kein Name zugewiesen wurde, können wir den Wert auf keine Weise erhalten. Ähnliche Schwierigkeiten sind Ihnen bei der Definition von Moduln bestimmt schon begegnet, und die Lösung besteht darin, einen Namen zu vergeben, mit dem das Ergebnis in einer den Abfragen folgenden zusätzlichen Anweisung angesprochen werden kann. Den Funktionswert wollen wir $y_0$ nennen, müssen diesen Namen also in die Liste der verwendeten Namen aufnehmen. Damit sieht unsere Klassendefinition jetzt so aus:

```
In[27]:=
Class[treppen3,Object,
      {funk1,funk2,y0},
      {{new,        (new[super];funk1=#1;funk2=#2)&},
       {bild,        Show[{Plot[funk1,{x,-3,0}],
                           Plot[funk2,{x,0,4}]}]&},
       {add,         Print[funk1+#1[[1]],",",
                           funk2+#1[[2]]]&},
       {auswerten,   (If[(-3<#1)&&(#1<0),y0=funk1/.x->#1];
                      If[(0<#1)&&(#1<4),y0=funk2/.x->#1];
                              Print[y0])&},
       {drucke1,    (Print[funk1])&},
       {drucke2,     Print[funk2]&}
      }
];
```

Wenn wir nun versuchen, Treppenfunktionen im Intervall$(-3,4)$ auswerten zu lassen, ist dies stets möglich

```
In[28]:=
tfunk001=new[treppen3,x^2,1+1/(x+1)]
Out[28]=
-treppen3-

In[29]:=
tfunk002=new[treppen3,x,x+x^2]
Out[29]=
-treppen3-

In[30]:=
auswerten[tfunk001,2]
Out[30]=
4
-
3

In[31]:=
auswerten[tfunk001,1.5]
Out[31]=
1.4

In[32]:=
auswerten[tfunk002,-2.7]
Out[32]=
-2.7

In[33]:=
auswerten[tfunk002,3.234]
Out[33]=
13.6928
```

Es ist auch zulässig, als Auswertestelle einen arithmetischen Ausdruck anzugeben, solange dessen Ergebnis im Intervall $(-3,4)$ liegt:

```
In[34]:=
auswerten[tfunk001,1.23+1.544123]
Out[34]=
1.26496
```

Allerdings dürfen Sie nicht auf die Idee kommen, mit einem solchen Auswertungsergebnis weiterrechnen zu wollen:

```
In[35]:=
yyy=auswerten[tfunk001,-2]
Out[35]=
4

In[36]:=
4 yyy
Out[36]=
4 Null
```

Das liegt natürlich daran, daß wir nicht das Ergebnis des Auswertens haben liefern lassen, sondern die Ausgabe dieses Ergebnisses, was ein himmelweiter Unterschied ist.

Wir tun also gut daran, die Klassendefinition leicht abzuändern, indem wir die Anweisung `Print[y0]` durch `y0` ersetzen. Diese Klasse wollen wir `treppen3a` nennen. Ist nun `tfunk001` ein Objekt dieser Klasse, so kann man mit dem Ergebnis des Auswertens an einer Stelle auch weiterrechnen:

```
In[39]:=
xxx=auswerten[tfunk001,-2]
Out[39]=
4

In[40]:=
4 xxx
Out[40]=
16
```

Übrigens: Damit Sie nicht vergessen, daß Funktionen auch unter direkter Verwendung des Befehls `Function` definiert werden können[16], werden wir die Funktion `auswerten` von jetzt an stets auf diese Weise definieren:

```
{auswerten,  Function[If[(-3<#1)&&(#1<0),y0=funk1/.x->#1];
                      If[(0<#1)&&(#1<4),y0=funk2/.x->#1];
                      y0]},
```

Anmerkung: es ist natürlich immer wichtig, das Sie die Zeichensetzung genau beachten, d.h. Kommata und Semikola nicht vertauschen. Trennen Sie zum Beispiel in der Klassendefinition die Befehle nicht mit Komma, sondern mit Semikolon voneinander, so werden diese Befehle nicht mehr gefunden.

[16] `Function[ ]` und `( )` bedeuten dasselbe.

Als nächstes wollen wir die Addition von Treppenfunktionen vervollkommnen, da wir das Ergebnis bisher nur ausgegeben haben. Eigentlich soll die Summe zweier Treppenfunktionen natürlich wieder eine Treppenfunktion sein. Diese Funktion soll `summe` heißen. Was soll sie leisten? Der Aufruf `summe[tfunk001,tfunk002]` muß ein neues Objekt dieser Klasse erzeugen und die beiden Funktionenstücke müssen die Summe der jeweiligen Funktionenstücke von `tfunk001` und `tfunk002` sein. Wir probieren also:

```
In[41]:=
Class[treppen3b,Object,
      {funk1,funk2,y0,hilf},
      {{new,         (new[super];funk1=#1;funk2=#2)&},
       {bild,         Show[{Plot[funk1,{x,-3,0}],
                            Plot[funk2,{x,0,4}]}]&},
       {add,          Print[funk1+#1[[1]],",",
                            funk2+#1[[2]]]&},
      {auswerten,   Function[If[(-3<#1)&&(#1<0),
                                        y0=funk1/.x->#1];
                      If[(0<#1)&&(#1<4),y0=funk2/.x->#1];
                              y0]},
       {summe,       (hilf=new;funk1=funk1+#1[[1]];
                               funk2=funk2+#1[[2]];
                        hilf)&},
       {drucke1,     (Print[funk1])&},
       {drucke2,      Print[funk2]&}
      }
];
```

```
In[42]:=
tfunk001=new[treppen3b,x^2,1+1/(x+1)]
Out[42]=
-treppen3b-
```

```
In[43]:=
tfunk002=new[treppen3b,x,x+x^2]
Out[43]=
-treppen3b-
```

Wenn Sie nun hoffnungsvoll versuchen, die Summe dieser Treppenfunktionen berechnen zu lassen, werden Sie enttäuscht:

```
In[44]:=
summe[tfunk001,tfunk002]
Out[44]=
new
```

Wenn Sie sich die Definition von `summe` noch einmal anschauen, entdecken Sie den Fehler wahrscheinlich: wir haben den Parameter `super` bei `new` vergessen. Schreiben Sie ihn bitte in die Definition hinein (Änderung des Klassennamens nicht vergessen!) und geben Sie die Definitionen neu ein[17]. Die Klasse heißt bei uns jetzt `treppen3c`:

[17] In solchen Situation ist es oft sogar besser, *Mathematica* neu zu starten, da es bei vergleichbar harmlosen Fehlern durchaus geschehen kann, das nur noch ein Teil der Befehle ordnungsgemäß verarbeitet wird, was zu äußerst merkwürdigem Verhalten von *Mathematica* führt.

```
In[2]:=
tfunk001=new[treppen3c,x^2,1+1/(x+1)]
Out[2]=
-treppen3c-

In[3]:=
tfunk002=new[treppen3c,x,x+x^2]
Out[3]=
-treppen3c-
```

Rufen wir nun die Summe der Funktionen auf, so zeigt die Ausgabe

```
In[4]:=
tfunk007=summe[tfunk001,tfunk002]
Out[4]=
-treppen3c-
```

daß es sich tatsächlich um eine Treppenfunktion handelt. Vorsichtshalber lassen wir uns die einzelnen Stücke des Ergebnisses ausgeben

```
In[5]:=
drucke1[tfunk007]
Out[5]=
     2
x + x

In[6]:=
drucke2[tfunk007]
Out[6]=
          2     1
1 + x + x   + -----
                1 + x
```

Das Ergebnis stimmt, also scheint unsere Konstruktion richtig zu sein. Trotzdem wollen wir sie uns noch einmal genau anschauen. Zunächst wird `hilf` als neues Objekt vom Typ `treppen3c` deklariert. Entsprechend der in der Funktion `new` getroffenen Vereinbarung sprechen wir die Komponenten von `hilf` mit `funk1` und `funk2` an. Die 1. Komponente `funk1` von `hilf` soll als Wert die Summe über die ersten Komponenten von `tfunk001` und `tfunk002` erhalten. Da `tfunk001` das erste Argument von `summe` ist, sollten seine Komponenten ebenfalls `funk1` und `funk2` heißen. Die Komponenten des zweiten Argumentes `tfunk002` von `summe` müßten #1[[1]] und #1[[2]] lauten. Diese Aussagen scheinen jedenfalls dem zu entsprechen, was wir bei den bisher entwickelten Funktionen gelernt haben. Vielleicht kommen Ihnen nun aber doch einige Bedenken bei der Doppelbedeutung von `funk1` und `funk2`; schließlich haben bei „normalen" Programmiersprachen Anweisungen der Form `x = x + irgendetwas` eine ganz andere Bedeutung. Wir machen deshalb einen kleinen Test, indem wir uns die Summanden `funk1` und `funk2` noch einmal ausgeben lassen.

```
In[7]:=
drucke1[tfunk001]
Out[7]=
```

```
      2
x + x

In[8]:=
drucke2[tfunk001]
Out[8]=
          2     1
1 + x + x  + -----
               1 + x

In[9]:=
drucke1[tfunk002]
Out[9]=
x

In[10]:=
drucke2[tfunk002]
Out[10]=
      2
x + x
```

Offenbar hat sich funk1 im Gegensatz zu funk2 verändert. Dies sehen Sie besonders deutlich, wenn Sie noch einmal die Summe von tfunk001 und tfunk002 berechnen lassen.

```
In[11]:=
tfunk007=summe[tfunk001,tfunk002]
Out[11]=
-treppen3b-

In[12]:=
drucke1[tfunk007]
Out[12]=
        2
2 x + x

In[13]:=
drucke2[tfunk007]
Out[13]=
              2     1
1 + 2 x + 2 x  + -----
                   1 + x

In[14]:=
drucke1[tfunk001]
Out[14]=
        2
2 x + x


In[15]:=
drucke2[tfunk001]
Out[15]=
```

```
                2     1
1 + 2 x + 2 x  + -----
                    1 + x
```

Offenbar versteht Mathematica unsere Anweisung doch etwas anders als geplant, addiert zum ersten Argument das zweite und speichert das Ergebnis im 1. Argument – also wie in herkömmlichen Programen auch. Die Komponenten von `hilf` müssen also anders angesprochen werden. Vielleicht erinnern Sie sich noch an unseren erfolgreichen ersten Versuch, den Komponenten des Objektes der Klasse `treppen` einen neuen Wert zuweisen. Dies geschah durch eine Anweisung der Form `tfunk002[[2]]=3`. Also variieren wir unsere Klassendefinition etwas: und schreiben:

```
In[16]:=
Class[treppen3d,Object,
      {funk1,funk2,x0,hilf},
      {{new,         (new[super];funk1=#1;funk2=#2)&},
       {bild,         Show[{Plot[funk1,{x,-3,0}],
                            Plot[funk2,{x,0,4}]}]&},
       {add,          Print[funk1+#1[[1]],",",
                            funk2+#1[[2]]]&},
      {auswerten,   Function[If[(-3<#1)&&(#1<0),
                                      x0=funk1/.x->#1];
                      If[(0<#1)&&(#1<4),x0=funk2/.x->#1];
                              Print[x0]]},
       {summe,       (hilf=new[super];hilf[[1]]=funk1+#1[[1]];
                               hilf[[2]]=funk2+#1[[2]];hilf;
                        hilf)&},
       {drucke1,     (Print[funk1])&},
       {drucke2,      Print[funk2]&}
      }
];
```

Nach Definition unserer Standardtestfunktionen

```
In[17]:=
tfunk001=new[treppen3d,x^2,1+1/(x+1)]
Out[17]=
-treppen3d-

In[18]:=
tfunk002=new[treppen3d,x,x+x^2]
Out[18]=
-treppen3d-
```

lassen wir wieder die Summe berechnen und ausgeben.

```
In[19]:=
tfunk007=summe[tfunk001,tfunk002]
Out[19]=
-treppen3d-
```

```
In[20]:=
drucke1[tfunk007]
Out[20]=
     2
x + x

In[21]:=
drucke2[tfunk007]
Out[21]=
         2     1
1 + x + x  + -----
             1 + x
```

Wenn wir uns jetzt die Komponenten des ersten Summanden ausgeben lassen, so sehen wir, daß sie unverändert geblieben sind.

```
In[22]:=
drucke1[tfunk001]
Out[22]=
 2
x

In[23]:=
drucke2[tfunk001]
Out[23]=
      1
1 + -----
    1 + x
```

Eigentlich ist unsere Definition von summe noch nicht vollständig, da nicht explizit gesichert ist, daß diese Funktion nur ausgeführt wird, wenn beide Summanden Objekte derselben Klasse (derzeit treppen3d) sind. Die Lücke in unserer Definition wirkt sich unter Umständen katastrophal, jedoch auf den ersten und zweiten Summanden ganz unterschiedlich aus. Um dies zu erklären, betrachten wir verschiedene Eingaben:

- Der erste Summand ist ein Objekt unserer Klasse, der zweite eine Liste von 2 Funktionen. Das Ergebnis ist die erwartete Summe.

  ```
  In[24]:=
  tfunk003=summe[tfunk002,{x^2,x+x^3}]
  Out[24]=
  -treppen3c-

  In[25]:=
  drucke1[tfunk003]
  Out[25]=
       2
  x + x

  In[26]:=
  drucke2[tfunk003]
  ```

```
Out[26]=
        2    3
2 x + x   + x
```

- Der erste Summand ist eine Liste von 2 Funktionen, der zweite ein Objekt unserer Klasse. Dieser Aufruf kann nicht ausgeführt werden, wie die *Mathematica*-Ausgabe zeigt.

```
In[27]:=
tfunk004=summe[{1/x,1/x^2},tfunk002]
Out[27]=
       1   -2
summe[{-, x  }, -treppen3c-]
       x
```

so daß es uns auch nicht wundert, daß das Ergebnis nicht ausgegeben werden kann.

```
In[28]:=
drucke1[tfunk004]
Out[28]=
               1   -2
drucke1[summe[{-, x  }, -treppen3a-]]
               x
```

- Ist das zweite Argument irgend eine Liste mit zwei Komponenten, z.B. eine Matrix mit zwei Zeilen, so wird die Summe einer Treppenfunktion mit diesem Argument gebildet, obwohl das Ergebnis absolut unsinnig ist.

```
In[29]:=
tfunk003=summe[tfunk001,{{x^2,x+x^3,2},{3,5,7}}]
Out[29]=
-treppen3d-

In[30]:=
drucke1[tfunk003]
Out[30]=
    2         2    3         2
{2 x , x + x   + x , 2 + x }

In[31]:=
drucke2[tfunk003]
Out[31]=
       1           1           1
{4 + -----, 6 + -----, 8 + -----}
     1 + x       1 + x       1 + x
```

Das unterschiedliche Ergebnis im ersten und zweiten Fall erklärt sich aus der Tatsache, daß das Klassenkonzept erwartet, daß das erste Argument jeder Funktion ein Klassenobjekt ist. Dies ist für eine Liste von Funktionen nicht der Fall, so daß im zweiten Beispiel keine Auswertung erfolgen konnte.

### 4.4.4 Typabfragen

Wenn Sie sich das Packet classes.m anschauen, so finden Sie bei den usage-Texten einen für eine Methode namens isa, der zeigt, daß hier eine Abfragemöglichkeit auf die Klassenzugehörigkeit vorgesehen ist.

```
In[32]:=
?isa
Out[32]=
isa[obj, class] is true if obj belongs to class or a
   subclass of it.
```

Da es sich um eine von Anfang an im Paket vorhandene Funktion handelt, die sich also auf die allen anderen übergeordnete Klasse Object bezieht, kann sie von jeder von uns definierten Klasse verwendet werden. Wir probieren diese Funktion erst einmal einzeln aus:

```
In[33]:=
Class[treppen4,Object,
      {funk1,funk2,y0,hilf},
      {{new,        (new[super];funk1=#1;funk2=#2)&},
       {bild,        Show[{Plot[funk1,{x,-3,0}],
                           Plot[funk2,{x,0,4}]}]&},
       {isa,        (treppen4===#1)&},
      {auswerten,  Function[If[(-3<#1)&&(#1<0),
                                  y0=funk1/.x->#1];
                    If[(0<#1)&&(#1<4),y0=funk2/.x->#1];
                           y0]},
       {summe,      (hilf=new[super];hilf[[1]]=funk1+#1[[1]];
                            hilf[[2]]=funk2+#1[[2]];hilf;
                     hilf)&},
       {drucke1,    (Print[funk1])&},
       {drucke2,     Print[funk2]&}
      }
];
```

```
In[34]:=
tfunk001=new[treppen4,x^2,1+1/(x+1)]
Out[34]=
-treppen4-
```

```
In[35]:=
tfunk002=new[treppen4,x,x+x^2]
Out[35]=
-treppen4-
```

Die Abfrage ergibt, daß diese Funktionen nun wirklich Objekte der Klasse treppen4 sind.

```
In[36]:=
isa[tfunk001,treppen4]
```

```
Out[36]=
True

In[37]:=
isa[tfunk002,treppen4]
Out[37]=
True
```

Die Funktion `tfunk007` ist kein Objekt der Klasse:

```
In[38]:=
isa[tfunk007,treppen4]
Out[38]=
False
```

Natürlich dürfen Sie die Reihenfolge der Argumente nicht vertauschen:

```
In[39]:=
isa[treppen4,tfunk001]
Out[39]=
isa[treppen4, -treppen4-]
```

Nachdem wir jetzt wissen, wie mithilfe von `isa` die Klasenzugehörigkeit getestet werden kann, schreiben wir `summe` entsprechend um, indem wir zunächst prüfen lassen,

```
In[40]:=
Class[treppen4a,Object,
      {funk1,funk2,y0,hilf},
      {{new,        (new[super];funk1=#1;funk2=#2)&},
       {bild,        Show[{Plot[funk1,{x,-3,0}],
                            Plot[funk2,{x,0,4}]}]&},
      {auswerten,  Function[If[(-3<#1)&&(#1<0),
                                          y0=funk1/.x->#1];
                     If[(0<#1)&&(#1<4),y0=funk2/.x->#1];
                               Print[y0]]},
       {summe,      (If[(isa[#1,treppen4a]),
                          (hilf=new[super];
                           hilf[[1]]=funk1+#1[[1]];
                                  hilf[[2]]=funk2+#1[[2]];
                        hilf),Print["Falsche Eingabe"],
                               Print["Falsche Eingabe"]])&},
       {drucke1,    (Print[funk1])&},
       {drucke2,     Print[funk2]&}
      }
];
Out[40]=
General::spell:
    Possible spelling error: new symbol name "treppen4a"
      is similar to existing symbol
     "treppen4".
```

Wir definieren unsere Standardtestfunktionen

```
In[41]:=
tfunk001=new[treppen4a,x^2,1+1/(x+1)];
tfunk002=new[treppen4a,x,x+x^2];
```

und bilden ihre Summe.

```
In[42]:=
tfunk007=summe[tfunk001,tfunk002]
Out[42]=
-treppen4a-
```

was erwartungsgemäß funktioniert, wie die Ausgabe zeigt.

```
In[43]:=
drucke1[tfunk007]
Out[43]=
     2
x + x

In[44]:=
drucke2[tfunk007]
Out[44]=
         2      1
1 + x + x   + -----
              1 + x
```

Versuchen wir dagegen, die Summe eines Objektes unserer Klasse mit einem Objekt zu bilden, das nicht zu dieser Klasse gehört, so führt dies, wenn es sich um den zweiten Summanden handelt, zu der von uns vorbereiteten Fehlermeldung.

```
In[45]:=
tfunk003=summe[tfunk002,{x^2,x+x^3}]
Out[45]=
Falsche Eingabe
```

Ist dagegen der 1. Summand vom falschen Typ, z.B. vom Typ `List`, so sehen Sie nur das Bildschirmecho, weil für diesen Typ eine Funktion namens `summe` nicht erklärt ist.

```
In[46]:=
tfunk004=summe[{1/x,1/x^2},tfunk002]
Out[46]=
        1   -2
summe[{-, x   }, -treppen4a-]
        x
```

Wir haben bei der Typüberprüfung zunächst keinen Unterschied gemacht, aus welchem Grund es zu einer Fehlermeldung kommt. Wenn Sie dies etwas genauer verstehen wollen, kommen Sie vielleicht auf die Idee, unterschiedliche Fehlermeldungen vorzusehen. Wir ändern also den Namen der Klasse in `treppen4aa` und `summe` zu

```
{summe,      (If[(isa[#1,treppen4aa]),
                       (hilf=new[super];
                        hilf[[1]]=funk1+#1[[1]];
                            hilf[[2]]=funk2+#1[[2]];
                      hilf),Print["Falsche Eingabe"],
                           Print["Falsche Eingabe-FAIL"]])&}
```

Wir definieren 2 Testfunktionen, von denen eine ein Objekt der neuen Klasse ist, die andere dagegen der Klasse `treppen4a` angehört,

```
In[48]:=
tfunk001=new[treppen4aa,x^2,1+1/(x+1)];
tfunk003=new[treppen4a,x^4,x^6];
```

und probieren nun aus, verschiedene Summen zu bilden. Da `tfunk003` eindeutig ein Element einer anderen Klasse ist, liefert

```
In[49]:=
summe[tfunk001,tfunk003]
Out[49]=
Falsche Eingabe
```

erwartungsgemäß den Fehlertext, der im `Else`-Zweig steht. Schreiben wir dagegen in den 2. Summanden irgend etwas hinein, wovon keine Klassenzugehörigkeit bekann ist, sehen Sie den Fehlermeldungstext, der im `Fail`-Zweig steht, weil *Mathematica* offenbar keine Entscheidung möglich ist:

```
In[50]:=
summe[tfunk001,3x]
Out[50=
Falsche Eingabe-FAIL
```

Dabei spielt es keine Rolle, ob es sich um ein potentielles Klassenobjekt handelt oder nicht:

```
In[51]:=
summe[tfunk001,{4x,x^4}]
Out[51]=
Falsche Eingabe-FAIL
```

Vielleicht haben Sie sich während der Lektüre der letzten Seiten gefragt, warum die Bezeichnung für die Summe zweier Treppenfunktionen eigentlich `summe` sein soll. Schließlich bilden wir die Summe zweier Zahlen auch ganz einfach, wie in der Mathematik, durch Verwendung von „+". Um diese Methode, die ein Überladen des Operators „+" auf unsere Klasse bedeutet, auszuprobieren, entnehmen wir dem *Mathematica*-Handbuch, daß das Pluszeichen gleichbedeutend mit der Funktion `Plus` ist. Also nennnen wir jetzt `summe` in `Plus` um und versuchen unser Glück.

```
In[52]:=
Class[treppen4b,Object,
      {funk1,funk2,y0,hilf},
      {{new,        (new[super];funk1=#1;funk2=#2)&},
       {bild,        Show[{Plot[funk1,{x,-3,0}],
                           Plot[funk2,{x,0,4}]}]&},
       {auswerten,   Function[If[(-3<#1)&&(#1<0),
                                        y0=funk1/.x->#1];
                     If[(0<#1)&&(#1<4),y0=funk2/.x->#1];
                            y0]},
       {Plus,       (If[(isa[#1,treppen4b]),
```

```
                                (hilf=new[super];
                                 hilf[[1]]=funk1+#1[[1]];
                                        hilf[[2]]=funk2+#1[[2]];
                              hilf),Print["Falsche Eingabe"],
                                      Print["Falsche Eingabe-FAIL"]])&},
        {drucke1,     (Print[funk1])&},
        {drucke2,      Print[funk2]&}
       }
];

In[53]:=
tfunk001=new[treppen4b,x^2,1+1/(x+1)]
Out[53]=
-treppen4b-

In[54]:=
tfunk002=new[treppen4b,x,x+x^2]
Out[54]=
-treppen4b-

In[55]:=
tfunk007=tfunk001+tfunk002
Out[55]=
-treppen4b-

In[56]:=
drucke1[tfunk007]
Out[56]=
     2
x + x

In[57]:=
drucke2[tfunk007]
Out[57]=
           2     1
1 + x + x   + -----
                1 + x
```

Dieses Überladen Plus hat jedoch leider auch Nachteile. Wenn wir jetzt einen Summanden von falschem Typ eingeben, wird dies durch unsere Fehlerabfrage nicht mehr abgefangen.

```
In[58]:=
tfunk003=tfunk002+{x^2,x+x^3}
Out[58]=
  2                        3
{x  + -treppen5b-, x + x   + -treppen5b-}
```

Dies gilt auch dann, wenn der 2. Summand Objekt einer anderen Klasse ist.

```
In[59]:=
tfunk004=new[treppen4a,x^4,x^6];
tfunk001+tfunk004
```

```
Out[59]=
-treppen4a- + -treppen4b-
```

Dies liegt an den Eigenschaften des Operators `Plus`.

```
Attributes[Plus] =
  {Flat, Listable, OneIdentity, Orderless, Protected}
```

Aufgrund der Eigenschaften `Orderless` und `Listable` wird die Summe zunächst in die kanonische Reihenfolge gebracht und die Summe dann auf die Liste $x^2, x+x+3$ angewandt. Was dabei entsteht, ist nicht dazu angetan, *Mathematica* nach einer anderen Definition in der Klasse `treppen4b` suchen zu lassen. Infolgedessen kommt es erst gar nicht zur Überprüfung der Bedingung.

### 4.4.5 Treppenfunktionen, die auf unterschiedlich breiten Intervallen leben

Wir wollen unsere Klasse der Treppenfunktionen etwas verallgemeinern und fassen daher als nächstes den Fall ins Auge, bei dem die Funktionen auf unterschiedlichen Intervallen von Null verschieden sind. Das heißt, daß es für jede Treppenfunktion eine negative Zahl a und eine positive Zahl b gibt, so daß die Funktion auf dem Intervall (a,0) und auf dem Intervall (0,b) jeweils stetig ist und außerhalb dieser Intervalle verschwindet.

Wie müssen wir unsere Definitionen abändern?

Natürlich muß jetzt jedes Objekt die konkreten Intervallgrenzen $a$ und $b$ als Information enthalten, so daß jeweils 4 Argumente auftreten. Wir müssen uns für eine Reihenfolge entscheiden und legen fest, daß zunächst a und b, danach die Funktion auf (a,0), danach die auf (0,b) aufgeführt werden sollen. Die Information über den Wert von $a$ und $b$ ist natürlich von den Methoden `bild` und `auswerten` zu beachten, wobei in den bisherigen Definitionen dieser Methoden ganz einfach die konkreten Zahlen $-3$ und 4 durch die Symbole $a$ und $b$ ersetzt werden können.

Wie soll die Addition geändert werden? Wir wollen erreichen, daß die Summe zweier Klassenobjekte wieder ein Element derselben Klasse ist, also nicht mehr als 3 Sprungstellen hat. Deswegen soll die Summe zweier Treppenfunktionen nur auf dem gemeinsamen Durchschnitt der Definitionsintervalle von Null verschieden sein.

Beispiel: Sind `tfunk001` auf $(-3,0)$ und $(0,34)$ jeweils stetig definiert und `tfunkt002` auf $(-7,0)$ und $(0,3.78)$, so ist der Durchschnitt dieser Intervalle gerade $(-3,0) \cup (0,3.78)$. Wir setzen daher tfunk001+tfunk002 außerhalb von (-3,0) und (0,3.78) konstant null und auf diesen Intervallen gerade als die Summe der beiden Funktionen fest. Damit ergibt sich die untere Intervallgrenze der Summenfunktion als das Maximum der Intervalluntergrenzen der Summanden, die obere Intervallgrenze der Summe als das Minimum der Intervallobergrenzen der Summanden.

Wir ergänzen unsere Klasse um die Methode `mult`, die ein Objekt mit einer Zahl multipliziert, wobei natürlich die Intervallgrenzen konstant bleiben müssen.

```
In[1]:=
<<classes.m
Class[treppen5,Object,
```

```
        {a,b,funk1,funk2,y0,hilf},
        {{new,        (new[super];a=#1;b=#2;
                                funk1=#3;funk2=#4)&},
         {bild,        Show[{Plot[funk1,{x,a,0}],
                            Plot[funk2,{x,0,b}]}]&},
         {auswerten, Function[If[(a<#1)&&(#1<0),
                                    y0=funk1/.x->#1];
                       If[(0<#1)&&(#1<b),y0=funk2/.x->#1];
                       If[(#1<=a)||#1==0||(#1>=b),y0=0];
                              y0]},
         {summe,       (If[(isa[#1,treppen5]),
                          (hilf=new[super];
                           hilf[[1]]=Max[a,#1[[1]]];
                           hilf[[2]]=Min[b,#1[[2]]];
                           hilf[[3]]=funk1+#1[[3]];
                           hilf[[4]]=funk2+#1[[4]];
                           hilf),Print["Falsche Eingabe"],
                              Print["Falsche Eingabe-FAIL"]])&},
         {mult,        (hilf=new[super];hilf[[1]]=a;
                         hilf[[2]]=b;hilf[[3]]=funk1*#1;
                         hilf[[4]]=funk2*#1;hilf)&},
         {drucke1,    (Print[funk1])&},
         {drucke2,     Print[funk2]&}
        }
];
```

Wir testen unsere Definition

```
In[2]:=
tfunk001=new[treppen5,-2,34,x^2,1+1/(x+1)]
Out[2]=
-treppen5-

In[3]:=
tfunk002=new[treppen5,-7,3.78,x,x+x^2]
Out[3]=
-treppen5-

In[4]:=
tfunk007=summe[tfunk001,tfunk002]
Out[4]=
-treppen5-

In[5]:=
drucke1[tfunk007]
Out[5]=
     2
x + x



In[6]:=
drucke2[tfunk007]
```

```
Out[6]=
         2     1
1 + x + x  + -----
              1 + x
```

Um zu prüfen, ob auch die Intervallgrenzen richtig gesetzt werden, lassen wir das Objekt zeichnen:

```
In[7]:=
bild[tfunk007]
Out[7]=
-Graphics-
```

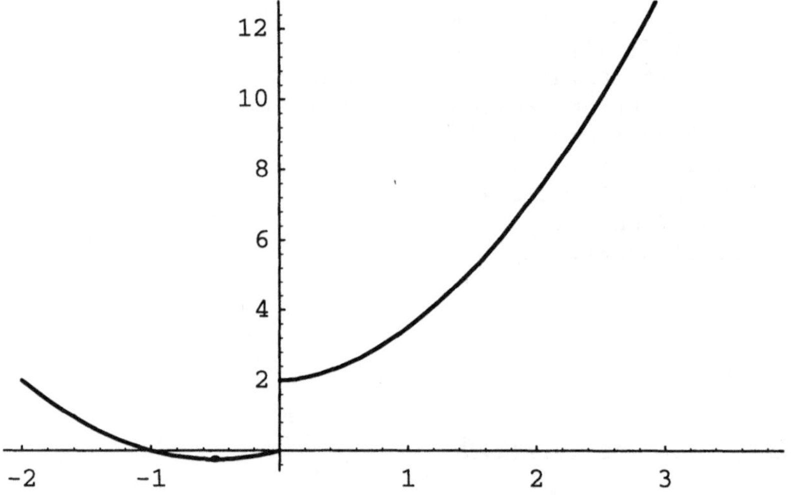


**Bild 4.5** Die Summe von Treppenfunktionen, die auf den Intervallen (-2,34) und (-7,3.78) von Null verschieden sind, verschwindet außerhalb von (-2, 3.78)

Anstelle des Überladens von `Plus` haben wir wieder unsere Summendefinition gewählt, um die richtigen Fehlermeldungen zu erhalten. Diese überprüfen wir kurz.

```
In[8]:=
tfunk003=summe[tfunk002,{-7,5,x^2,x+x^3}]
Out[8]=
Falsche Eingabe - FAIL
```

```
In[9]:=
tfunk003=summe[tfunk002,{x^2,x+x^3}]
Out[9]=
Falsche Eingabe - FAIL
```

Auch die Definition der skalaren Multiplikation testen wir aus:

```
In[10]:=
tfunk004=mult[tfunk001,3/4]
Out[10]=
```

```
-treppen5-

In[11]:=
drucke1[tfunk004]
Out[11]=
  2
3 x
----
 4

In[12]:=
drucke2[tfunk004]
Out[12]=
         1
3 (1 + -----)
        1 + x
-------------
      4
```

Mit dieser Treppenfunktion überprüfen wir auch die Neufassung von `auswerten`.

```
In[13]:=
auswerten[tfunk004,0]
Out[13]=
0

In[14]:=
auswerten[tfunk004,-2]
Out[14]=
0

In[15]:=
auswerten[tfunk004,5]
Out[15]=
7
-
8

In[16]:=
auswerten[tfunk004,1]
Out[16]=
9
-
8
```

### 4.4.6 Vorsicht im Umgang mit Klassen ist anzuraten

Bevor wir unsere Klasse auf allgemeine Treppenfunktionen erweitern, wollen wir unsere bisherige Definition noch etwas genauer untersuchen. Um mit einem neuen Datentyp wirklich umfassend und in jeder Problemstellung arbeiten zu können, ist es erforderlich, daß auch Variablen dieses Typs deklariert werden können. Wie wird also eine Variable vom Typ `treppen5` kreiert? Von unserer Arbeit mit Funktionen und Moduln wissen wir, daß wir mit Platzhaltern arbeiten können, wobei diese im Sinn von *Mathematica* Muster sind, die Namen erhalten können, aber nicht müssen. Eine Variable erhalten wir also, wenn wir anstelle konkreter Argumente jeweils `Blank` verwenden - und hier ist es nun, anders als bei der Definition von Funktionen, tatsächlich egal, ob Sie ein Leerzeichen oder den Unterstrich verwenden. Die beiden folgenden Varianten bewirken absolut dasselbe, wenn wir von der Rechtschreibwarnung absehen.

```
In[17]:=
tfunk00x=new[treppen5, , , , ]
Out[17]=
-treppen5-

In[18]:=
isa[tfunk00x,treppen5]
Out[18]=
True

In[19]:=
tfunk00y=new[treppen5,_,_,_,_]
Out[19]=
General::spell1:
   Possible spelling error: new symbol name "tfunk00y"
     is similar to existing symbol "tfunk00x".
-treppen5-

In[20]:=
isa[tfunk00y,treppen5]
Out[20]=
True
```

Wie weisen wir einer solchen Variablen nun einen Wert zu? Es werden vier Argumente benötigt, und wir definieren Werte für diese Argumente, indem wir sie der Reihe nach ansprechen, also

```
In[21]:=
tfunk00y[[1]]=-4;tfunk00y[[2]]=9;
tfunk00y[[3]]=Sin[x]; tfunk00y[[4]]=x;
```

Um uns vom Erfolg zu überzeugen, lassen wir die Funktion an verschiedenen Stellen auswerten.

```
In[22]:=
{auswerten[tfunk00y,-5],auswerten[tfunk00y,-Pi/6],
 auswerten[tfunk00y,6.25],auswerten[tfunk00y,9]}
Out[22]=
{0, 0, 6.25, 0}
```

Wenn Sie dieses Ergebnis sehen, werden Sie wahrscheinlich glauben, die Welt nicht mehr zu verstehen, schließlich ist $\sin(-\frac{\pi}{6}) = -0.5$ und sicherlich nicht Null! Andererseits wurden aber die nächsten 2 Werte richtig berechnet, was doch darauf schließen läßt, daß hier kein *Mathematica*-Fehler vorliegt. Wir wollen versuchen, dieses Fehlverhalten zu erklären.

Vielleicht haben Sie eine etwas andere Reihenfolge gewählt als wir und sind noch mehr verwirrt, da Ihr Ergebnis nicht mit dem unseren übereinstimmt:

```
In[23]:=
{auswerten[tfunk00y,-5],auswerten[tfunk00y,6.25],
 auswerten[tfunk00y,-Pi/6],auswerten[tfunk00y,9]}
Out[23]=
{0, 6.25, 6.25, 0}
```

Wenn Sie die beiden Ausgaben vergleichen, so stellen Sie fest, daß der falsche Wert immer bei der Berechnung von $\sin(-\frac{\pi}{6})$ auftritt. Dies kann nur am Aufruf von `Sin` oder dem Argument liegen. Wir probieren also aus:

```
In[24]:=
auswerten[tfunk00y,-0.5]
Out[24]=
-0.479426
```

was zeigt, daß es tatsächlich am Argument liegt - und der einzige Unterschied, der zwischen einer Zahl wie $-0.5$ und $-\frac{\pi}{6}$ besteht, ist die Tatsache, daß $\pi$ eine symbolische Konstante ist.

Dieses Problem war uns beim Programmieren schon einmal begegnet: bei der Berechnung des Wahrheitswertes von Bedingungen hatten wir festgestellt, daß nur konkrete Werte gegeneinander verglichen werden können, so daß anstelle symbolischer Konstanten stets deren numerischer Wert verwendet werden muß. Wenn Sie sich unsere Methode `auswerten` noch einmal anschauen, so stellen Sie fest, daß wir dies außer acht gelassen hatten.

Warum ist nun aber der Funktionswert abhängig von der Reihenfolge der Auswertungen? Wenn Sie die falschen Ergenisse noch einmal in ihrem Kontext betrachten, so stellen Sie fest, daß jeweils der unmittelbar davor berechnete Wert als angebliches Ergebnis benutzt wurde. Wenn Sie dagegen `auswerten` betrachten, werden Sie den Eindruck haben, daß für den Fall, daß das Argument eine symbolische Konstante ist, der Hilfsvariablen `y0` überhaupt kein Wert zugewiesen wird.

```
{auswerten, Function[If[(a<#1)&&(#1<0),
                                y0=funk1/.x->#1];
            If[(0<#1)&&(#1<b),y0=funk2/.x->#1];
            If[(#1<=a)||#1==0||(#1>=b),y0=0];
                  y0]}
```

Die einzig mögliche Erklärung ist also, daß `y0` seinen aktuellen Wert solange behält, bis dieser wieder überschrieben wird. Diese Überlegung wollen wir noch ein wenig ausbauen. Um genauer zu verstehen, was geschieht, greifen wir auf die interne Darstellung der Objekte unserer Klasse zurück; dies geschieht durch die Verwendung von `FullForm` bzw. `TreeForm`

```
In[25]:=
FullForm[tfunk00y]
Out[25]=
Classes`Private`treppen5[-4, 9, Sin[x], x, 17,
```

```
 hilf$13]

In[26]:=
TreeForm[tfunk00x]
Out[26]=
Classes`Private`treppen5[-5, 7, |        ,
                                      Sin[x]

 |                        , y0$8, hilf$8]
 Power[x, |           ]
          Rational[1, 2]
```

An der Definition unserer Treppenfunktion hat sich also nichts geändert, trotzdem wird uns solange der zuletzt berechnete Funktionswert ausgegeben, bis ein neuer berechnet werden kann.

Sehr viel problematischer sind die Konsequenzen aus folgendem Fehlverhalten des Benutzers.

Wir definieren ein neues Element der Klasse `treppen5`,

```
In[27]:=
tfunk00zz=new[treppen5,_,_,_,_,_,_]
Out[27]=
-treppen5-
```

und überprüfen die interne Darstellung.

```
In[28]:=
FullForm[tfunk00zz]
Out[28]=
Classes`Private`treppen5[a$9, b$9, funk1$9,

 funk2$9, y0$9, hilf$9]
```

Die Namen der lokalen Variablen werden für jedes neue Objekt hochgezählt. Unser Objekt hat jedenfalls sechs Argumente, so daß es grundsätzlich möglich ist, jedem einen konkreten Wert zuzuweisen. Wenn Sie dies etwa mit `y0` machen

```
In[29]:=
tfunk00zz[[5]]=29;
```

ist die Katastrophe absehbar, jeder weitere Befehl zum Auswerten liefert dasselbe Ergebnis:

```
In[30]:=
auswerten[tfunk00zz,-45]
Out[30]=
29
```

Wie ein Blick auf die interne Darstellung unseres Objektes verrät, haben wir durch die Zuweisung an y0 als 5. Argument die Konstante 29 eingetragen! Ein ähnliches Problem hatten wir bereits im ersten Abschnitt dieses Paragraphen.

```
In[31]:=
FullForm[tfunk00zz]
Out[31]=
Classes`Private`treppen5[a$9, b$9, funk1$9,

 funk2$9, 29, hilf$9]
```

Dieses Objekt können Sie nicht einmal mehr löschen:

```
In[32]:=
delete[tfunk00zz]
Out[32]=
Remove::ssym: 29 is not a symbol or a string.
```

Aufgrund des Hochzählens der Variablennamen für neue Objekte sind wenigstens bei der Definition weiterer Objekte keine Probleme zu erwarten.

Es ist übrigens Ihr Problem, darauf zu achten, daß beim Kreieren neuer Elemente die Anzahl der Leerstellen mit der tatsächlich erforderlichen Anzahl übereinstimmt, da *Mathematica* nur dann eine Fehlermeldung liefert, wenn Sie zuwenige Leerstellen eingeben:

```
In[33]:=
tfunk00mist=new[treppen5, , ]
Out[33]=
Function::slotn:
   Slot number 3 in (new[<<1>>]; <<3>>;
       funk2$22 = #4) &  cannot be filled from TooBig.
Function::slotn:
   Slot number 4 in (new[<<1>>]; <<3>>;
       funk2$22 = #4) &  cannot be filled from TooBig.
-treppen5-
```

Wenn Sie zu viele Leerstellen eingeben, geschieht überhaupt nichts

```
In[34]:=
tfunk00baeh=new[treppen5,_,_,_,_,_,_,_,_]
Out[34]=
-treppen5-

In[35]:=
FullForm[tfunk00baeh]
Out[35]=
Classes`Private`treppen5[a$17, b$17, funk1$17,

 funk2$17, y0$17, hilf$17]
```

solange Sie nicht versuchen, etwa dem 8. Argument einen Wert zuzuweisen

```
In[36]:=
tfunk00baeh[[8]]=11
Out[36]=
Part::part: Part 8 of -treppen5- does not exist.
11
```

Wir wollen uns nun der Verallgemeinerung unserer Treppenfunktionen zuwenden.

## 4.5 Die Verwendung des Pakets `classes.m` II

### 4.5.1 Über die Schwierigkeit, Treppenfunktionen mit verschiedenen Sprungstellen korrekt zu addieren

Wenn wir zwei Objekte aus der Klasse `treppen5` korrekt addieren wollen, so müssen wir beachten, daß sich durch die Addition zweier Treppenfunktionen die Anzahl der stetigen Funktionenstücke ungleich der Nullfunktion von zwei auf drei oder vier erhöhen kann. Oder anders gesprochen, das Ergebnis dieser speziellen Kommunikation zweier Objekte aus der Klasse der Treppenfunktionen mit maximal zwei stetigen Funktionenstücken ungleich der Nullfunktion ist entweder ein Objekt dieser Klasse oder ein Objekt der Klasse der Treppenfunktionen mit drei oder ein Objekt der Klasse der Treppenfunktionen mit vier Funktionenstücken ungleich der Nullfunktion. Muß man das so kompliziert sehen? Mit dieser Frage haben wir unser eigentliches Thema fast verlassen und behandeln, wenn auch etwas naiv, einen Aspekt der objektorientierten Datenanalyse (OOD). Liegt es vielleicht an unserer Art der Beschreibung, daß wir nicht sagen könnenn, alle stückweise stetigen Funktioen bilden eine Klasse? Allen Treppenfunktionen gemeinsam ist doch offenbar, daß es eine Anzahl von Sprungstellen gibt sowie Funktionen, die zwischen diesen Sprungstellen angenommen werden sollen. Da wir die Unstetigkeitsstellen wie auch die Definitionen der Funktionen bisher einzeln übergeben haben, müssen wir Klassen mit 1, 2, 3, 4, ..., n Sprungstellen unterscheiden. Es ist offensichtlich, daß wir dieses Problem umgehen und damit eine allgemeine Klassendefinition geben können, wenn wir stattdessen die Gesamtheit aller Sprungstellen bzw. Funktionen als Liste übergeben. Dieser Abschnitt handelt von den Schwierigkeiten, die dabei jedoch auftreten. Als erstes wollen wir klären, wie die einzelnen Elemente solcher Listen in der Definition von Methoden angesprochen werden können.

```
In[1]:=
<<classes.m
Class[treppen6,Object,
    {Punkteliste,Funktliste,n,y0,hilf,t,bol},
    {{new,        (new[super];Punkteliste=#1;
                         Funktliste=#2;n=Length[#1])&},
     {bild,       Show[Table[Plot[Funktliste[[t]],
                         {x,Punkteliste[[t]],
                                   Punkteliste[[t+1]]}],
                              {t,n-1}]]&},
     {auswerten, Function[For[t=1,t<=n-1,t=t+1,
```

```
                         If[(Punkteliste[[t]]<#1)&&
                            (#1<Punkteliste[[t+1]]),
                             y0=Funktliste[[t]]/.x->#1]];
                         For[t=1,t<=n,t=t+1,
                          If[Punkteliste[[t]]==#1,y0=0]];
                        If[(#1<Punkteliste[[1]])||
                            (#1>Punkteliste[[n]]),y0=0];
                               Print[y0]]},
     {drucke,        (Print[n,#1[[1]],#1[[2]],#1[[3]],
                        Funktliste[[1]]])&},
     {summe,         (bol=(n==#1[[2]]);
                       If [bol ,For[t=1,t<=n,t=t+1,
                          bol=bol&&(Punkteliste[[t]]==
                                          #1[[1]][[t]])]];
                        If[bol&&(isa[#1,treppen6]),
                            (hilf=new[super];
                             hilf[[1]]=Punkteliste;
                         For[t=1,t<=n-1,t=t+1,
                             hilf[[2]][[t]]=Funktliste[[t]]+
                                              #1[[2]][[t]]];
                           hilf),Print["Falsche Eingabe"],
                                 Print["Falsche Eingabe"]])&}
              }
];
```

Natürlich soll Punkteliste die Liste der Sprungstellen enthalten, Funktliste die Liste der Funktionen. Für die korrekte Verarbeitung solcher Treppenfunktionen ist es wichtig, die Anzahl der Sprungstellen zu kennen; diese wird bei der Vereinbarung eines neuen Objektes in der lokalen Variablen n abgelegt.

```
In[2]:=
tfunk001=new[treppen6,{-2,1,7,34}, {x^2,1+1/(x+1), x}];
```

Diese Funktion hat 4 Sprungstellen, so daß n den Wert 4 enthalten sollte. Die Methode drucke soll den Wert von n, das 1., 2. und 3. Element des ersten Argumentes (also der Liste der Sprungstellen) sowie das 1. Element der Liste der Funktionen ausgeben. Wir probieren dies aus:

```
In[3]:=
drucke[tfunk001]
Out[]=
Function::slotn:
   Slot number 1 in Print[n$15, <<3>>,
      Funktliste$15[[1]]] &  cannot be filled from
     TooBig.
Function::slotn:
   Slot number 1 in Print[n$15, <<3>>,
      Funktliste$15[[1]]] &  cannot be filled from
     TooBig.
Function::slotn:
   Slot number 1 in Print[n$15, <<3>>,
```

```
      Funktliste$15[[1]]] &  cannot be filled from
    TooBig.
General::stop:
   Further output of Function::slotn
     will be suppressed during this calculation.
Part::partw: Part 2 of #1 does not exist.
Part::partw: Part 3 of #1 does not exist.
                      2
41#1[[2]]#1[[3]]x
```

und stellen erschrocken fest, daß hier ein Fehler auftritt beim Versuch, die einzelnen Elemente der Punkteliste ausgeben zu lassen. Das erste Element der Funktionenliste wird dagegen problemlos ausgegeben. Was hier geschehen ist, verstehen wir besser, wenn wir unseren Aufruf leicht variieren.

```
In[4]:=
tfunk002=new[treppen6,{-4,3,5,27},{2x^2,3/x,1}]
Out[4]=
-treppen6-

In[5]:=
drucke[tfunk001,tfunk002]
Out[5]=
                         2  3     2
4{-4, 3, 5, 27}4{2 x , -, 1}x
                            x
```

Offenbar bezieht sich eine Bezeichnung wie `#1` auf die Liste von Argumenten beim Aufruf der Methode, während die in der Klassendefinition verwendeten Namen den richtigen Bezug haben[18]. Ein weiteres Problem unserer Definition finden wir, wenn wir die Summe zweier Treppenfunktionen berechnen lassen wollen. Die hier definierte Methode `summe` erfordert, daß beide Objekte dieselben Sprungstellen haben. Wir definieren daher

```
In[6]:=
tfunk002=new[treppen6,{-2,1,7,34},{2x^2,3/x,
                                                        1}]
Out[6]=
-treppen6-
```

und versuchen nun, die Summe berechnen zu lassen.

```
In[7]:=
tfunk003=summe[tfunk001,tfunk002]
Out[7]=
Part::setps: hilf$23[[2]] in assignment of part is not a symbol.
Part::setps: hilf$23[[2]] in assignment of part is not a symbol.
Part::setps: hilf$23[[2]] in assignment of part is not a symbol.
```

[18] Beachten Sie bitte auch, daß die Reihenfolge der lokalen Variablen in der Klassendefinition über die Numerierung der Argumente entscheidet. Um also zu erzwingen, daß die Punkteliste stets das 1. und die Funktionenliste das 2. Argument eines Objektes ist, müssen diese beiden Namen die ersten in der Liste der lokalen Variablen sein.

```
General::stop:
   Further output of Part::setps
     will be suppressed during this calculation.
```

Wenn Sie sich die Definition von summe genau anschauen, so stellen Sie fest, daß diese Fehlermeldungen nur von der Zeile

```
 hilf[[2]][[t]]=Funktliste[[t]]+
                                               #1[[2]][[t]]];
```

verursacht worden sein können. Diese Doppelindizierung ist also offenbar nicht zulässig. Vielleicht kommen Sie nun auf die Idee, statt dessen eine Indizierung wie bei Matrizen zu wählen, also diese Zeile abzuändern in

```
 hilf[[2,t]]=Funktliste[[t]]+
                                               #1[[2]][[t]]];
```

Wir nennen diese neue Klasse treppen6a, definieren tfunk001 und tfunk002 wie gehabt und versuchen, die Summe zu bilden.

```
In[8]:=
tfunk003=summe[tfunk001,tfunk002]
Out[8]=
Part::setp:
   Part assignment to -treppen6a- could not be made.
Part::setp:
   Part assignment to -treppen6a- could not be made.
Part::setp:
   Part assignment to -treppen6a- could not be made.
General::stop:
   Further output of Part::setp
     will be suppressed during this calculation.
```

Offenbar müssen wir einen anderen Weg finden, um die Summe zu bilden. Da in diesem speziellen Fall einfach eine neue Liste von Funktionen erzeugt werden muß, die der Reihe nach gebildet werden kann, besteht die einfachste Lösung darin, bei der Definition der Summenfunktion genau so vorzugehen, wie Sie es sonst bei der Erzeugung von Listen auch tun. Das heißt, daß zuerst eine leere Liste definiert und anschließend in einer Schleife mit Append das aktuell erzeugte Listenelement an die bisherige Liste angehangen wird.

```
In[9]:=
Class[treppen6b,Object,
    {Punkteliste,Funktliste,n,y0,hilf,t,bol,a,liste},
    {{new,        (new[super];Punkteliste=#1;
                        Funktliste=#2;n=Length[#1])&},
     {bild,       Show[Table[Plot[Funktliste[[t]],
                       {x,Punkteliste[[t]],
                                 Punkteliste[[t+1]]}],
                                {t,n-1}]]&},

     {auswerten, Function[For[t=1,t<=n-1,t=t+1,
```

```
                         If[(Punkteliste[[t]]<#1)&&
                            (#1<Punkteliste[[t+1]]),
                             y0=Funktliste[[t]]/.x->#1]];
                         For[t=1,t<=n,t=t+1,
                          If[Punkteliste[[t]]==#1,y0=0]];
                        If[(#1<Punkteliste[[1]])||
                            (#1>Punkteliste[[n]]),y0=0];
                               Print[y0]]},
        {drucke,      (Print[n,Punkteliste,Funktliste])&},
        {summe,       (bol=(n==#1[[3]]);
                       If [bol ,For[t=1,t<=n,t=t+1,
                          bol=bol&&(Punkteliste[[t]]==
                                       #1[[1]][[t]])]];
                        If[bol&&(isa[#1,treppen6b]),
                            (hilf=new[super];
                             hilf[[1]]=Punkteliste;
                         For[t=1;liste={},t<=n-1,t=t+1,
                          (a=Funktliste[[t]]+#1[[2]][[t]];
                               Print[a];
                           liste=Append[liste,a])];
                           hilf[[2]]=liste;
                           hilf),Print["Falsche Eingabe"],
                           Print["Falsche Eingabe1"]])&},
          {mult,        (hilf=new[super];
                         hilf[[1]]=Punkteliste;
                         For[t=1;liste={},t<=n-1,t=t+1,
                          (a=Funktliste[[t]]*#1;
                          liste=Append[liste,a])];
                         hilf[[2]]=liste;
                         hilf)&},
                         {drucke1,    (Print[Punkteliste])&},
          {drucke2,     Print[Funktliste]&}
         }
];
```

Welche Änderungen haben wir vorgenommen? Die Methode `drucke` ist richtiggestellt; sie gibt die Anzahl der Sprungstellen, die Liste der Sprungstellen sowie die Liste der entsprechenden Funktionen aus. In `summe` haben wir die Funktionenliste mithilfe von `Append` erzeugen lassen. Die Methode `mult` liefert nach demselben Verfahren die Multiplikation einer Treppenfunktion mit einem Skalar. Wir probieren nun aus, ob alle Methoden fehlerfrei arbeiten. Also definieren wir zuerst zwei Objekte der neuen Klasse `treppen6b`.

```
In[10]:=
tfunk001=new[treppen6b,{-2,1,7,34},{x^2,1+1/(x+1),
                                     x}]
Out[10]=
-treppen6b-

In[11]:=
tfunk002=new[treppen6b,{-2,1,7,34},{x+1,3x,
                                     1/x}]
```

```
Out[11]=
-treppen6b-
```

Wir probieren zunächst die Methode `auswerten` an verschiedenen Punkten.

```
In[12]:=
auswerten[tfunk001,5]
Out[12]=
7
-
6

In[13]:=
auswerten[tfunk002,1]
Out[13]=
0
```

Die graphische Ausgabe ist ebenfalls in Ordnung - wir verzichten darauf, das Bild hier wiederzugeben.

```
In[14]:=
bild[tfunk001]
Out[14]=
                                    1
Power::infy: Infinite expression -- encountered.
                                    0.
-Graphics-
```

Die Methode `drucke` liefert die Anzahl der Sprungstellen, die Liste der Sprungstellen und die Liste der zugehörigen Funktionen.

```
In[15]:=
drucke[tfunk001]
Out[15]=
                  2        1
4{-2, 1, 7, 34}{x , 1 + -----, x}
                         1 + x
```

Mit `drucke1` erhalten wir die Liste der Sprungstellen,

```
In[16]:=
drucke1[tfunk001]
Out[16]=
{-2, 1, 7, 34}
```

mit `drucke2` die Liste der Funktionen.

```
In[17]:=
drucke2[tfunk001]
Out[17]=
  2        1
{x , 1 + -----, x}
         1 + x
```

Nun bilden wir die Summe der beiden Funktionen – dies ist möglich, weil ihre Sprungstellen übereinstimmen.

```
In[18]:=
tfunk003=summe[tfunk001,tfunk002]
Out[18]=
-treppen6b-

In[19]:=
drucke1[tfunk003]
Out[19]=
{-2, 1, 7, 34}

In[20]:=
drucke2[tfunk003]
Out[20]=
           2               1     1
{1 + x + x , 1 + 3 x + -----, - + x}
                       1 + x   x
```

Die folgende Summe kann nicht gebildet werden, weil das zweite Argument keine Treppenfunktion ist.

```
In[21]:=
tfunk004=summe[tfunk002,{-7,5,x^2,x+x^3}]
Out[21]=
Falsche Eingabe1
```

Die folgende Summe kann nicht gebildet werden, weil die Funktionenliste im 2. Argument zu kurz ist.

```
In[22]:=
tfunk005=summe[tfunk002,{x^2,x+x^3}]
Out[22]=
                           2       3
Part::partw: Part 3 of {x , x + x } does not exist.
                           2       3
Part::partw: Part 3 of {x , x + x } does not exist.
Falsche Eingabe1
```

Nun multiplizieren wir mit einem Skalar.

```
In[23]:=
tfunk006=mult[tfunk001,3/4]
Out[23]=
-treppen6b-

In[24]:=
drucke1[tfunk006]
Out[24]=
{-2, 1, 7, 34}
```

```
In[25]:=
drucke2[tfunk006]
Out[25]=
                       1
    2   3 (1 + -----)
 3 x              1 + x    3 x
{----, -------------, ---}
  4             4          4

In[26]:=
auswerten[tfunk006,1.2]
Out[26]=
1.09091
```

Nun gibt es natürlich viele Aufgaben, bei denen eine Liste von Werten nicht in der richtigen Reihenfolge erstellt werden kann. Aus diesem Grund wollen wir uns mit der gefundenen Lösung nicht zufrieden geben, sondern stattdessen eine allgemeine Lösung suchen. Wir betrachten zunächst nur die Methode `summe`, wobei wir zunächst entsprechende Ausgaben vorsehen wollen, um zu überprüfen, ob tatsächlich die Summe berechnet wird.

```
{summe,       (bol=(n==#1[[3]]);
               If [bol,For[t=1,t<=n,t=t+1,
                   bol=bol&&
                       (Punkteliste[[t]]==
                             #1[[1]][[t]])]];
               If[bol&&(isa[#1,treppen6c]),
                  {hilf=new[super];
                   hilf[[1]]=Punkteliste;
                   liste=Funktliste;
                   For[t=1,t<=n-1,t=t+1,
                       {a=Funktliste[[t]]+#1[[2]][[t]];
                        Print[Funktliste[[t]],"+",
                              #1[[2]][[t]],"=",a];
                        liste[[t]]=a;
                        Print[liste,",",t]}];
                        hilf[[2]]=liste;
                        Print["hilf[[2]]=",hilf[[2]]];
                        hilf},
                   Print["Falsche Eingabe"],
                   Print["Falsche Eingabe"]])&},
```

Die Boolesche Variable `bol` enthält den Wert `True`, falls die Liste der Sprungstellen im 1. und 2. Argument übereinstimmt und das 2. Argument ebenfalls ein Klassenelement ist[19]. Um die Funktionenliste für die Summe, die in `hilf` konstruiert wird, berechnen zu können, kreieren wir die Variable `liste`, die zunächst die Funktionenliste des 1.

[19] Natürlich kann `bol` einfacher berechnet werden; dies werden wir in einer der nächsten Versionen unserer Klasse einarbeiten.

Summanden enthält (und damit automatisch eine Liste der richtigen Länge ist). In der Schleife wird die Summe der aktuellen Summanden an der Position t gebildet und in die `liste` übertragen, so daß nach Durchlaufen dieser Schleife in `liste` die gewünschte Summe steht und in das 2. Argument unseres Objektes `hilf` übernommen werden kann[20]. Kann die Summe nicht berechnet werden, weil die Liste der Sprungstellen nicht übereinstimmt oder das 2. Argument kein Klassenelement ist oder aus irgendwelchen anderen Gründen, so wird eine Meldung ausgegeben. Wir definieren also zwei Objekte

```
In[28]:=
tfunk001=new[treppen6c,{-2,1,7,34},{x^2,1+1/(x+1),x}]
Out[28]=
-treppen6c-

In[29]:=
tfunk002=new[treppen6c,{-2,1,7,34},{x,1,x^2}]
Out[29]=
-treppen6c-
```

und lassen ihre Summe berechnen.

```
In[30]:=
tfunk003=summe[tfunk001,tfunk002]
Out[30]=
 2          2
x +x=x + x
      2         1
{x + x , 1 + -----, x},1
              1 + x
      1           1
1 + -----+1=2 + -----
     1 + x        1 + x
      2         1
{x + x , 2 + -----, x},2
              1 + x
   2      2
x+x =x + x
      2         1         2
{x + x , 2 + -----, x + x },3
              1 + x
                2         1         2
hilf[[2]]={x + x , 2 + -----, x + x }
                        1 + x
{-treppen6c-}
```

Die Ausgabe zeigt, daß tatsächlich die Summe berechnet und im 2. Argument von `hilf` gespeichert wird. Vorsichtshalber wenden wir nun noch die offiziellen Ausgabemethoden an.

```
In[31]:=
drucke1[tfunk003]
```

[20] Auch diese Konstruktion kann natürlich viel kürzer und ohne Verwendung von a stattfinden.

```
Out[31]=
drucke1[{-treppen6c-}]

In[32]:=
drucke2[tfunk003]
Out[32]=
drucke2[{-treppen6c-}]

In[33]:=
drucke[tfunk003]
Out[33]=
drucke[{-treppen6c-}]
```

Offenbar ist das Ergebnis unserer Rechnung nicht ausgebbar! Wo steckt der Fehler? In diesem Fall ist er leicht aufzufinden; wir diskutieren ihn hauptsächlich deswegen, damit Sie sehen, wie genau Sie bei dieser Art der Programmierung hinschauen müssen, weil die Abkapselung der Programmteile von der Außenwelt so stark ist.

Wenn Sie die Rückmeldung bei der Definition von `tfunk001` und `tfunk002` einerseits und `tfunk003` andererseits noch einmal genau betrachten, wird Ihnen auffallen, daß bei `tfunk003` der Text `-treppen6c-` in geschweifte Klammern gesetzt ist; das gleiche gilt dann für das Echo der Ausgabeversuche. Die Summe `tfunk003` ist also kein Objekt der Klasse, sondern eine Liste, die ein Klassenelement enthält. Für solche Listen haben wir aber keine Ausgabe definiert, so daß es kein Wunder ist, daß wir nur ein Echo erhalten haben. Wo ist dieses Problem entstanden? Offenbar haben wir versehentlich eine Liste erzeugt, die ein Objekt enthält. Da Listen durch die Verwendung von geschweiften Klammern entstehen, muß der Fehler durch die Zusammenfassung der Befehle im Ja- bzw. Nein-Zweig der 2. `If`-Anweisung mithilfe dieser Klammern entstanden sein. Um unsere Vermutung zu verifizieren, schreiben wir eine ganz konventionelle Anweisung

```
In[34]:=
If[3<4,{Print["Ja"];x=9},{Print["Nein"];x=11}]
Out[34]=
Ja
{9}
```

und sehen, daß das Endergebnis tatsächlich eine Liste ist, während der Textausgabe nichts anzumerken ist. Um Anweisungen des Ja- bzw. Nein-Zweiges einer Alternative (dies gilt natürlich auch analog für Mehrfachverzweigungen) optisch zusammenzufassen, ist es also besser, runde Klammern zu verwenden, da hier das Ergebnis der gleichen Anweisung eine Zahl ist.

```
In[35]:=
If[3<4,(Print["Ja"];x=9),(Print["Nein"];x=11)]
Out[35]=
Ja
9
```

Damit ist klar, wie unsere Klassenbeschreibung zu korrigieren ist. Wir nehmen außerdem die zusätzlichen `Print`-Befehle heraus.

```
In[36]:=
Class[treppen6d,Object,
    {Punkteliste,Funktliste,n,y0,hilf,t,bol,a,liste},
    {{new,        (new[super];Punkteliste=#1;
                      Funktliste=#2;n=Length[#1])&},
     {bild,       Show[Table[Plot[Funktliste[[t]],
                       {x,Punkteliste[[t]],
                                 Punkteliste[[t+1]]}],
                              {t,n-1}]]&},
     {auswerten, Function[For[t=1,t<=n-1,t=t+1,
                      If[(Punkteliste[[t]]<#1)&&
                         (#1<Punkteliste[[t+1]]),
                         y0=Funktliste[[t]]/.x->#1]];
                      For[t=1,t<=n,t=t+1,
                       If[Punkteliste[[t]]==#1,y0=0]];
                     If[(#1<Punkteliste[[1]])||
                         (#1>Punkteliste[[n]]),y0=0];
                            Print[x0]]},
  • {drucke,     (Print[n,",",Punkteliste,
                          ",",Funktliste])&},
     {summe,      (bol=(n==#1[[3]]);
                   If [bol ,For[t=1,t<=n,t=t+1,
                      bol=bol&&(Punkteliste[[t]]==
                          #1[[1]][[t]])]];
                  If[bol&&(isa[#1,treppen6d]),
                     (hilf=new[super];
                      hilf[[1]]=Punkteliste;
                      liste=Funktliste;
                      For[t=1,t<=n-1,t=t+1,
                     {a=Funktliste[[t]]+#1[[2]][[t]];
                      liste[[t]]=a}];
                      hilf[[2]]=liste;
                      hilf),
                      Print["Falsche Eingabe"],
                      Print["Falsche Eingabe"]])&},
       {mult,        (hilf=new[super];
                      hilf[[1]]=Punkteliste;
                      For[t=1,t<=n-1,t=t+1,
                      {a=Funktliste[[t]] #1;
                       liste[[t]]=a}];
                       hilf[[2]]=liste;hilf)&},
       {drucke1,    (Print[Punkteliste])&},
       {drucke2,    (Print[Funktliste])&}
      }
];
```

Wir definieren unsere zwei Testobjekte

```
In[37]:=
tfunk001=new[treppen6d,{-2,1,7,34},{x^2,1+1/(x+1),x}]
Out[37]=
-treppen6d-
```

```
In[38]:=
tfunk002=new[treppen6d,{-2,1,7,34},{x,1,x^2}]
Out[38]=
-treppen6d-
```

bilden die Summe

```
In[39]:=
tfunk003=summe[tfunk001,tfunk002]
Out[39]=
-treppen6d-
```

und wenden die verschiedenen Ausgabemethoden auf die Summe an.

```
In[40]:=
drucke1[tfunk003]
Out[40]=
{-2, 1, 7, 34}

In[41]:=
drucke2[tfunk003]
Out[41]=
     21
{90, --, 90}
     10

In[42]:=
drucke[tfunk003]
Out[42]=
                          21
4,{-2, 1, 7, 34},{90, --, 90}
                          10
```

Nun versuchen wir, die Summe mit einer Liste von Funktionen zu bilden. Dabei soll zunächst die Anzahl der Funktionen korrekt sein.

```
In[43]:=
tfunk004=summe[tfunk002,{-7,5,x^2,x+x^3}]
Out[43]=
Falsche Eingabe

In[44]:=
drucke1[tfunk004]
Out[44]=
drucke1[Null]
```

Nun soll auch noch die Anzahl der Funktionen falsch sein. Dies produziert eine zusätzliche Fehlermeldung.

```
In[45]:=
tfunk005=summe[tfunk002,{x^2,x+x^3}]
Out[45]=
                            2       3
Part::partw: Part 3 of {x , x + x } does not exist.
Falsche Eingabe
```

Jetzt probieren wir die skalare Multiplikation aus.

```
In[46]:=
tfunk006=mult[tfunk001,3/4]
Out[46]=
-treppen6d-

In[47]:=
drucke[tfunk006]
Out[47]=
                     243  33  27
4,{-2, 1, 7, 34},{---, --, --}
                      4   40  4
```

### 4.5.2 Endgültige Fassung der Addition

Wir wollen nun letzte Hand an unsere Definition legen. Dies heißt zunächst, daß wir die Typüberprüfung in `summe` und die Zuweisungen in `summe` und `mult` möglichst vereinfachen. Zur Berechnung von `bol` reicht es aus, die Punktelisten des 1. und 2. Summanden als Listen und nicht elementweise vergleichen zu lassen - dies vereinfacht die Struktur unseres Programms. Das 2. Argument der Summe kann ebenfalls direkt als Liste berechnet werden[21]. Damit sieht unsere Methode `summe` jetzt folgendermaßen aus.

```
{summe,      (bol=(Punkteliste==#1[[1]]);
                    If[bol&&(isa[#1,treppen7a]),
                        (hilf=new[super];
                         hilf[[1]]=Punkteliste;
                        hilf[[2]]=Funktliste+#1[[2]];
                          hilf),Print["Falsche Eingabe"],
                             Print["Falsche Eingabe"]])&},
```

Die gleiche Vereinfachung nehmen wir bei der Multiplikation mit einem Skalar `mult` vor.

```
{mult,     (hilf=new[super];hilf[[1]]=Punkteliste;
                     hilf[[2]]=Funktliste*#1;hilf)&}
```

Nun können Sie natürlich einwenden, daß unsere Methode `summe` noch immer nicht den allgemeinen Fall widergibt, da natürlich auch bei verschiedenen Listen von Sprungstellen die Summe der entsprechenden Treppenfunktionen definiert ist. Beispiel:

$$f(x) = \begin{cases} -x^2 & \text{für } x \in (-3,1) \\ 2x+3 & \text{für } x \in (1,2) \\ 0 & \text{sonst} \end{cases}$$

[21] Solche Vereinfachungen können Sie überall dort vornehmen, wo Sie auf *Mathematica*-Funktionen mit dem Attribut `listable` zurückgreifen.

$$g(x) = \begin{cases} 2x^2 + x + 1 & \text{für } x \in (-5,0) \\ \sin(2\pi x) & \text{für } x \in (0,1.5) \\ 0 & \text{sonst} \end{cases}$$

hat als Summe die Funktion

$$h(x) = \begin{cases} 2x^2 + x + 1 & \text{für } x \in (-5,-3) \\ x^2 + x + 1 & \text{für } x \in (-3,0) \\ -x^2 + \sin(2\pi x) & \text{für } x \in (0,1) \\ 2x + 3 + \sin(2\pi x) & \text{für } x \in (1,1.5) \\ 2x + 3 & \text{für } x \in (1.5,2) \\ 0 & \text{sonst} \end{cases}$$

Wie Sie sehen, ist die neue Sprungstellenliste einfach die Vereinigung der Summandenlisten; die Schwierigkeit besteht darin, zu erkennen, wie die einzelnen Sprungstellen des 1. und 2. Summanden zueinander liegen, und aus dieser Erkenntnis heraus die korrekte Addition der richtigen Funktionen vorzunehmen.

Wir betrachten den einfachen Fall, daß beide Summanden genau zwei Sprungstellen haben, die Treppenfunktionen also jeweils auf genau einem Intervall nicht identisch Null sind, und fragen uns, wie diese beiden Intervalle $(a,b)$ und $(c,d)$ zueinander liegen können. Wir empfehlen Ihnen, sich selbst eine Skizze aller denkbaren Fälle zu machen, bevor Sie weiterlesen[22]. Wir wollen der Einfachheit halber annehmen, daß es sich jeweils um echte Intervalle handelt, d.h. $a < b$ und $c < d$ gilt. Wo es angebracht ist, werden wir das Intervall $(a,b)$ mit $I_1$, as Intervall $(c,d)$ mit $I_2$ bezeichnen. Dann ergeben sich folgende Möglichkeiten:

- $I_1$ liegt links von $I_2$, d.h. es gilt $a < b < c < d$ oder (wegen unserer Voraussetzungen) können wir auch kürzer formulieren $b < c$.
- Die beiden Intervalle stoßen direkt aneinander, wobei $I_1$ links von $I_2$ liegt, so daß $a < b = c < d$ gilt oder kürzer $b = c$.
- Das Intervall $I_1$ enthält $I_2$ oder $a < c < d < b$.
- Die beiden Intervall liegen rechtsbündig, haben also dieselbe obere Grenze, und $I_1$ beginnt links von $I_2$. Dies heißt $a < c < b = d$.
- Der Durchschnitt der beiden Intervalle ist nicht leer, jedoch kleiner als jedes von ihnen, und $I_1$ beginnt links von $I_2$, d.h. $a < c < b < d$.
- Die beiden Intervalle sind gleich, also $a = c < b = d$.

[22] Natürlich kann es formal nicht mehr als $4! \cdot 8 = 24 \cdot 8 = 172$ Fälle geben, da sich 4 Objekte auf 4! Arten anordnen lassen und zwischen je 2 Objekten entweder „<" oder „=" stehen kann. Von diesen theoretisch denkbaren Fällen sind aber viele aufgrund der Voraussetzungen $a < b$ und $c < d$ ausgeschlossen, einige andere entfallen, weil sie dieselbe Lage beschreiben, z.B. ist $a < b = c < d$ eine Beschreibung desselben Sachverhalts wie $a < c = b < d$.

- Die beiden Intervalle liegen linksbündig, haben also dieselbe untere Grenze, und $I_2$ endet links von $I_1$, so daß $a = c < d < b$ gelten muß.
- $I_2$ liegt links von $I_1$, d.h. es gilt $c < d < a < b$ oder (wegen unserer Voraussetzungen) können wir auch kürzer formulieren $d < a$.
- Die beiden Intervalle stoßen direkt aneinander, wobei $I_2$ links von $I_1$ liegt, so daß $c < a = d < b$ gilt oder kürzer $a = d$.
- Das Intervall $I_2$ enthält $I_1$ oder $c < a < b < d$.
- Die beiden Intervall liegen rechtsbündig, haben also dieselbe obere Grenze, und $I_2$ beginnt links von $I_1$. Dies heißt $c < a < b = d$.
- Der Durchschnitt der beiden Intervalle ist nicht leer, jedoch kleiner als jedes von ihnen, und $I_2$ beginnt links von $I_1$, d.h. $c < a < d < b$.
- Die beiden Intervalle liegen linksbündig, haben also dieselbe untere Grenze, und $I_1$ endet links von $I_2$, so daß $a = c < b < d$ gelten muß.

Wenn Sie diese Aufzählung noch einmal betrachten, fällt Ihnen vielleicht auf, daß in sechs Fällen einfach die Rollen der beiden Intervalle vertauscht sind. Bevor Sie weiterlesen, sollten Sie selbst herausfinden, welche der Fälle paarweise zusammengehören.

- Das eine Intervall liegt links vom anderen Intervall, d.h. es gilt entweder $a < b < c < d$ bzw. kürzer $b < c$ oder $c < d < a < b$ bzw. kürzer $d < a$.
- Die beiden Intervalle stoßen direkt aneinander, so daß entweder $a < b = c < d$ gilt bzw. kürzer $b = c$ oder $c < a = d < b$ bzw. kürzer $a = d$.
- Das eine Intervall ist im anderen enthalten, also gilt entweder $a < c < d < b$ oder $c < a < b < d$.
- Die beiden Intervall liegen rechtsbündig, haben also dieselbe obere Grenze. Dies heißt $a < c < b = d$ oder $c < a < b = d$.
- Der Durchschnitt der beiden Intervalle ist nicht leer, jedoch kleiner als jedes von ihnen, d.h. entweder gilt $a < c < b < d$ oder $c < a < d < b$.
- Die beiden Intervalle liegen linksbündig, haben also dieselbe untere Grenze, so daß entweder $a = c < d < b$ oder $a = c < b < d$ gelten muß.

Der Fall, daß beide Intervalle gleich sind, hat natürlich kein Gegenstück, da er in sich symmetrisch ist.

Damit haben wir jetzt zwei Möglichkeiten gefunden, wie die Addition zweier beliebiger Treppenfunktionen, die jeweils auf einem Intervall von Null verschieden sind, aufgeschrieben werden kann: Die einfache, aber arbeitsaufwendige Variante besteht darin, jeden der 13 Fälle getrennt aufzulisten und die zugehörige Funktionenliste zu berechnen. Kürzer (und eleganter) ist die Methode, jeden der paarweise auftretenden Fälle nur einmal aufzuführen und dafür als letzte Alternative anzugeben, daß in jedem anderen Fall die Reihenfolge der Summanden vertauscht und die Methode summe1 mit diesen neuen Werten noch einmal aufgerufen werden soll.

Das Objekt self ist der abstrakte Name des ersten Arguments. Wir haben einen der paarweise auftretenden Fälle (welchen?) nach dem ersten Verfahren behandelt, alle übrigen nach dem zweiten. In dem Sonderfall, daß beide Intervalle gleich sind, haben wir natürlich keine neue Definition der Summe gegeben, sondern sie auf die bereits bekannte Methode summe zurückgeführt.

Damit sieht unsere Klassendefinition jetzt folgendermaßen aus:

```
In[1]:=
<<classes.m
Class[treppen7a,Object,
    {Punkteliste,Funktliste,n,y0,hilf,t,bol,a,liste},
    {{new,         (new[super];Punkteliste=#1;
                       Funktliste=#2;n=Length[#1])&},
     {bild,        Show[Table[Plot[Funktliste[[t]],
                        {x,Punkteliste[[t]],
                               Punkteliste[[t+1]]}],
                                {t,n-1}]]&},
     {auswerten, Function[For[t=1,t<=n-1,t=t+1,
                       If[(Punkteliste[[t]]<#1)&&
                          (#1<Punkteliste[[t+1]]),
                           y0=Funktliste[[t]]/.x->#1]
                          ];
                       For[t=1,t<=n,t=t+1,
                        If[Punkteliste[[t]]==#1,y0=0]];
                      If[(#1<Punkteliste[[1]])||
                          (#1>Punkteliste[[n]]),y0=0];
                             Print[y0]]},
     {drucke,      (Print[Punkteliste,";",Funktliste])&},
     {summe,       (bol=(Punkteliste==#1[[1]]);
                     If[bol&&(isa[#1,treppen7a]),
                         (hilf=new[super];
                          hilf[[1]]=Punkteliste;
                         hilf[[2]]=Funktliste+#1[[2]];
                           hilf),Print["Falsche Eingabe"],
                              Print["Falsche Eingabe"]])&},
     {summe1,      (bol=(isa[#1,treppen7a])&&(n==2)&&
                                      (n==#1[[3]]);
                     If[bol,(hilf=new[super];
                           hilf[[1]]=Union[Punkteliste,
                                              #1[[1]]];
                       If[Punkteliste[[2]]<#1[[1]][[1]],
                          hilf[[2]]={Funktliste[[1]],0,
                                        #1[[2]][[1]]}];
```

```
                        If[Punkteliste[[2]]==#1[[1]][[1]],
                           hilf[[2]]={Funktliste[[1]],
                                         #1[[2]][[1]]}];
                        If[Punkteliste[[1]]<#1[[1]][[1]]&&
                           Punkteliste[[2]]>#1[[1]][[2]],
                           hilf[[2]]={Funktliste[[1]],
                                        #1[[2]][[1]]+
                         Funktliste[[1]],Funktliste[[1]]}];
                        If[Punkteliste[[1]]<#1[[1]][[1]]&&
                           Punkteliste[[2]]==#1[[1]][[2]],
                           hilf[[2]]={Funktliste[[1]],
                                      #1[[2]][[1]]+
                             Funktliste[[1]]}];
                        If[Punkteliste[[1]]<#1[[1]][[1]]&&
                           #1[[1]][[1]]<Punkteliste[[2]]&&
                             Punkteliste[[2]]<#1[[1]][[2]],
                           hilf[[2]]={Funktliste[[1]],
                                        #1[[2]][[1]]+
                            Funktliste[[1]],#1[[2]][[1]]}];
                        If[Punkteliste==#1[[1]],hilf=
                                        summe[self,#1]];
                        If[Punkteliste[[1]]==#1[[1]][[1]]&&
                           Punkteliste[[2]]>#1[[1]][[2]],
                           hilf[[2]]={Funktliste[[1]]+
                                           #1[[2]][[1]],
                                      Funktliste[[1]]}];
                        If[Punkteliste[[1]]==#1[[1]][[1]]&&
                           Punkteliste[[2]]<#1[[1]][[2]],
                           hilf[[2]]={Funktliste[[1]]+
                                         #1[[2]][[1]],
                                      #1[[2]][[1]]}];
                        If[Punkteliste[[1]]>#1[[1]][[1]],
                           hilf=summe1[#1,self]];
                           n=Length[hilf[[1]]];
                        hilf)])&},
        {mult,     (hilf=new[super];hilf[[1]]=Punkteliste;
                         hilf[[2]]=Funktliste*#1;hilf)&}

      }
];
```

Die erneute Zuweisung `n=Length[hilf[[1]]];` ist erforderlich, weil anderenfalls bei der graphischen Ausgabe nur der erste Ast gezeichnet würde, da `n` ohne diese Zuweisung den Wert 2 behält. Wir probieren unsere Definitionen aus. Zunächst noch einmal die Summe für Treppenfunktionen mit gleicher Stützpunktliste[23].

```
In[2]:=
```

[23] Das halten Sie vielleicht für überflüssig, schließlich haben wir an diesen Definitionen nichts geändert. Wir haben jedoch immer wieder die Erfahrung gemacht, daß bei der Erweiterung von Programmen sehr leicht dadurch Fehler entstehen, daß man beim Arbeiten am Bildschirm versehentlich mit der Schreibmarke in der falschen Zeile landet und dort schreibt, und empfehlen Ihnen daher dringend, solche Überprüfungen grundsätzlich vorzunehmen.

```
tfunk001=new[treppen7a,{-2,1,7,34},{x^2,1+1/(x+1),x}]
Out[2]=
-treppen7a-

In[3]:=
mult[tfunk001,3]
Out[3]=
-treppen7a-

In[4]:=
bild[tfunk001]
Out[4]=
                                           1
Power::infy: Infinite expression -- encountered.
                                           0.
-Graphics-

In[5]:=
drucke[tfunk001]
Out[5]=
                   2         1
{-2, 1, 7, 34};{x , 1 + -----, x}
                         1 + x

In[6]:=
tfunk002=new[treppen7a,{-2,1,7,34},{x,1,x^2}]
Out[6]=
-treppen7a-

In[7]:=
tfunk003=summe[tfunk001,tfunk002]
Out[7]=
-treppen7a-

In[8]:=
drucke[tfunk003]
Out[8]=
                       2        1          2
{-2, 1, 7, 34};{x + x , 2 + -----, x + x }
                             1 + x
```

Nun definieren wir zwei Funktionen, auf die die Methode summe1 anwendbar ist.

```
In[9]:=
tfunk004=new[treppen7a,{-5,2},{x^2}]
Out[9]=
-treppen7a-

In[10]:=
tfunk005=new[treppen7a,{-7,7},{1/x}]
Out[10]=
-treppen7a-
```

Wir lassen die Summe berechnen und ausgeben:

```
In[11]:=
tfunk007=summe1[tfunk004,tfunk005]
Out[11]=
-treppen7a-

In[12]:=
drucke[tfunk007]
Out[12]=
                     1   1     2  1
{-7, -5, 2, 7};{-, - + x , -}
                     x   x        x

In[13]:=
isa[tfunk007,treppen7a]
Out[13]=
True
```

Wir überlassen es Ihnen als Übungsaufgabe, den allgemeinen Fall zu programmieren, also zu zwei Treppenfunktionen mit beliebigen Listen von Sprungstellen die Summe zu bestimmen.

### 4.5.3 Überladen von `Solve`, `D` und `Integrate`

Nicht versäumen wollen wir, einige wichtige mathematische Methoden durch Überladen auf unsere Treppenfunktionen anwendbar zu machen.

Als erstes wollen wir auch mit Treppenfunktionen Gleichungen von der Art $f(x) = c$ lösen können, wobei $f(x)$ eine Treppenfunktion und $c$ eine Konstante sein sollen. Um hier nicht zusätzliche Komplexität in unsere Klassendefinition hineinzubringen, verzichten wir darauf, die eigentlich sehr schöne Art des Aufrufs von `Solve` zu übernehmen, und programmieren stattdessen eine einfachere Fassung, bei der anstelle von `Solve[f==c]` einzugeben ist `Solve[f, c]`, wobei wir auch noch annehmen, daß in diesem Kontext $c$ stets eine konkrete Zahl ist. Wie sieht die Lösungsmenge aus? Ein Sonderfall liegt offenbar vor, wenn die Konstante $c$ Null ist. In diesem Fall besteht die Lösungsmenge aus dem Intervall links vom 1. Stützpunkt, allen Stützpunkten, dem Intervall rechts vom letzten Stützpunkt sowie aus allen Nullstellen der einzelnen Funktionsstücke, soweit sie im jeweils richtigen Intervall liegen. Ist $c$ von Null verschieden, so treten nur die letztgenannten Lösungen auf. Dieser letzte Teil ist natürlich der schwierigste. Der Reihe nach ist für jedes Element der Funktionenliste zunächst die Liste `a` aller Nullstellen zu bestimmen. Da wir unsere Treppenfunktionen als Funktionen reeller Veränderlicher definiert haben, müssen wir von jedem Element der Liste `a` der Nullstellen zunächst überprüfen, ob es sich um eine reelle Zahl handelt. Wahrscheinlich kommen Sie nun auf die Idee, daß man diese Eigenschaft am besten über den Kopf der Lösung abfragt. Leider ist diese Methode nicht geeignet, weil der Kopf immer den Namen der kleinsten Menge enthält, der das Element angehört. So wird korrekt erkannt, daß $3+4i$ nicht reell ist im Gegensatz zur Zahl 3.4

```
In[1]:=
```

```
TrueQ[Head[3+4I]==Real]
Out[1]=
False

In[2]:=
TrueQ[Head[3.4]==Real]
Out[2]=
True
```

die Zahl 3 ist jedoch ganz und wird daher nicht als vom Typ `Real` erkannt.

```
In[3]:=
TrueQ[Head[3]==Real]
Out[3]=
False
```

Deswegen erfolgt die Abfrage nach der Komplexität der Nullstellen über ihren möglichen Imaginärteil. Ist der Imaginärteil der Lösung tatsächlich Null, so wird überprüft, ob sie im richtigen Intervall liegt. Alle so gefundenen Lösungen werden ausgegeben. Damit sieht unser `Solve` folgendermaßen aus:

```
{Solve,   (Print["Die L"osungen sind:"];
           If[#1==0,
             (Print["(-Infinity,",
                     Punkteliste[[1]],")"];
             For[tt=2,tt<n,tt=tt+1,
                Print[Punkteliste[[tt]]]];
                Print["(",Punkteliste[[n]],
                          ",Infinity)"])];
             For[tt=1,tt<n,tt=tt+1,
                 (a=Solve[Funktliste[[tt]]==#1,x];
                  For[t=1,t<=Length[a],t=t+1,
                      (los=x/.Flatten[a[[t]]];
                      bol=(Im[los]==0);
                      bol=(bol&&
                          (N[Punkteliste[[tt]]]<N[los])&&
                        (N[los]<N[Punkteliste[[1+tt]]]));
                      If[bol,Print[los]])])])&},
```

Das Ableiten einer Treppenfunktion ergibt wieder eine Treppenfunktion, deren Stützstellenliste mit der der ursprünglichen Funktion übereinstimmt, und deren Funktionenliste gerade die Liste der Ableitungen der Funktionen ist. Beachten Sie bitte, daß bei unserer Definition `x` keine lokale Variable sein darf (warum?).

```
{D,        (hilf=new[super];
                hilf[[1]]=Punkteliste;
                liste=hilf[[2]];
                For[t=1,t<n,t=t+1,
                   liste[[t]]=D[Funktliste[[t]],x]];
                hilf[[2]]=liste;
                hilf)&},
```

Die Stammfunktion einer Treppenfunktion ergibt wieder eine Treppenfunktion, deren Stützstellenliste mit der der ursprünglichen Funktion übereinstimmt, und deren Funktionenliste gerade die Liste der Stammfunktionen der einzelnen Funktionen ist.

```
{Integrate,  (hilf=new[super];
                     hilf[[1]]=Punkteliste;
                     liste=hilf[[2]];
                     For[t=1,t<n,t=t+1,
                         liste[[t]]=
                           Integrate[Funktliste[[t]],x]];
                     hilf[[2]]=liste;
                        hilf)&}
```

Falls Ihnen weitere Funktionen einfallen, die Sie hinzufügen wollen, können Sie das natürlich tun, aber auch so hat dieses Beispiel inzwischen einen imposanten Umfang erreicht.

```
In[4]:=
<<classes.m
Class[treppen8,Object,
   {Punkteliste,Funktliste,n,y0,hilf,t,bol,a,liste,los,tt},
    {{new,      (new[super];
                 Punkteliste=#1;
                 Funktliste=#2;
                 n=Length[#1])&},

     {bild,      Show[Table[Plot[Funktliste[[t]],
                     {x,Punkteliste[[t]],
                           Punkteliste[[t+1]]}],
                            {t,n-1}]]&},

     {auswerten, Function[For[t=1,t<=n-1,t=t+1,
                    If[(Punkteliste[[t]]<#1)&&
                       (#1<Punkteliste[[t+1]]),
                        y0=Funktliste[[t]]/.x->#1]];
                    For[t=1,t<=n,t=t+1,
                      If[Punkteliste[[t]]==#1,y0=0]];
                    If[(#1<Punkteliste[[1]])||
                       (#1>Punkteliste[[n]]),y0=0];
                    y0]},

     {drucke,    (Print[Punkteliste,";",Funktliste])&},

     {summe,     (bol=(Punkteliste==#1[[1]]);
                 If[bol&&(isa[#1,treppen8]),
                    (hilf=new[super];
                    hilf[[1]]=Punkteliste;
                    hilf[[2]]=Funktliste+#1[[2]];
                    hilf),Print["Falsche Eingabe"],
                    Print["Falsche Eingabe"]])&},

     {summe1,    (bol=(isa[#1,treppen8])&&(n==2)&&
```

```
                              (n==#1[[3]]);
            If[bol,(hilf=new[super];
               hilf[[1]]=Union[Punkteliste,#1[[1]]];
            If[Punkteliste[[2]]<#1[[1]][[1]],
               hilf[[2]]={Funktliste[[1]],0,
                              #1[[2]][[1]]}];
            If[Punkteliste[[2]]==#1[[1]][[1]],
               hilf[[2]]={Funktliste[[1]],
                              #1[[2]][[1]]}];
            If[Punkteliste[[1]]<#1[[1]][[1]]&&
                     Punkteliste[[2]]>#1[[1]][[2]],
               hilf[[2]]={Funktliste[[1]],
                           #1[[2]][[1]]+
                              Funktliste[[1]],
                           Funktliste[[1]]}];
            If[Punkteliste[[1]]<#1[[1]][[1]]&&
                     Punkteliste[[2]]==#1[[1]][[2]],
               hilf[[2]]={Funktliste[[1]],
                           #1[[2]][[1]]+
                             Funktliste[[1]]}];
            If[Punkteliste[[1]]<#1[[1]][[1]]&&
                     #1[[1]][[1]]<Punkteliste[[2]]&&
                     Punkteliste[[2]]<#1[[1]][[2]],
               hilf[[2]]={Funktliste[[1]],
                           #1[[2]][[1]]+
                             Funktliste[[1]],
                           #1[[2]][[1]]}];
            If[Punkteliste==#1[[1]],
               hilf=summe[self,#1]];
            If[Punkteliste[[1]]==#1[[1]][[1]]&&
                     Punkteliste[[2]]>#1[[1]][[2]],
               hilf[[2]]={Funktliste[[1]]+
                                 #1[[2]][[1]],
                           Funktliste[[1]]}];
            If[Punkteliste[[1]]==#1[[1]][[1]]&&
                     Punkteliste[[2]]<#1[[1]][[2]],
               hilf[[2]]={Funktliste[[1]]+
                                 #1[[2]][[1]],
                           #1[[2]][[1]]}];
            If[Punkteliste[[1]]>#1[[1]][[1]],
               hilf=summe1[#1,self]];
               n=Length[hilf[[1]]];
            hilf)])&},

{mult,      (hilf=new[super];
            hilf[[1]]=Punkteliste;
            hilf[[2]]=Funktliste*#1;
            hilf)&},

{Solve,     (Print["Die L"osungen sind:"];
            If[#1==0,(Print["(-Infinity,",
               Punkteliste[[1]],")"];
            For[tt=2,tt<n,tt=tt+1,
```

```
                    Print[Punkteliste[[tt]]]];
                    Print["(",Punkteliste[[n]],
                             ",Infinity)"])];
                For[tt=1,tt<n,tt=tt+1,
                    (a=Solve[Funktliste[[tt]]==#1,x];
                    For[t=1,t<=Length[a],t=t+1,
                       (los=x/.Flatten[a[[t]]];
                       bol=(Im[los]==0);
                       bol=(bol&&(N[Punkteliste[[tt]]]<
                                   N[los])&&
                       (N[los]<N[Punkteliste[[1+tt]]]));
                       If[bol,Print[los]])])])&},

       {D,        (hilf=new[super];
                  hilf[[1]]=Punkteliste;
                  liste=hilf[[2]];
                  For[t=1,t<n,t=t+1,
                      liste[[t]]=D[Funktliste[[t]],x]];
                  hilf[[2]]=liste;
                  hilf)&},

       {Integrate,  (hilf=new[super];
                     hilf[[1]]=Punkteliste;
                     liste=hilf[[2]];
                     For[t=1,t<n,t=t+1,
                         liste[[t]]=
                       Integrate[Funktliste[[t]],x]];
                     hilf[[2]]=liste;
                     hilf)&}

       }
];
```

Wir probieren noch einmal alle Möglichkeiten aus.

```
In[5]:=
tfunk001=new[treppen8,{-2,1,7,34},{x^2,1+1/(x+1),
                                   x-17}]
Out[5]=
-treppen8-
```

An welchen Stellen ist der Funktionswert 1.3?

```
In[6]:=
Solve[tfunk001,1.3]
Out[6]=
Die L"osungen sind:
-1.14018
2.33333
18.3
```

Wir leiten ab:

```
In[7]:=
D[tfunk001]
Out[7]=
-treppen8-

In[8]:=
drucke[%]
Out[8]=
                                                -2
{-2, 1, 7, 34};{2 x, -(1 + x)   , 1}
```

Wir definieren noch ein zweites Element

```
In[9]:=
tfunk002=new[treppen8,{-100,0,+100},
                                  {-x^2,x^2-3}]
Out[9]=
-treppen8-
```

und suchen die Nullstellen.

```
In[10]:=
Solve[tfunk002,0]
Out[10]=
Die L"osungen sind:
(-Infinity,-100)
0
(100,Infinity)
Sqrt[3]
```

Die Stammfunktion von `tfunk002` lautet

```
In[11]:=
Integrate[tfunk002]
Out[11]=
-treppen8-

In[12]:=
drucke[%]
Out[12]=
                    3          3
                  -x          x
{-100, 0, 100};{---, -3 x + --}
                  3          3
```

Die Stammfunktion von `tfunk001` ist

```
In[13]:=
tfunk003=Integrate[tfunk001]
Out[13]=
-treppen8-

In[14]:=
drucke[tfunk003]
```

```
Out[14]=
                3                            2
               x                            x
{-2, 1, 7, 34};{--, x + Log[1 + x], -17 x + --}
                3                            2
```

Auch die graphische Darstellung funktioniert.

```
In[15]:=
bild[tfunk003]
Out[15]=
-Graphics-
```

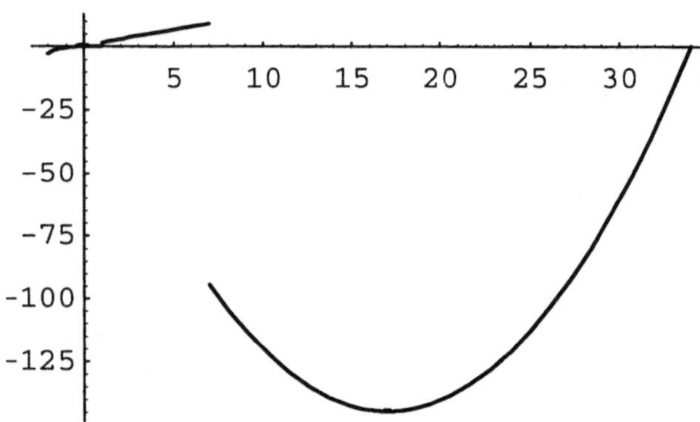


**Bild 4.6** Die Stammfunktion von
`tfunk001 = new[treppen8,` $-2,1,7,34,x^2,1+1/(x+1),x-17$`]`

Der Wert von `tfunk003` an der Stelle 12 beträgt

```
In[16]:=
auswerten[tfunk003,12]
Out[16]=
-132
```

Eine Treppenfunktion kann auch mit einer normalen Funktion multipliziert werden:

```
In[17]:=
f[x_]=x*Sin[x]+75/83*x;
mult[tfunk001,f[x]]
Out[17]=
-treppenfunk31-

In[18]:=
drucke[%]
Out[18]=
                 2  75 x                          1      75 x
{-2, 1, 7, 34};{x  (---- + x Sin[x]), (1 + -----) (---- + x Sin[x]),
                     83                        1 + x    83
              75 x
   (-17 + x) (---- + x Sin[x])}
               83
```

Wir definieren zwei weitere Treppenfunktionen, beachten jedoch nicht, daß die Funktionenliste zu lang ist. Dies ruft weder bei der Definition

```
In[19]:=
tfunk007=new[treppen8,{1,3},{x^2,Sin[x]}]
Out[19]=
-treppen8-

In[20]:=
tfunk008=new[treppen8,{-1,2},{x,Cos[x]}]
Out[20]=
-treppen8-
```

noch bei der anschließenden Summenbildung eine Fehlermeldung hervor[24]. Die Summe wird so gebildet, als existiere der jeweils zweite Funktionsast gar nicht.

```
In[21]:=
summe1[tfunk007,tfunk008]
Out[21]=
-treppen8-

In[22]:=
drucke[%]
Out[22]=
                          2    2
{-1, 1, 2, 3};{x, x + x , x }
```

Eine korrekte Definition liefert auch korrekte Ergebnisse.

```
In[23]:=
tfunk007a=new[treppen8,{1,3},{Sin[x]}]
Out[23]=
General::spell1:
   Possible spelling error: new symbol name
    "tfunk007a" is similar to existing symbol
    "tfunk007".
-treppen8-

In[24]:=
tfunk008a=new[treppen8,{-1,2},{Cos[x]}]
Out[24]=
General::spell1:
   Possible spelling error: new symbol name
    "tfunk008a" is similar to existing symbol
    "tfunk008".
-treppen8-

In[25]:=
summe1[tfunk007a,tfunk008a]
Out[25]=
-treppen8-
```

24 Nur eine zu kurze Liste führt zu entsprechenden Fehlermeldungen!

```
In[26]:=
drucke[%]
Out[26]=
{-1, 1, 2, 3};{Cos[x], Cos[x] + Sin[x], Sin[x]}
```

Damit wollen wir dieses Beispiel abschließen.

### 4.5.4 Vererbung

In diesem Abschnitt wollen wir Ihnen zeigen, wie Unterklassen definiert werden und in wieweit die Methoden der Oberklasse auf Elemente der Unterklasse angewandt werden können. Wir definieren als Oberklasse eine Variante von Treppenfunktionen (die aus Platzgründen im wesentlichen die Addition nicht enthält).

```
In[1]:=
<<classes.m
Class[treppen9,Object,
    {Punkteliste,Funktliste,n,y0,hilf,t,tt,bol,a,liste},
    {{new,        (new[super];
                  Punkteliste=#1;
                  Funktliste=#2;
                  n=Length[#1])&},

     {bild,       Show[Table[Plot[Funktliste[[t]],
                       {x,Punkteliste[[t]],
                                   Punkteliste[[t+1]]}],
                            {t,n-1}]]&},

     {auswerten, Function[For[t=1,t<=n-1,t=t+1,
                      If[(Punkteliste[[t]]<#1)&&
                         (#1<Punkteliste[[t+1]]),
                          y0=Funktliste[[t]]/.x->#1]];
                      For[t=1,t<=n,t=t+1,
                          If[Punkteliste[[t]]==#1,y0=0]];
                      If[(#1<Punkteliste[[1]])||
                         (#1>Punkteliste[[n]]),y0=0];
                      Print[y0]]},

    {drucke,     (Print[Punkteliste,";",Funktliste])&},

    {mult,        (hilf=new[super];
                  hilf[[1]]=Punkteliste;
                  hilf[[2]]=Funktliste*#1;
                  hilf)&},

    {Solve,     (Print["Die L"osungen sind:"];
                If[#1==0,(Print["(-Infinity,",
                             Punkteliste[[1]],")"];
                   For[tt=2,tt<n,tt=tt+1,
                       Print[Punkteliste[[tt]]]];
```

```
                    Print["(",Punkteliste[[n]],
                               ",Infinity)"])];
                    For[tt=1,tt<n,tt=tt+1,
                        (a=Solve[Funktliste[[tt]]==#1,x];
                        For[t=1,t<=Length[a],t=t+1,
                            (los=x/.Flatten[a[[t]]];
                            bol=(Im[los]==0);
                            bol=(bol&&(N[Punkteliste[[tt]]]<
                                        N[los])&&
                          (N[los]<N[Punkteliste[[1+tt]]]));
                        If[bol,Print[los]])])])&},

    {D,          (hilf=new[super];
                 hilf[[1]]=Punkteliste;
                 liste=hilf[[2]];
                 For[t=1,t<n,t=t+1,
                     liste[[t]]=D[Funktliste[[t]],x]];
                 hilf[[2]]=liste;
                 hilf)&},

    {Integrate,    (hilf=new[super];
                   hilf[[1]]=Punkteliste;
                   liste=hilf[[2]];
                   For[t=1,t<n,t=t+1,
                       liste[[t]]=
                         Integrate[Funktliste[[t]],x]];
                   hilf[[2]]=liste;
                   hilf)&}

       }
];
```

Nun definieren wir die Unterklasse u15, deren Elemente zusätzlich eine Liste von Werten als drittes Argument enthalten sollen, wobei für unsere Zwecke völlig gleichgültig ist, wozu der Anwender diese Liste benötigt. Die Methode auswerten liefert diese Werte zurück.

```
In[2]:=
Class[u15,treppen9,
    {Werte},
    {{new,        (new[super,#1,#2];Werte=#3;)&},
     {auswerten ,(Print[Werte[[1]],",",
                         Werte[[2]],",",
                         Werte[[3]]])&}
}]
Out[2]=
u15
```

Alle Methoden der Oberklasse treppen9 werden an die Unterklasse vererbt, d.h. für Elemente der Klasse u15 stehen zusätzlich zu den in u15 definierten Methoden alle Methoden der Oberklasse(n) zur Verfügung, wie Sie mit Methods abfragen können.

```
In[3]:=
Methods[u15]
Out[3]=
{auswerten, bild, Class, D, delete, drucke,

 InstanceVariables, Integrate, isa, Methods, mult,

 new, NIM, Solve, SuperClass}
```

Wir definieren je ein Objekt der Ober- und Unterklasse:

```
In[4]:=
tfunk001=new[treppen9,{-2,-1,1,2},{x,1,x}]
Out[4]=
-treppen9-

In[5]:=
tufunk001=new[u15,{-3,2,5},{x^3,x+1/(x+3)},{1,7,2}]
Out[5]=
General::spell1:
   Possible spelling error: new symbol name
    "tufunk001" is similar to existing symbol
    "tfunk001".
-u15-
```

Die Methode `drucke` kann problemlos auf das Element der Unterklasse angewandt werden und liefert das richtige Ergebnis.

```
In[6]:=
drucke[tufunk001]
Out[6]=
             3          1
{-3, 2, 5};{x , x + -----}
                    3 + x
```

Wenn Sie die Methode `auswerten` auf `tufunk001` anwenden, so ist nun natürlich die Frage, welche der beiden Versionen verwendet wird. Wir probieren das aus:

```
In[7]:=
auswerten[tufunk001]
Out[7]=
1,7,2
```

Es wird also die Methode der Unterklasse benutzt. Was geschieht, wenn wir versuchen, die Methode der Oberklasse zu erhalten, indem wir den hierfür erforderlichen 2. Parameter mitgeben?

```
In[8]:=
auswerten[tufunk001,3]
Out[9]=
1,7,2
```

Dieser wird offenbar gar nicht beachtet, im Gegensatz zu einem Auswertungsversuch eines Elements der Oberklasse.

```
In[9]:=
auswerten[tfunk001,0.5]
Out[9]=
1
```

Es gilt also grundsätzlich, daß bei gleichnamigen Methoden diejenige der Unterklasse die der Oberklasse überschreibt, wenn sie auf ein Element der Unterklasse angewendet wird. Bei gleichem Namen der Methode entscheidet also die Klassenzugehörigkeit des Objektes, welche Version verwendet wird – auch dies ist ein Aspekt von Polymorphismus.

Wenn Sie eine Weile mit Klassen gearbeitet und Erfahrung im Umgang mit OOP gesammelt haben, werden Sie manches vermissen und sich mehr Möglichkeiten wünschen, wie etwa die Auswahl von solchen Objekten einer Klasse, die gewisse Eigenschaften erfüllen. In dem Paket `collect.m`, dessen Behandlung den Rahmen dieses Buches bei weitem sprengen würde, finden Sie eine Reihe von solchen Zusatzstrukturen.

### 4.5.5 Übungen

1. Erweitern Sie die Definition der Summe zweier Treppenfunktionen auf den allgemeinen Fall, in dem zu zwei Treppenfunktionen mit beliebigen Listen von Sprungstellen die Summe zu bestimmen ist.

2. Erweitern Sie die Definition des Integrals einer Treppenfunktion so, daß beim Aufruf `Integrate[`**treppfunk**`]` die stückweise berechnete Stammfunktion, beim Aufruf `Integrate[`**treppfunk, untergrenze, obergrenze**`]` dagegen das bestimmte Integral berechnet wird.

   Hinweis: (1) ## bezeichnet die Folge aller Variablen einer reinen Funktion, ## also die Liste aller dieser Variablen. (2) Die auftretende Fehlermeldung können (und sollten) Sie in der Definition ausschalten mithilfe von `Off[Function::slotn]`

# Literaturverzeichnis

[1] Gerti Kappel, Michael Schrell: Objektorientierte Informationssysteme, Springer 1996

[2] Helmut Eirund: Objektorientierte Programmierung, Teubner 1993

[3] R. Wirfs-Brock, B. Wilkerson, L.Wiener: Objektorientiertes Software-Design, Prentice-Hall, London 1992

[4] Manfred Nagl: Softwaretechnik, Springer 1990

[5] Peter Coad, Jill Nicola: Objektorientierte Programmierung, Prentice Hall 1994

[6] Erika Horn, Wolfgang Schubert: Objektorientierte Software-Konstruktion, Hanser 1993

[7] H. Repennig: Die mechanische Weberei, Cram 1970

[8] L. Hagedorn: Konstruktive Getriebelehre, 3. Auflage, VDI-Verlag 1976

[9] R. Mäder: Programming in *Mathematica*, 3. Auflage, Addison-Wesley 1996

[10] St. Wolfram: Mathematica - Ein System für Mathematik auf dem Computer

[11] E. Heinrich, H.-D. Janetzko: Das *Mathematica*-Arbeitsbuch, 2. Auflage, Vieweg 1996

# Sachwortverzeichnis